计算机应用与职业技术实训教材

# 中文 Excel 2007 电子表格制作实训教程

刘广瑞　乔金莲　编

西北工業大學出版社

**【内容提要】**本书为计算机应用与职业技术实训系列教材之一。主要内容包括中文 Excel 2007 概述、中文 Excel 2007 的基本操作、格式化工作表、公式和函数、美化工作表、管理数据、数据分析、创建图表、页面设置与打印输出，最后结合实例介绍了 Excel 2007 的强大功能。

本书通俗易懂，操作步骤叙述详细，既可作为 Excel 培训教材，也可供广大爱好者参考使用。

图书在版编目（CIP）数据

中文 Excel 2007 电子表格制作实训教程/刘广瑞，乔金莲编. —西安：西北工业大学出版社，2008.4
（2013.7 重印）
（计算机应用与职业技术实训系列）
ISBN 978-7-5612-2367-3

Ⅰ. 中…　Ⅱ.①刘…　②乔…　Ⅲ. 电子表格系统，Excel 2007—技术培训—教材　Ⅳ. TP391.13

中国版本图书馆 CIP 数据核字（2008）第 035638 号

出版发行：西北工业大学出版社
通信地址：西安市友谊西路 127 号　邮编：710072
电　　话：(029) 88493844　88491757
网　　址：www.nwpup.com
电子邮箱：computer@nwpup.com
印 刷 者：西安华新彩印有限责任公司
开　　本：787 mm×1 092 mm　1/16
印　　张：12
字　　数：316 千字
版　　次：2008 年 4 月第 1 版　2013 年 7 月第 2 次印刷
定　　价：24.00 元

# 前言

计算机的日益普及，极大地改变了人们的工作和生活方式，越来越多的人在积极学习计算机知识，掌握相关软件的使用方法，努力与现代社会同步。其中更多的人学习计算机知识是为了进一步提高自身的职业能力和职业素质，以适应激烈的市场竞争和就业竞争。为了满足读者的实际需求，我们精心编写了这套“**计算机应用与职业技术实训系列**”教材。

本系列教材真正从便于广大读者学习计算机知识的目的出发，根据国家教育部最新颁布的计算机教学大纲及人事部、信息产业部、劳动和社会保障部对计算机职业技能培训的要求，结合作者多年的教学实践经验，在听取了广大计算机初学者的意见和建议的基础上编写而成。全套书**突出为职业教育量身定制的特色，满足就业技能的培训要求，以工作任务为导向，以培养职业能力为核心，以工作实践为目的**。在理论与实践紧密结合的基础上进一步把内容做“**精**”，把形式做“**活**”，既利于教师上课教学，又便于读者理解掌握，使读者用最少的时间和金钱去获得最多的知识，并能真正地应用于实际工作中。

## 本书内容

Excel 2007 是 Microsoft 公司推出的一款使用广泛、功能强大的电子表格制作软件。它的成功之处在于其操作界面的简单灵活和功能的不断完善，它的每一个新版本与前一版本相比，都有非常大的改进，但自始至终都朝着操作简单和功能完善的方向发展。并且，在界面基本保持不变的情况下，对许多菜单命令、工具按钮和面板组件等进行整合，使界面更加简洁和一致，因而被广泛应用在办公、教学等领域。

本书共分 10 章。第 1 章主要介绍了 Excel 2007 的基础知识，即 Excel 2007 的新增功能、启动与退出、工作界面以及视图方式等；第 2 章介绍了中文 Excel 2007 的基本操作，即创建工作簿、输入数据、编辑工作表和编辑工作表等；第 3 章介绍了格式化工作表；第 4 章介绍了公式和函数；第 5 章介绍了美化工作表；第 6 章介绍了管理数据；第 7 章介绍了数据分析；第 8 章介绍了创建图表；第 9 章介绍了页面设置与打印输出；第 10 章是实例精解。

## 特色展示

### ☑ 完整的教学体系和规范的课程安排，切合职业培训需要

本书是一本体系完整的计算机职业培训教材，选材全面，编排讲究，适合作为计算机职业应用教学用书，也可作为各大中专院校计算机相关专业教材，还可作为计算机爱好者

的自学用书。

☑ **实例驱动的教学模式，紧扣教学需求**

本书将实用易学的实例贯穿于各个章节，不但可以调动读者的兴趣，而且能够最大限度地锻炼读者的实际动手能力。

☑ **图像解说的写作手法，便于学习掌握**

本书以活泼直观的图解方式来代替呆板的文字说明，使读者真正实现直观地学习，使学习的过程更加轻松有效。

☑ **结构设置合理，利于读者实践**

本书从最基础的理论知识讲起，在各章都附有重点提示，让读者有针对性地学习本章内容。同时在重点知识的讲解过程中配以“注意”“提示”“技巧”等精彩点拨，帮助读者更加准确地完成操作。

☑ **免费提供电子课件，活跃教学氛围**

为了方便教师开展教学活动，提高教学效果，我们将为教师免费提供与教材配套的电子课件及相关素材。

## 读者定位

☑ **需要接受计算机职业技能培训的读者**

☑ **全国各大中专院校相关专业的师生**

☑ **计算机初、中级用户**

由于编者水平有限，疏漏之处在所难免，敬请读者朋友批评指正。

编　者

# 目录

# 第 1 章 中文 Excel 2007 概述

与 Excel 2002，2003 等早期的版本相比，Excel 2007 的工作界面有较大的变化。它是一个功能更为强大的版本，具有先进的表格功能、强大的数据运算和处理功能、丰富的图表和图形工具以及强大的网络功能，用户可以利用 Excel 2007 强大的工具将数据转变为信息，以分析、交流和共享得到的结果。

**本章重点**

（1）Excel 2007 新增功能。
（2）Excel 2007 的启动与退出。
（3）Excel 2007 的工作界面。
（4）Excel 2007 的视图方式。
（5）使用帮助。

## 1.1 Excel 2007 新增功能

随着计算机的不断发展，办公软件已被应用于各行各业。利用 Excel 制作电子报表为人们提供了一种高效的数据通信组织、管理和分析工具，备受关注。Excel 2007 更是办公自动化不可缺少的软件。

随着 Excel 版本的不断升级，其处理能力也越来越强大，早已不再是只能进行一些比较简单的数据运算的表格处理软件。

当今 Excel 系列中最出色的就是 Excel 2007。它是 Office 2007 系列办公软件中的一个重要组件，准确地说，它是一个电子表格软件，用来制作电子表格，完成复杂的数据运算，具有制图表功能，可以进行数据的分析和预测。

Excel 2007 不但具有强大的功能，而且使用起来也十分方便，可以很直观地完成各种功能的简单操作。例如，只要给出公式，不需要具备太多的专业知识，Excel 2007 就可以自动完成大量数据的统计工作。要利用 Excel 2007 对个人的家务、家庭收入甚至一个公司进行简单快捷的管理，只要掌握了其主要功能，便可以灵活应用。

与 Excel 2000，2002 等早期的版本相比，Excel 2007 主要有以下几方面的新增功能。

### 1.1.1 面向结果的用户界面

新的面向结果的用户界面使用户可以轻松地在 Microsoft Office Excel 中工作。过去，命令和功能常常深藏在复杂的菜单和工具栏中，现在用户可以在包含命令和功能逻辑组的、面向任务的选项卡上更轻松地找到它们。新的用户界面利用显示有可用选项的下拉库替代了以前的许多对话框，并且提供了描述性的工具提示或示例预览来帮助用户选择正确的选项。

### 1.1.2 更多行和列以及其他新限制

为了使用户能在工作表中浏览大量数据，Office Excel 2007 支持每个工作表中最多有 1 000 000 行和 16 000 列。具体来说，Office Excel 2007 网格为 1 048 576 行乘以 16 384 列，与 Office Excel 2003 相比，它提供的可用行增加了 1 500%，可用列增加了 6 300%。即工作表中的列现在以 XFD 结束，而不是 IV 结束。

现在，用户可以在同一个工作簿中使用无限多的格式类型，而不再仅限于 4 000 种；每个单元格的单元格引用数量从 8 000 增长到了任意数量，唯一的限制就是用户的可用内存。为了改进 Excel 的性能，内存管理已从 Office Excel 2003 中的 1 GB 内存增加到 Office Excel 2007 中的 2 GB。

### 1.1.3 Office 主题和 Excel 样式

在 Office Excel 2007 中，可以通过应用主题和使用特定样式在工作表中快速设置数据格式。主题可以与其他 2007 Office 发布版程序（例如 Microsoft Office Word 和 Microsoft Office PowerPoint）共享，而样式只用于更改特定于 Excel 的项目（如 Excel 表格、图表、数据透视表、形状或图）的格式。

**1．应用主题**

主题是一组预定义的颜色、字体、线条和填充效果，可应用于整个工作簿或特定项目，例如图表或表格，它们可以帮助用户创建外观精美的文档。用户可以使用自己创建的主题，也可以从 Excel 提供的预定义主题中选择，创建具有统一、专业外观的主题，并将其应用于用户所有的 Excel 工作簿和其他 2007 Office 发布版文档。在创建主题时，可以分别更改颜色、字体和填充效果，以便用户对任一或所有这些选项进行更改。

**2．使用样式**

样式是基于主题的预定义格式，可应用它来更改 Excel 表格、图表、数据透视表、形状或图的外观。如果内置的预定义样式不符合用户的要求，用户可以自定义样式。对于图表来说，用户可以从多个预定义样式中进行选择，但不能创建自己的图表样式。

### 1.1.4 轻松编写格式

在 Office Excel 2007 中，公式的编写方式有了较大的改进，使得公式的编写变得更加简单、方便。主要体现在以下几个方面。

**1．可调整的编辑栏**

编辑栏会自动调整以容纳长而复杂的公式，从而防止公式覆盖工作表中的其他数据。与 Excel 早期版本相比，用户可以编写的公式更长、使用的嵌套级别更多。

**2．函数记忆式键入**

使用函数记忆式键入，可以快速写入正确的公式语法。它不仅可以轻松检测到用户要使用的函数，还可以获得完成公式参数的帮助，从而使用户在第一次使用时以及今后的每次使用中都能获得正确的公式。

### 3. 结构化引用

除了单元格引用（例如 A1 和 R1:C1），Office Excel 2007 还提供了在公式中引用命名区域和表格的结构化引用。

### 4. 轻松访问命名区域

通过使用 Office Excel 2007 命名管理器，用户可以在一个中心位置来组织、更新和管理多个命名区域，这有助于任何需要使用用户的工作表的人理解其中的公式和数据。

## 1.1.5 改进的排序和筛选功能

在 Office Excel 2007 中，用户可以使用增强了的筛选和排序功能，快速排列工作表数据以找出所需的信息。例如，现在可以按颜色和 3 个以上（最多为 64 个）级别来对数据排序；还可以按颜色或日期筛选数据，在“自动筛选”下拉列表中显示 1 000 多个项，选择要筛选的多个项，以及在数据透视表中筛选数据。

## 1.1.6 新的图表外观

在 Office Excel 2007 中，用户可以使用新的图表工具轻松创建能有效交流信息的、具有专业水准外观的图表。

在新的用户界面中，用户可以轻松浏览可用的图表类型，以便为自己的数据创建合适的图表。由于提供了大量的预定义图表样式和布局，用户可以快速应用一种外观精美的格式，然后在图表中进行所需的细节设置。

### 1. 可视图表元素选取器

用户可以在新的用户界面中快速更改图表的每一个元素，以便更好地呈现数据。只须单击几下鼠标，即可添加或删除标题、图例、数据标签、趋势线和其他图表元素。

### 2. 外观新颖的艺术字

由于 Office Excel 2007 中的图表是用艺术字绘制的，因而可对艺术字形状所做的几乎任何操作都可应用于图表及其元素。例如，可以添加柔和阴影或倾斜效果使元素突出显示，或使用透明效果使在图表布局中被部分遮住的元素可见，以及使用逼真的三维效果。

### 3. 清晰的线条和字体

图表中的线条减轻了锯齿现象，而且对文本使用了 Clear Type 字体来提高可读性。

### 4. 比以前更多的颜色

用户可以轻松地从预定义主题颜色中进行选择和改变其颜色强度。若要对颜色进行更多控制，用户还可以从“颜色”对话框内的 16 000 000 种颜色中选择来添加自己的颜色。

### 5. 图表模板

在新的用户界面中，将喜爱的图表另存为图表模板变得更为轻松。

### 1.1.7　新的文件格式

Excel 2007 相对于早期版本，增加了几种新的文件格式，主要包括以下几种。

**1．基于 XML 的文件格式**

在 2007 Microsoft Office System 中，Microsoft 为 Word，Excel 和 PowerPoint 引入了新的、称为“Office Open XML 格式”的文件格式。这些新文件格式便于与外部数据源结合，还减小了文件大小并改进了数据恢复功能。

在 Office Excel 2007 中，Excel 工作簿的默认格式是基于 Office Excel 2007 XML 的文件格式（.xlsx）。其他可用的基于 XML 的格式是基于 Office Excel 2007 XML 和启用了宏的文件格式（.xlsm），以及用于 Excel 模板的 Office Excel 2007 文件格式（.xltx），还有用于 Excel 模板的 Office Excel 2007 启用了宏的文件格式（.xltm）。

**2．二进制文件格式**

除了新的基于 XML 的文件格式，Office Excel 2007 还引入了用于大型或复杂工作簿的分段压缩文件格式的二进制版本。该文件格式即 Office Excel 2007 二进制（或 BIFF12）文件格式（.xls），可用于获得最佳性能和向后兼容性。

**3．与 Excel 早期版本的兼容性**

检查 Office Excel 2007 工作簿来查看它是否包含与 Excel 早期版本不兼容的功能或格式，以便进行必要的更改来获得更好的向后兼容性。在 Excel 早期版本中，可以安装更新和转换器来帮助打开 Office Excel 2007 工作簿，这样就可以编辑、保存它，然后再次在 Office Excel 2007 中打开它而不会丢失任何 Office Excel 2007 特定的功能或特性。

## 1.2　Excel 2007 的启动与退出

启动与退出 Excel 2007 应用程序的方法有很多种，下面将分别介绍。

### 1.2.1　启动 Excel 2007

启动 Excel 2007 的方法有很多种，下面介绍常用的 3 种方式。

**1．通过“开始”菜单启动**

选择 开始 → 所有程序(P) → Microsoft Office → Microsoft Office Excel 2007 命令，启动 Excel 2007 应用程序。

**2．通过桌面快捷方式启动**

双击桌面上的“Microsoft Office Excel 2007”图标，即可启动 Excel 2007 应用程序。

**3．通过“运行”对话框启动**

选择 开始 → 运行(R)... 命令，弹出“运行”对话框，如图 1.2.1 所示。在“打开”文本框中输入“Excel.exe”，单击 确定 按钮，启动 Excel 2007 应用程序。

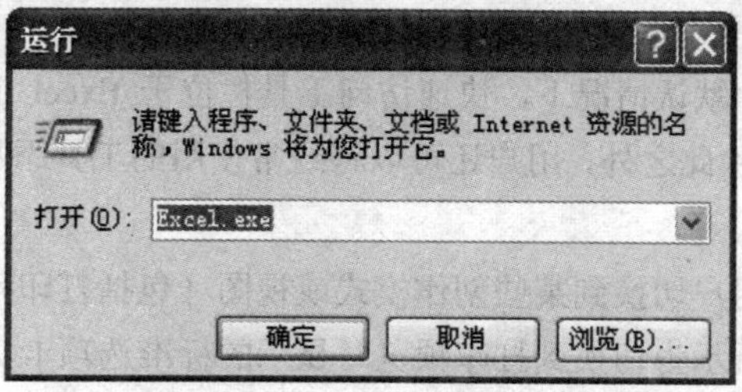


图 1.2.1 “运行”对话框

### 1.2.2 退出 Excel 2007

退出 Excel 2007 的方法很多，一般常用的有以下几种：

（1）单击 Excel 2007 窗口右上角的“关闭”按钮。

（2）选择→ 退出 Excel(X) 命令。

（3）双击 Excel 2007 窗口左上角的 Microsoft Office 按钮。

（4）按“Alt+F4”快捷键。

## 1.3 Excel 2007 的工作界面

启动 Excel 2007 后，即可进入其工作界面，如图 1.3.1 所示。

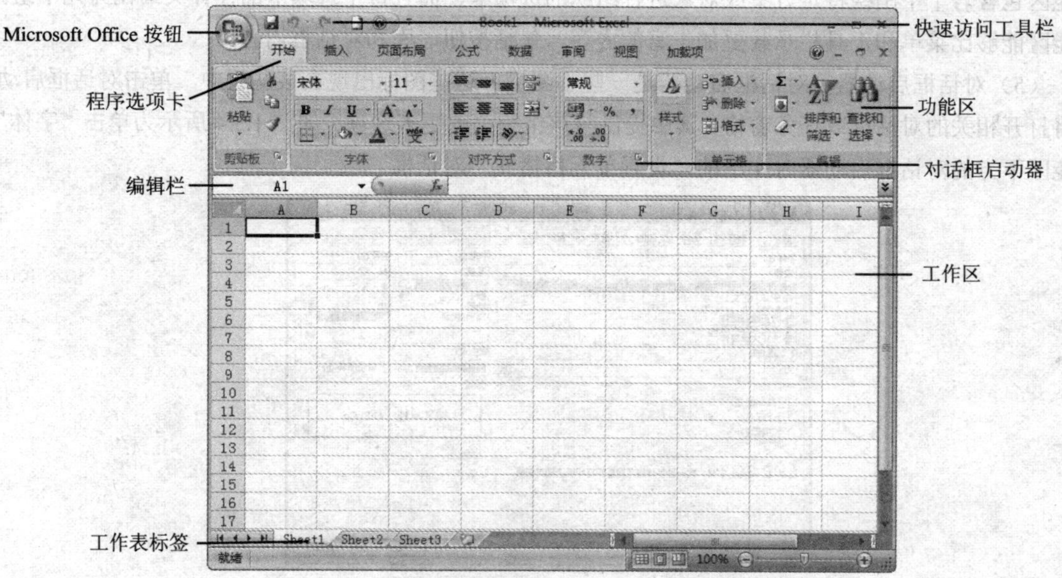


图 1.3.1 Excel 2007 工作界面

中文 Excel 2007 与早期版本相比，其工作界面有了较大的变化，各主要组成部分的名称及功能如下：

（1）Microsoft Office 按钮。Microsoft Office 按钮位于 Excel 窗口的左上角，用于打开此处显

示的菜单。单击该按钮，即可打开如图 1.3.2 所示的下拉菜单。用户可以在该菜单中找到原 Excel 2003 中“文件”菜单中的相关命令。

（2）快速访问工具栏。默认情况下，快速访问工具栏位于 Excel 窗口的顶部，使用它可以快速访问用户频繁使用的工具。除此之外，用户还可以将经常使用的工具添加到该工具栏中，以快速打开某个工具。

（3）程序选项卡。当用户切换到某些创作模式或视图（包括打印预览）时，程序选项卡会替换标准选项卡集，如图 1.3.3 所示为切换到打印预览时显示的标准选项卡集。

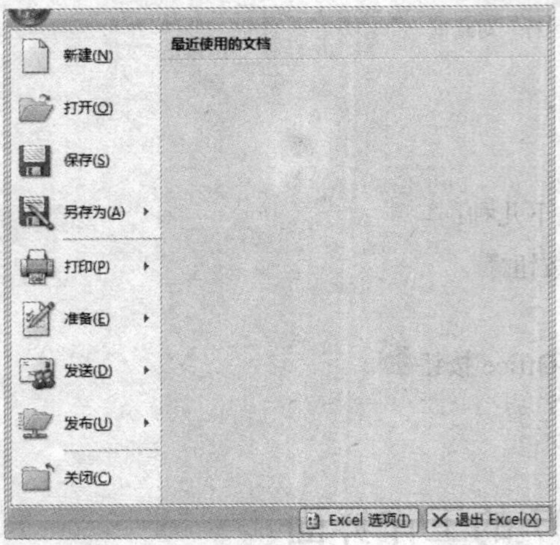


图 1.3.2　下拉菜单

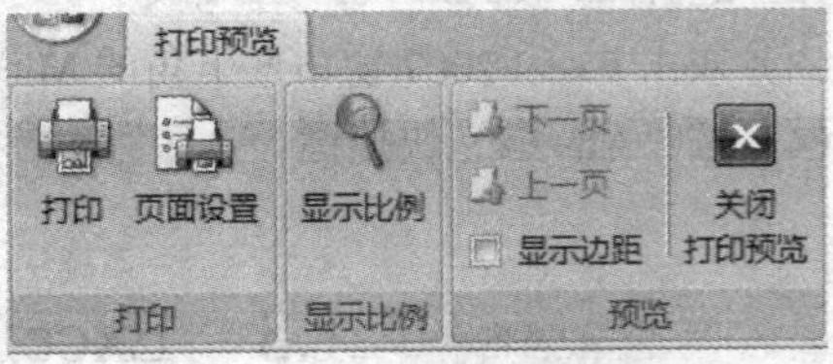


图 1.3.3　打印预览选项卡集

（4）功能区。在 Office Excel 2007 中，功能区是菜单和工具栏的主要替代控件。为了便于浏览，功能区包含若干个围绕特定方案或对象进行组织的选项卡，而且每个选项卡的控件又细化为几个组。功能区能够比菜单和工具栏承载更加丰富的内容，包括按钮、库和对话框内容。

（5）对话框启动器。对话框启动器是一些小图标，这些图标出现在某些组中。单击对话框启动器将打开相关的对话框或任务窗格，其中提供与该组相关的更多选项。如图 1.3.4 所示为单击“字体”功能区下方的对话框启动器时弹出的“设置单元格格式”对话框。

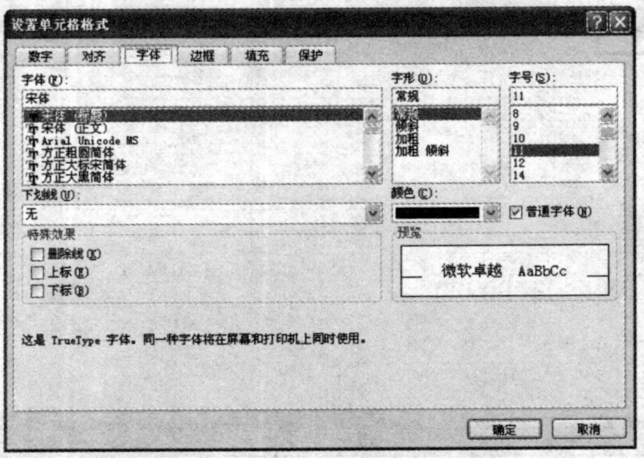


图 1.3.4　“设置单元格格式”对话框

（6）上下文工具。上下文工具使用户能够操作在页面上选择的对象，如表、图片或绘图。单击对象时，相关的上下文选项卡集以强调文字颜色出现在标准选项卡的旁边。如图 1.3.5 所示为创建图表时弹出的上下文工具。

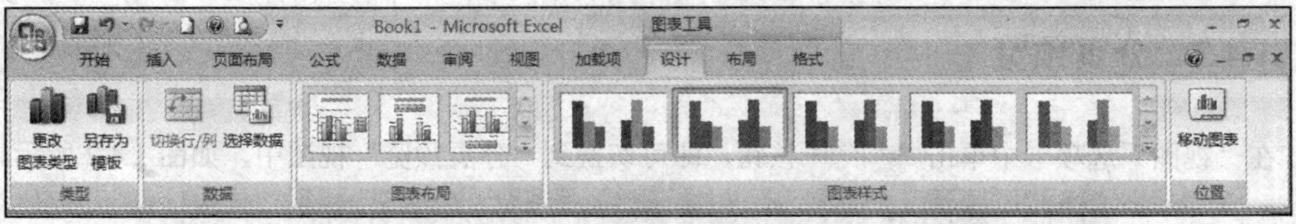


图 1.3.5　上下文工具

# 1.4　Excel 2007 的视图方式

视图是 Excel 2007 应用程序窗口在计算机屏幕上的显示方式。它主要包括 4 种视图方式，分别为“普通”视图、“页面”视图、“分页预览”视图和“全屏显示”视图。下面分别对 4 种视图方式进行介绍。

## 1.4.1　普通视图

“普通”视图是 Excel 中默认的视图方式，在“视图”选项卡中单击普通按钮，即可切换到“普通”视图中。

在普通视图中可以进行任意编辑，如输入文本、数字、字符、公式、函数等，可以插入图形对象、创建图表、创建数据透视表等，还可以对单元格或单元格区域进行格式化设置。

## 1.4.2　页面布局

在“视图”选项卡中单击页面布局按钮，即可切换到“页面布局”视图中，如图 1.4.1 所示。

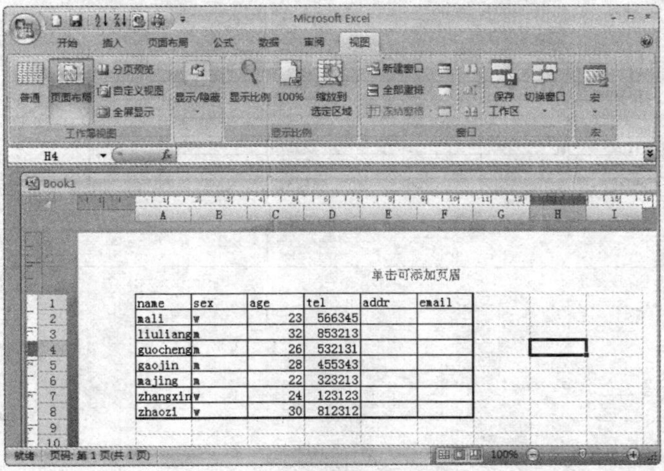


图 1.4.1　“页面布局”视图

在该视图中，可以如同在“普通”视图中那样更改数据的布局和格式。此外，还可以使用标尺测量数据的宽度和高度，更改页面方向，添加或更改页眉和页脚，设置打印边距以及隐藏或显示行标题与列标题。

## 1.4.3 分页预览

在“视图”选项卡中单击 分页预览 按钮，即可切换到“分页预览”视图中，如图 1.4.2 所示。

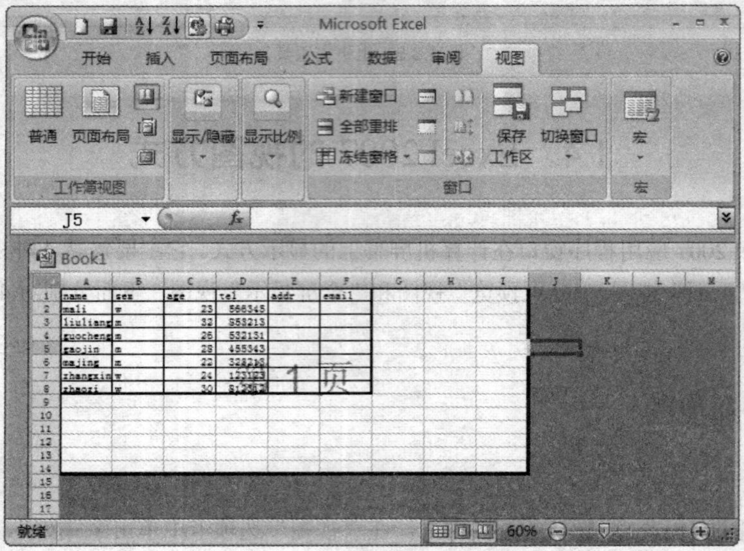


图 1.4.2 “分页预览”视图

“分页预览”视图是将活动工作表切换到分页预览状态，它是按打印方式显示工作表的编辑视图。在“分页预览”视图中，可以通过鼠标上、下、左、右拖动分页符来调整工作表，使其行和列适合页面的大小。

## 1.4.4 全屏显示

在“视图”选项卡中单击 全屏显示 按钮，即可切换到全屏显示视图中，如图 1.4.3 所示。

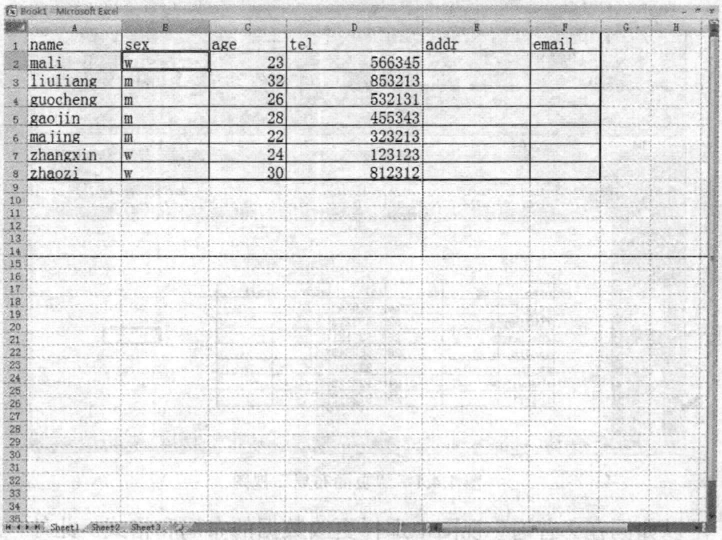


图 1.4.3 “全屏显示”视图

在该视图下，Excel 窗口会尽可能多地显示文档内容，自动隐藏工具栏、功能区等以增大显示区域。如果要关闭“全屏显示”视图，在标题栏上双击鼠标左键即可。

## 1.5 使 用 帮 助

Excel 2007 提供强大的帮助功能，快速地解决用户在操作过程中遇到的困难。下面将简单介绍帮助任务窗格的使用。

在 Excel 2007 工作窗口中按“F1”键，即可打开 Excel 2007 帮助窗格，如图 1.5.1 所示。

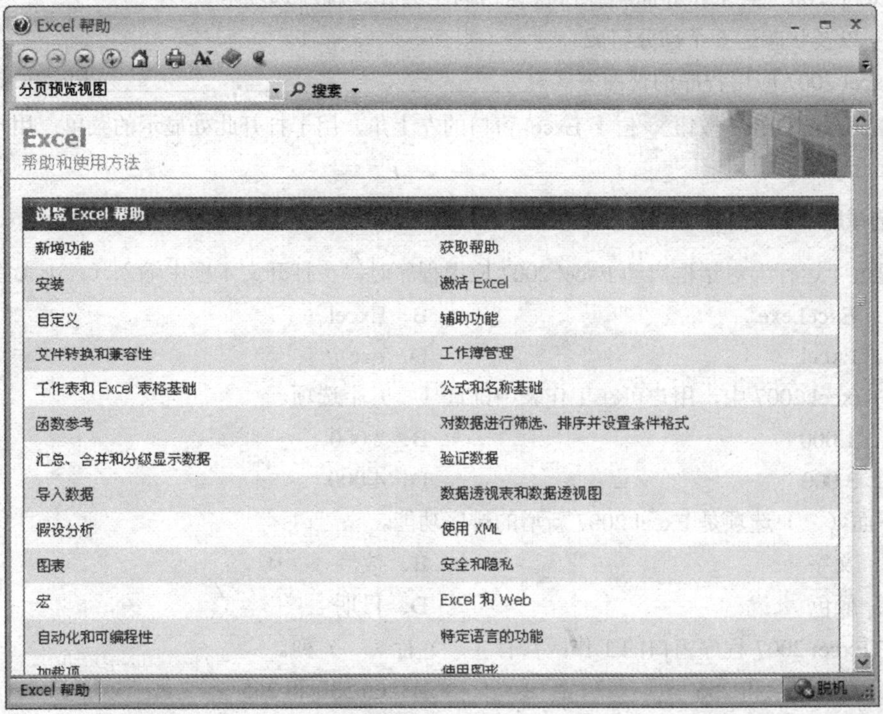


图 1.5.1　Excel 2007 帮助窗格

用户可以直接在该窗格中的浏览 Excel 帮助区域中单击相应的超链接，以打开相应的帮助主题。如果该区域中没有合适的项目，可直接在搜索栏中输入要搜索的项目，单击 搜索 按钮以搜索相关帮助信息。

在 Excel 帮助窗格的下方，有一个特色内容区域，用户可以在查看 Excel 2007 中的新增内容以及参考 Excel 2003 中的命令在 Excel 2007 中的位置。

## 小　　结

本章主要讲解 Excel 2007 的新增功能、启动与退出、工作界面、视图方式以及帮助等内容。通过本章的学习，读者应熟悉 Excel 2007 的工作界面，对其新增功能有基本的了解，以为后面的学习打好基础。

# 过关练习一

## 一、填空题

1．Excel 2007 应用程序的主要新增功能为__________、__________、__________、__________、__________、__________和新的文件格式。

2．在 Office Excel 2007 中，Excel 工作簿的默认格式是__________。

3．Excel 2007 的工作界面主要由快速访问工具栏、程序选项卡、__________、__________和__________以及状态栏 6 个部分组成。

4．Excel 2007 应用程序的视图方式有__________、__________、__________和全屏显示 4 种。

5．Microsoft Office 按钮位于 Excel 窗口的左上角，用于打开此处显示的菜单。用户可以在该菜单中__________。

## 二、选择题

1．通过“运行”对话框启动 Excel 2007 应用程序时，在打开文本框中输入（ ）命令。

A．Excel.exe　　B．Excel

C．Excel　　D．exe

2．在 Excel 2007 中，用户可在工作表中筛选（ ）个选项。

A．1 000　　B．2 000

C．3 000　　D．4 000

3．下面（ ）选项是 Excel 2007 新增的排序功能。

A．文字　　B．数值

C．颜色　　D．日期

4．在 Excel 2007 程序窗口的工作区共有（ ）行（ ）列。

A．65 536　和 256　　B．65 536 和 265

C．65 565　和 256　　D．1 000 000 和 16 000

## 三、问答题

1．如何启动和退出 Excel 2007 应用程序？

2．Excel 2007 比 Excel 2003 等以前的版本都增加了哪些新功能？

3．Excel 2007 的工作界面主要由哪些部分组成，都具有什么样的功能？

4．如何创建列表？

## 四、上机操作题

1．启动 Excel 2007 应用程序，了解其主要新增功能并熟悉工作界面。

2．练习如何在 Excel 2007 的 4 种视图方式之间进行切换。

# 第 2 章　中文 Excel 2007 的基本操作

Excel 2007 是一个电子表格制作应用软件，已被广泛应用于办公自动化网页领域。用户对其界面有了一定的认识之后，接着就要了解如单元格、工作表和工作簿等的一些基本概念，然后再具体学习 Excel 2007 应用软件的基本操作。

**本章重点**

（1）Excel 2007 的基本概念。

（2）创建工作簿。

（3）输入数据。

（4）编辑单元格。

（5）编辑工作表。

（6）工作表的拆分和冻结

## 2.1　Excel 2007 的基本概念

工作簿、工作表、单元格和单元格区域是 Excel 2007 的基本组成元素。在对工作簿和工作表进行管理操作之前，首先了解一些有关工作簿和工作表的基本概念。

### 2.1.1　工作簿

Excel 2007 工作簿是计算和存储数据的文件，每一个工作簿都由多张工作表组成，所以用户可以在单个文件中管理各种不同类型的信息。如图 2.1.1 所示的工作簿就具有 3 张工作表，分别为 Sheet1，Sheet2 和 Sheet3，当前的工作表是 Sheet2。

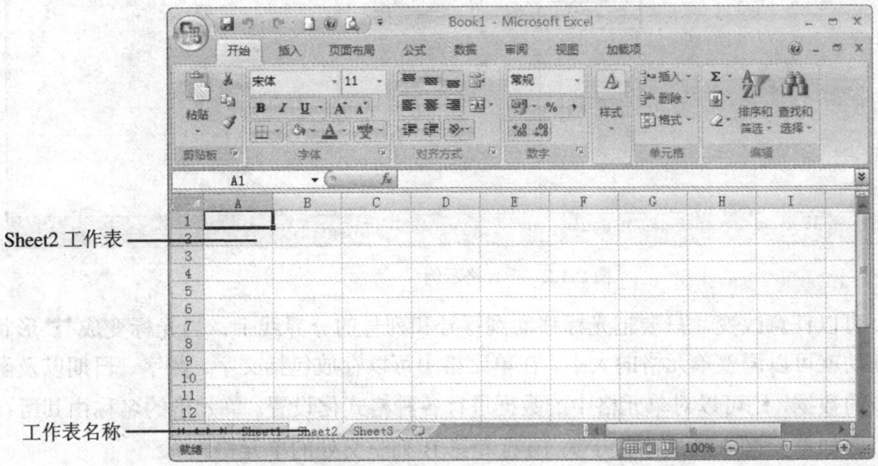


图 2.1.1　工作簿

## 2.1.2　工作表

工作表是在 Microsoft Excel 中用于存储和处理数据的主要文档，也称为电子表格。使用工作表可以对数据进行组织和分析。工作表由排列成行和列的单元格组成，且工作表总是存储在工作簿中。

（1）工作表的功能：可以同时在一张工作表中输入相同的数据，也可以同时在多张工作表中输入并编辑数据，并且可以对来自不同工作表中的数据进行汇总计算。

（2）工作表的基本操作：可以对工作表进行添加、删除、重命名、隐藏、复制或移动等多种操作。

（3）工作表的切换：工作表的名称显示在工作簿窗口底部的工作表标签上，单击不同的工作表标签，可以切换工作表。

## 2.1.3　单元格

单元格是工作簿的核心，也是工作表的基本组成单位，可以在单元格中进行任意编辑操作，如图 2.1.2 所示。

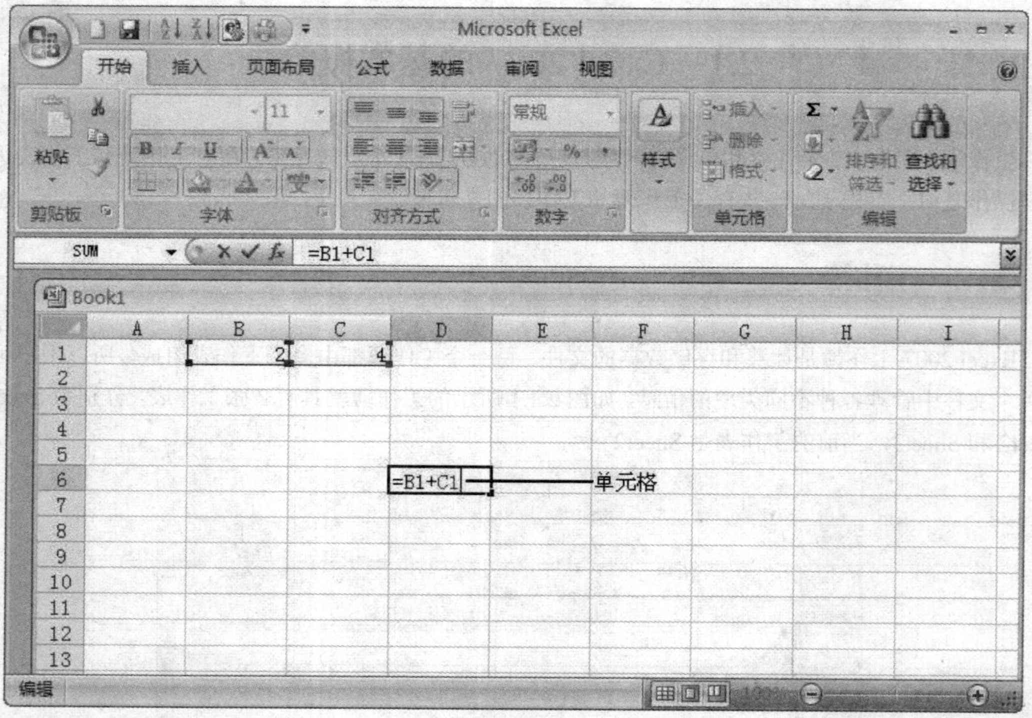


图 2.1.2　单元格示例

单元格的大小可以任意改变，只要把光标移动到行号和列号的分界线上，当光标变成 ✛ 形状时按住鼠标左键并拖动就可以调整单元格的大小。在单元格中可以存放包括文字、数字、日期以及函数和公式等多种类型的数据，还可以对单元格中的数据进行各种格式化设置。单元格的名称由其所在的行号和列号命名，例如单元格 B10 表示位于第 10 行和第 B 列交叉处的单元格。

# 2.2　创建工作簿

工作簿的基本操作包括新建工作簿、保存和关闭工作簿等操作，下面将对这些基本操作进行简单介绍。

## 2.2.1　建立工作簿

用户在启动 Excel 2007 的过程中，系统会自动创建一个工作簿，并将其命名为“Book1”，除此之外，用户还可以通过以下 3 种方法新建工作簿。

（1）单击“快速访问”工具栏中的“新建”按钮，即可新建一个空白工作簿。

（2）选择→新建(N)命令。

（3）按“Ctrl+N”快捷键。

## 2.2.2　保存工作簿

将工作簿文件创建完成后，需要将其保存到磁盘上，以保存工作簿中的数据。用户可以使用以下 4 种方法保存工作簿：

（1）如果是首次保存工作簿，选择→保存(S)命令，会弹出“另存为”对话框，如图 2.2.1 所示，用户可在该对话框中为工作簿输入文件名及保存路径，单击保存(S)按钮即可。

（2）如果用户已保存了工作簿，单击“快速访问”工具栏中的“保存”按钮，可保存工作簿中所做的修改工作。

（3）如果用户要为当前工作簿创建副本，可选择→另存为(A)命令，即可弹出“保存文档副本”下拉菜单，如图 2.2.2 所示。用户可在该菜单中选择合适的命令，以创建特定格式的副本。

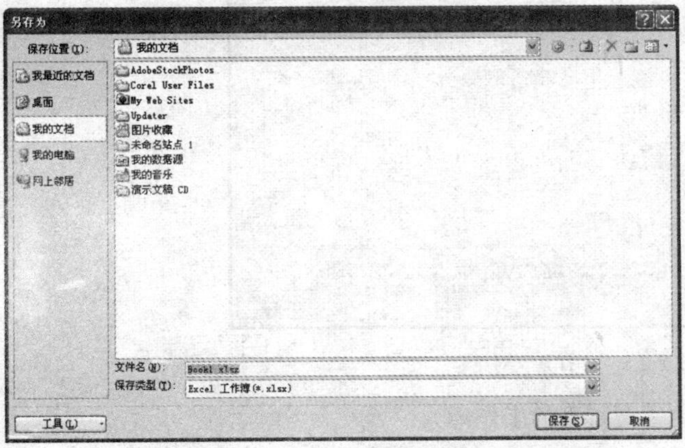


图 2.2.1　“另存为”对话框

图 2.2.2　“保存文档副本”下拉菜单

除此之外，Excel 2007 具有自动保存功能，用户可以自行设置自动保存的时间，具体操作步骤如下：

（1）选择→Excel 选项(I)命令，弹出“Excel 选项”对话框，如图 2.2.3 所示。

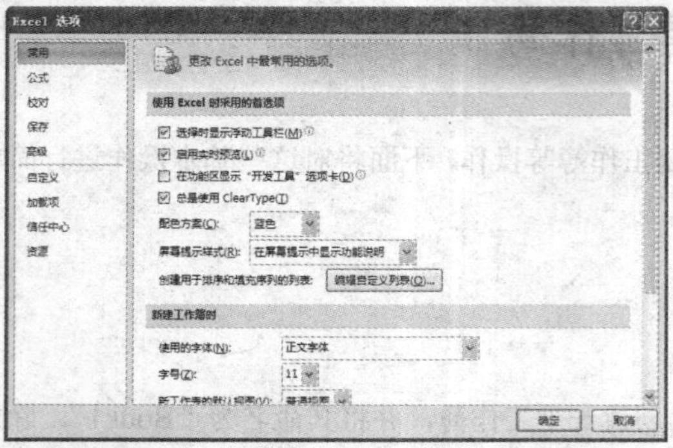


图 2.2.3 “Excel 选项”对话框

图 2.2.4 “保存”选项

（2）单击 保存 标签，打开“保存”选项，如图 2.2.4 所示。

（3）选中 保存自动恢复信息时间间隔(A) 复选框，设置对工作簿进行自动保存和恢复的时间间隔，如设定为“10 分钟”。

（4）单击 确定 按钮即可。

## 2.2.3 打开工作簿

当用户启动 Excel 2007 后，系统会自动打开一个工作簿。如果要打开已经存在的工作簿，具体操作步骤如下：

（1）单击“快速启动”工具栏中的“打开”按钮，弹出“打开”对话框，如图 2.2.5 所示。

（2）在“查找范围”下拉列表框中，选择要打开文档所在的目录，在显示文件名窗口中选中需要打开的工作簿（或在“文件名”列表框中输入工作簿名称）。

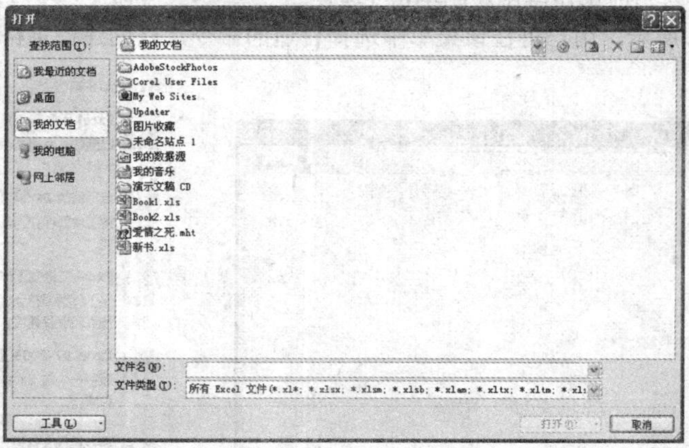


图 2.2.5 “打开”对话框

（3）单击 打开(O) 按钮（或双击需要打开的工作簿）。

**注意** 如果用户想要打开 Excel 所支持的其他格式文件，首先应在“文件类型”下拉列表中选择“所有文件”，然后选中所需打开的文件，再单击 打开(O) 按钮。

### 2.2.4　关闭工作簿

对工作簿完成了编辑之后就要关闭文档。有以下几种方法可关闭：

（1）选择→关闭(C)命令。

（2）单击文档右上角的“关闭”按钮。

（3）双击菜单栏左上角的按钮。

（4）按“Ctrl+F4”快捷键。

（5）按“Ctrl+W”快捷键。

**注意**　如果修改完工作簿后，没有进行保存，则 Excel 2007 会自动弹出如图 2.2.6 所示的对话框，提示用户是否需要对修改过的工作簿进行保存。保存该工作簿，则单击是(Y)按钮；不保存，单击否(N)按钮；不关闭该工作簿，继续进行编辑，则单击取消按钮。

图 2.2.6　提示保存对话框

## 2.3　输 入 数 据

在单元格中输入的数据可以包括普通文本、数字、日期时间及逻辑值等多种类型的数据。下面将对不同数据的输入方法进行介绍。

### 2.3.1　常见的数据类型

Excel 2007 中包含 4 种数据类型，分别是文本型数据、数值型数据、日期型数据和时间型数据，它们在工作表中具有不同的含义，下面分别对它们进行介绍。

（1）文本型数据。该类数据通常是指字符或者任何数字、空格和字符的组合，如 125DLDW，32-364 等。

（2）数值型数据。该类数据包含数字和公式两种形式，数字除了通常所理解的形式外，还有各种特殊格式的数字形式（如带有货币符号的数字等），如 12345，(123.62)，￥123.56 等。

（3）日期型数据。该类数据是用来表达日期的数据，如 08/07/06，2006-08-07 等。

（4）时间型数据。该类数据是用来表达时间的数据，如 9:00，2:00 AM 等。

### 2.3.2 输入文本

在 Excel 中，文本为数字、空格和一些非数字字符的组合，输入到单元格中的任何字符集，只要不被系统解释成数字、公式、日期、时间或逻辑值，则一律将其视为文本。

输入文本时，只须先将单元格选中，然后直接在单元格中输入内容，然后按回车键确认即可。一个单元格中最多可以输入 32 000 个字符。对于全部由数字组成的字符串，如电话号码，为了避免被系统认为是数字、公式等数值型数据，Excel 2007 提供了在这些输入项前添加“，”的方法来区分是“数字字符串”而不是“数字”数据。

默认情况下，Excel 中的文本为左对齐，用户可根据需要，单击格式工具栏中的对齐按钮，为单元格设置合适的对齐方式。

当用户输入的文本字符太多而超过单元格宽度时，如果该单元格右侧相邻的单元格中没有内容，则超出的文本会自动延伸到其右侧的单元格中；如果其右侧相邻的单元格中有内容，则超出的文本将隐藏起来，当用户调整该单元格至合适宽度后，该单元格中的数据才会被全部显示出来。

### 2.3.3 输入数字

数字的输入相对于文本输入较复杂，因为输入时要考虑数字的合法性、小数点的位数和数值的表示方法等。

用户在建立新的工作表时，所有单元格都采用系统默认的通用数字格式，即整数、小数格式，而当数字的长度超过单元格的宽度时，Excel 将会自动采用科学计数法表示输入的数字。

如果要将数字作为常量输入，直接在单元格中输入数字即可，这些数字只包含 0～9、+、-、()、/、$、￥、%、.、,、E、e。

单元格中的数字格式决定工作表中数字的显示方式，如果在包含常规格式的单元格中输入数字，Excel 将根据具体情况套用合适的数字格式，且在输入数字时，单元格中的数字靠右对齐。

在输入数字的过程中，用户必须注意以下两方面的问题：

（1）在输入小于 1 的分数时，可在分数前加“0”，以避免系统将输入的分数误认为日期。

（2）输入负数前，应加上“-”号，或将输入的数据放在括号内。

### 2.3.4 输入日期和时间

在 Excel 中输入时间和日期时，系统会将单元格的格式从通用格式转换为相应的时间或日期格式，而不需要用户设置单元格的格式。

在 Excel 2003 中，系统将时间和日期作为数字进行处理，因此，输入的时间和日期在单元格中靠右对齐。当用户输入的时间和日期不能被系统识别时，系统将认为输入的是文本，并使它们在单元格中靠左对齐。

在单元格中输入时间时，可以用“：”分隔时间的各部分；输入日期时，用“/”或“-”分隔日期的各部分，输入完成后，按回车键即可。

在输入时间和日期时，应该注意以下两方面的问题：

（1）如果要在一个单元格中同时输入时间和日期，则需要在时间和日期之间以空格将它们分隔。

（2）输入时间和日期时，按文本方式输入并用引号将其括起来，即可进行加减运算。

### 2.3.5　数据输入技巧

在单元格中输入大量有规律可循的数据时，如果逐个选中单元格并进行输入十分麻烦，且输入速度相当慢。如果用户使用 Excel 2007 中的自动填充功能，将会使这一操作变得十分简单，且又可以提高输入的速度。

#### 1. 填充文字

使用自动填充功能填充文字的具体操作如下：

（1）选中文字所在的单元格。

（2）单击该单元格右下角的填充柄并拖动，即可在鼠标经过的单元格中复制该文字。

#### 2. 填充等差序列

使用自动填充功能填充等差序列的具体操作如下：

（1）在选中单元格中输入一个数字，如 1。

（2）选择数字所在的单元格，按住“Ctrl”键的同时单击并拖动填充柄，即可选中单元格中的数字为基数，在鼠标经过的单元格中创建等差序列。

#### 3. 填充等比序列

使用自动填充功能填充等比序列的具体操作如下：

（1）至少选择两个单元格作为序列的基础数据。

（2）在填充柄上单击鼠标右键并拖动，即可在鼠标经过的单元格中创建等比序列。

#### 4. 填充日期

使用自动填充功能填充日期的具体操作如下：

（1）至少选择两个单元格作为填充的基础数据。

（2）单击并向下拖动填充柄，可按升序填充鼠标经过的单元格；单击并向上拖动填充柄，可按降序填充鼠标经过的单元格。

#### 5. 填充相同数据

如果要在某个单元格区域中填充相同的数据，可按照以下操作步骤进行：

（1）选中至少有一个单元格中有数据的单元格区域。

（2）激活编辑栏，按“Ctrl+Enter”键，即可在该单元格区域中填充相同的数据。

## 2.4　编辑单元格

在单元格中输入数据后，用户可根据需要，对单元格中的数据进行复制、移动、删除等编辑操作，使其符合实际需要。

## 2.4.1 选中单元格

在对工作表进行编辑操作前，必须先选中目标操作对象，即某个单元格、单元格区域或工作表。下面对具体的选取方法进行详细介绍。

### 1. 选取单个单元格

选取单个单元格的常用方法有以下 3 种：

（1）用鼠标直接单击单元格。其方法是：当鼠标变为✚形状时，单击某单元格，此时该单元格的外侧出现一黑色边框，同时在名称框内显示该单元格的名称，这时即可选定该单元格。

（2）在工作表左上方的名称框内直接输入需要选定的单元格名称，按回车键即可选定该单元格。

### 2. 选取单元格区域

单元格区域是指工作表中的两个或多个单元格。单元格区域中的单元格可以是相邻的，也可以是不相邻的。选取单元格区域的方法有以下 4 种：

（1）单击并选定工作表中矩形区域左上角的一个单元格，然后按住鼠标左键并拖动至工作表右下角的一个单元格中，释放鼠标即可选取一矩形区域。

（2）按住"Shift"键的同时移动键盘上的方向键，选取开始单元格和最终单元格之间的矩形区域。

（3）按住"Shift"键的同时用鼠标单击单元格，选取活动单元格和最终单击的单元格之间的矩形区域。

（4）选取一个单元格，按住"Ctrl"键的同时单击其他单元格，可选取多个不连续的单元格区域。

### 3. 选取行和列

在工作表中选取行和列的方法如下：

（1）将鼠标移至要选定行的行号上，当鼠标变为➡形状时，单击鼠标即可选定该行。

（2）将鼠标移至要选定多行的某个行号上，然后按住"Ctrl"键，单击其他需要选定行的行号，即可选取多个不连续的行。

（3）将鼠标移至要选定多行的开始行号上，然后按住鼠标左键并拖动，至适当的位置释放鼠标即可选定多个连续的行。

（4）将鼠标移至要选定列的列标上，当鼠标变为⬇形状时，单击鼠标即可选定该列。

（5）将鼠标移至要选定多列的开始列标上，然后按住鼠标左键并拖动，至适当的位置释放鼠标即可选定多个连续的列。

（6）将鼠标移至要选定多列的某个列标上，然后按住"Ctrl"键，单击其他需要选定列的列标，即可选取多个不连续的列。

### 4. 选取整个工作表

如果要选取整个工作表，可以采用以下两种方法：

（1）单击工作表左上角的"全选"按钮◢。将鼠标移至该按钮时，鼠标变为✚形状，此时单击鼠标即可选取整个工作表。

（2）按"Ctrl+A"快捷键。

### 2.4.2　插入单元格

在 Excel 2007 中，用户可以在选中单元格的上方或左侧插入与选中单元格数量相同的空白单元格，具体操作步骤如下：

（1）在要插入单元格的位置选中一个或多个单元格。

（2）在“开始”选项卡中的 单元格 选项组中单击 插入 按钮，在弹出的下拉菜单中选择 插入单元格(I)... 命令，弹出“插入”对话框，如图 2.4.1 所示，用户可在该对话框中选择一种合适的插入方式。

1）选中 活动单元格右移(I) 单选按钮，可在选中区域插入空白单元格，原来选中的单元格及其右侧的单元格自动右移。

2）选中 活动单元格下移(D) 单选按钮，可在选中区域插入空白单元格，原来选中的单元格及其下方的单元格自动下移。

3）选中 整行(R) 单选按钮，可在选中的单元格区域上方插入与选中区域的行数相等的若干行。

4）选中 整列(C) 单选按钮，可在选中的单元格区域左侧插入与选中区域的列数相等的若干列。

（3）选择好插入方式后，单击 确定 按钮即可。

### 2.4.3　删除单元格

删除单元格与插入单元格刚好相反，删除某个单元格后，该单元格会消失，并由其下方或右侧的单元格填补原单元格所在位置，具体操作步骤如下：

（1）选中要删除的单元格或单元格区域。

（2）在“开始”选项卡中的 单元格 选项组中单击 删除 按钮，在弹出的下拉菜单中选择 删除单元格(D)... 命令，弹出“删除”对话框，如图 2.4.2 所示，用户可在该对话框中选择一种合适的删除方式。

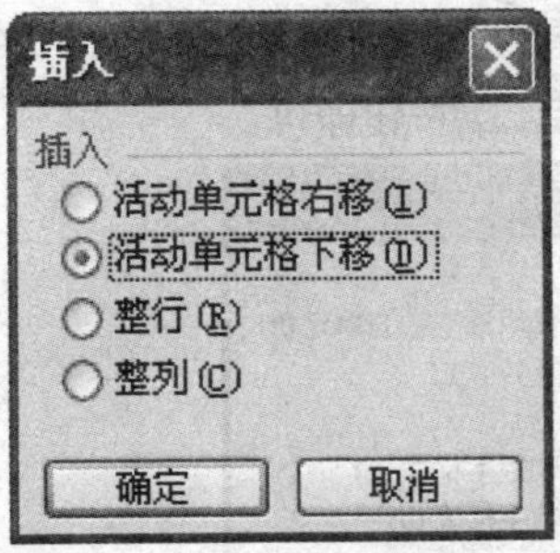


图 2.4.1　“插入”对话框

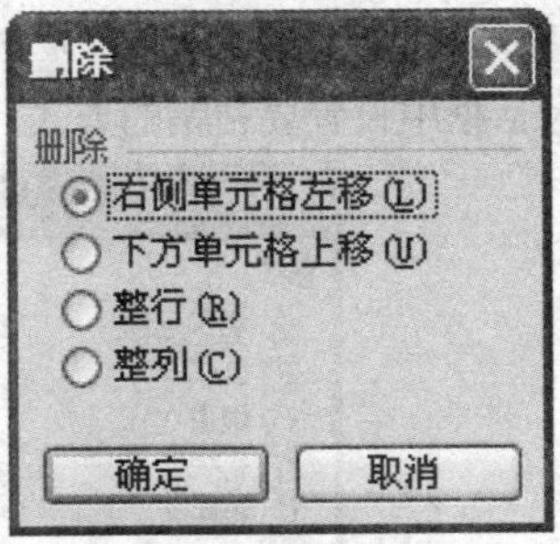


图 2.4.2　“删除”对话框

1）选中 右侧单元格左移(L) 单选按钮，将选中的单元格删除，并将其右侧的单元格向左移动填补空白。

2）选中 下方单元格上移(U) 单选按钮，将选中的单元格删除，并将其下边的单元格向上移动填补空白。

3）选中 整行(R) 单选按钮，将选中单元格所在行删除，并将其下边的行向上移动填补空白。

4）选中 整列(C) 单选按钮，将选中单元格所在列删除，并将其右侧的列向左移动填补空白。

（3）选择一种合适的删除方式，单击 确定 按钮即可。

## 2.4.4 移动和复制单元格数据

移动数据是指将某个单元格中的内容从当前的位置删除并放到另外一个位置；而复制数据是指原位置内容不变，并把该内容复制到另外一个位置。如果原来的单元格中含有公式，移动或复制到新位置后，公式会因单元格区域的引用变化生成新的计算结果。

### 1. 使用菜单命令

使用菜单命令移动和复制数据的具体操作步骤如下：

（1）选中要进行移动和复制的单元格或单元格区域。

（2）在“开始”选项卡中的剪贴板选项组中单击“复制”按钮。

（3）选中要进行粘贴的目标单元格，在“开始”选项卡中的剪贴板选项组中单击粘贴按钮，在弹出的下拉菜单中选择粘贴(P)命令即可。

### 2. 使用鼠标拖动

使用鼠标拖动移动和复制数据的具体操作步骤如下：

（1）选中要进行移动和复制的单元格或单元格区域。

（2）按住“Ctrl”键的同时单击并拖动鼠标。

（3）到达目标位置后释放鼠标左键，即可完成数据的移动和复制。

### 3. 使用选择性粘贴

如果要复制比较复杂的数据，用户可以使用选择性粘贴来有选择地进行数据的复制，具体操作步骤如下：

（1）选中要进行移动和复制的单元格或单元格区域。

（2）在“开始”选项卡中的剪贴板选项组中单击“复制”按钮。

（3）选中要进行粘贴的目标单元格，在“开始”选项卡中的剪贴板选项组中单击粘贴按钮，在弹出的下拉菜单中选择选择性粘贴(V)...命令，弹出“选择性粘贴”对话框，如图 2.4.3 所示。

（4）在该对话框中设置要粘贴的方式，单击确定按钮即可。

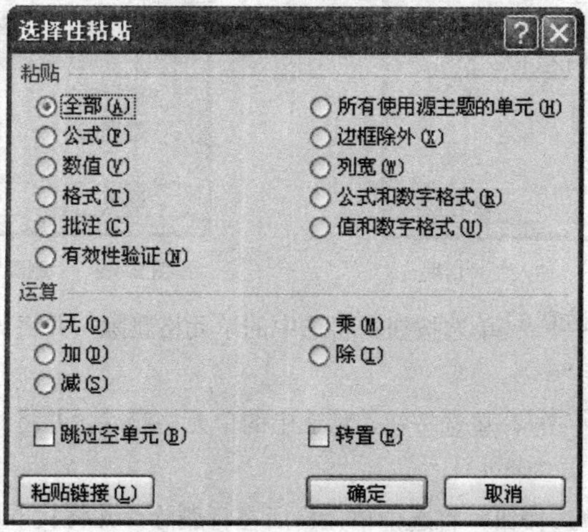


图 2.4.3 “选择性粘贴”对话框

# 2.5　编辑工作表

默认情况下，当用户启动 Excel 2007 时，系统会自动新建 3 个工作表供用户使用。用户在实际的使用过程中，可根据需要对工作表进行添加、删除、复制等操作，以满足实际需要。

## 2.5.1　插入和删除工作表

在默认情况下，一个工作簿有 3 张工作表，用户可以对工作表进行添加和删除操作。

**1．添加工作表**

添加工作表包括添加单张工作表和同时添加多张工作表两种。如果用户要添加单张工作表，可按以下两种方法进行操作：

（1）单击工作表标签，确定要插入工作表的位置，比如要在 Sheet2 和 Sheet3 之间插入一张工作表，则单击 Sheet3 标签，在“开始”选项卡的单元格选项组中单击 插入 按钮，从弹出的下拉菜单中选择 插入工作表(S) 命令，即可在 Sheet2 和 Sheet3 之间插入一张工作表，如图 2.5.1 所示。

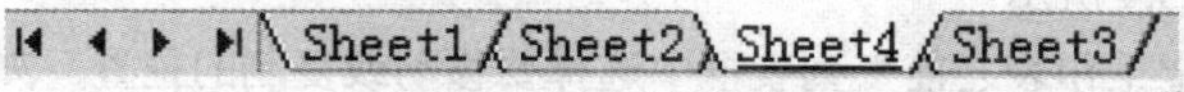


图 2.5.1　插入工作表

（2）在工作表标签中单击鼠标右键，从弹出的快捷菜单中选择 插入(I)... 命令，从弹出的“插入”对话框中选中 工作表 图标，单击 确定 按钮即可。

如果要同时添加多张工作表，可按照以下操作步骤进行：

（1）如果要同时添加多张工作表，按住“Shift”键，选定与添加工作表相同数目的工作表标签。

（2）在“开始”选项卡的单元格选项组中单击 插入 按钮，从弹出的下拉菜单中选择 插入工作表(S) 命令，即可同时添加多张工作表。

**2．删除工作表**

删除工作表，有以下两种操作方法：

（1）选中要删除的工作表标签，在“开始”选项卡中的单元格选项组中单击 删除 按钮，从弹出的下拉菜单中选择 删除工作表(S) 命令。如果该工作表中包含有内容，将会弹出如图 2.5.2 所示的警告框，单击 删除 按钮，即可删除该工作表；如果该工作表为空，则可直接将其删除。

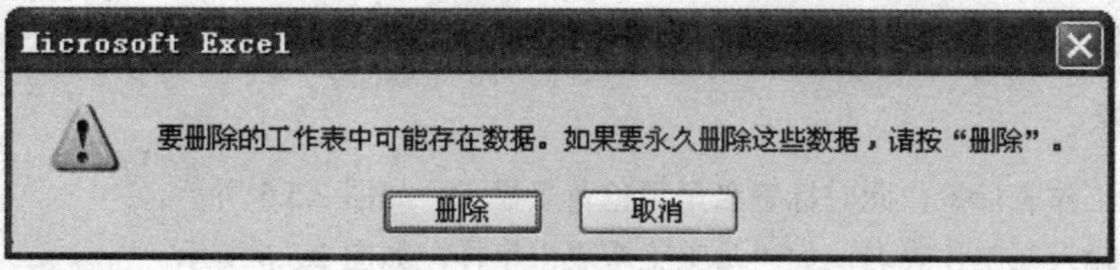


图 2.5.2　警告框

（2）选中要删除的工作表标签，单击鼠标右键，在弹出的快捷菜单中选择 删除(D) 命令，即可删除工作表。

## 2.5.2　复制和移动工作表

移动工作表是指改变工作表在工作簿中排列的位置，复制工作表则是指增加原工作表的副本。下面介绍两种移动和复制工作表的方法。

### 1．通过鼠标移动和复制工作表

（1）移动工作表。选中要移动的工作表标签，按住鼠标左键并拖动，此时工作表标签上方会出现一个黑色下三角箭头▾，提示工作表插入的位置，当鼠标指针变成□形状，将指针拖动到该黑色下三角箭头处，即完成工作表的移动操作，如图 2.5.3 所示。

（2）复制工作表。选中要复制的工作表标签，按住“Ctrl”键，然后按住鼠标左键并拖动，此时工作表标签上方会出现一个黑色下三角箭头▾，提示工作表插入的位置，当鼠标指针变成□形状，将指针拖动到该黑色下三角箭头处，即复制工作表。

### 2．使用菜单移动和复制工作表

（1）选中要移动或复制的工作表。

（2）单击鼠标右键，从弹出的快捷菜单中选择 移动或复制工作表(M)... 命令，弹出“移动或复制工作表”对话框，如图 2.5.4 所示。

（3）在“下列选定工作表之前”列表框中选择要移动或复制的位置。如果是移动工作表，在该对话框中取消对 □建立副本(C) 复选框的选中。如果要复制工作表，则选中 ☑建立副本(C) 复选框。单击 确定 按钮即可。

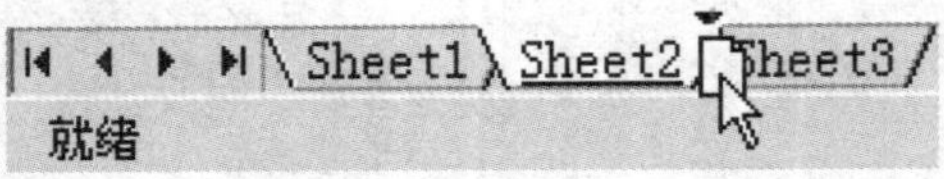


图 2.5.3　使用鼠标移动工作表

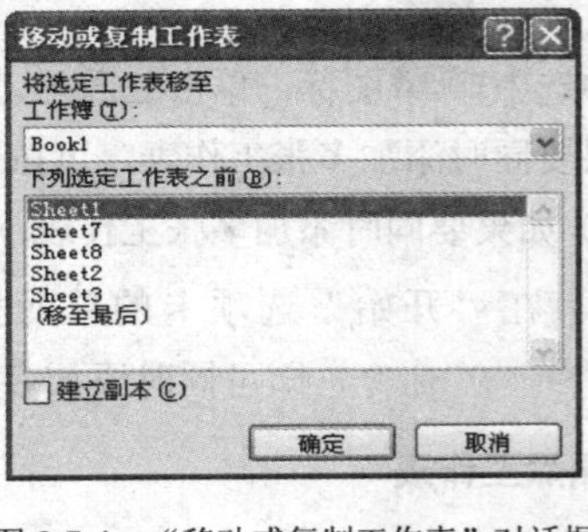


图 2.5.4　“移动或复制工作表”对话框

## 2.5.3　重命名工作表

当一个工作簿中的工作表过多时，使用 Sheet1，Sheet2 这样的工作表名很难区分不同的工作表，此时就可以为工作表重新命名，常用方法有以下两种。

### 1．使用鼠标

（1）双击工作表标签，此时标签名呈黑色背景显示，如图 2.5.5 所示。

（2）直接输入新工作表名，如“员工工资表”字样，如图 2.5.6 所示。

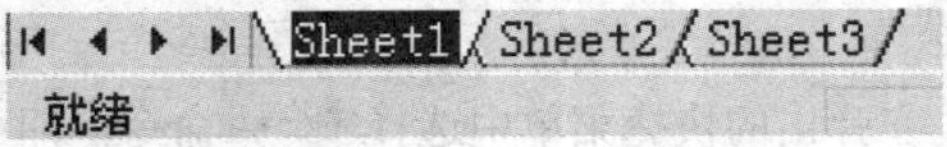


图 2.5.5　选中工作表名

图 2.5.6　重命名工作表

（3）输入完成后按回车键，或单击标签外的任何位置，完成重新命名工作表操作。

**2．使用菜单项**

（1）选中要重命名的工作表标签。

（2）单击鼠标右键，从弹出的快捷菜单中选择 重命名(R) 命令，此时标签名呈黑色背景显示，在标签中输入新的工作表名称即可。

## 2.5.4　隐藏和显示工作表

当用户打开的窗口和工作表的数量太多时，屏幕会较乱，为了避免错误的操作，可以将暂时不使用的工作簿和工作表隐藏起来，需要对其操作时，再将它们显示出来。用户可以采用以下两种方法隐藏和显示工作表，具体操作如下：

（1）在“视图”选项卡中的窗口选项组中单击 隐藏 按钮，即可将当前工作表隐藏，如图 2.5.7 所示。如果要重新显示该工作表，可在“视图”选项卡中的窗口选项组中单击 取消隐藏 按钮，即可弹出“取消隐藏”对话框，如图 2.5.8 所示。在该对话框中选择要显示的工作簿，单击 确定 按钮即可。

（2）在工作表标签上单击鼠标右键，从弹出的快捷菜单中选择 隐藏(H) 命令，即可将选中的工作表隐藏。如果要重新显示该工作表，可在工作表标签上单击鼠标右键，从弹出的快捷菜单中选择 取消隐藏(U)... 命令，在弹出的“取消隐藏”对话框中选择显示的工作簿，单击 确定 按钮即可。

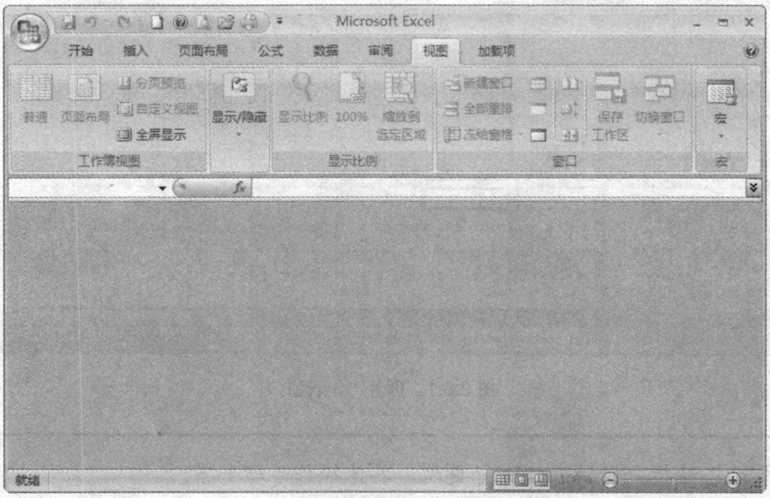


图 2.5.7　隐藏工作表

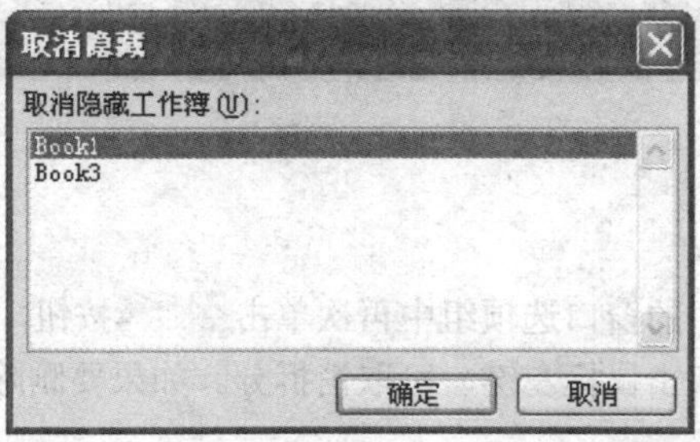


图 2.5.8　“取消隐藏”对话框

# 2.6 工作表的拆分和冻结

Excel 2007 为用户提供了拆分和冻结工作表窗口的功能，有了这些功能可以更加合理地利用屏幕空间。

## 2.6.1 拆分工作表

拆分工作表就是将工作表当前的活动窗口拆分成窗格，在每个被拆分的窗格中都可以通过滚动条来显示或查看工作表的各个部分。

### 1. 拆分工作表窗口

（1）选定要拆分分隔处的单元格，该单元格的左上角就是拆分的分隔点。

（2）在“视图”选项卡中的窗口选项组中单击拆分按钮即可，如图 2.6.1 所示。

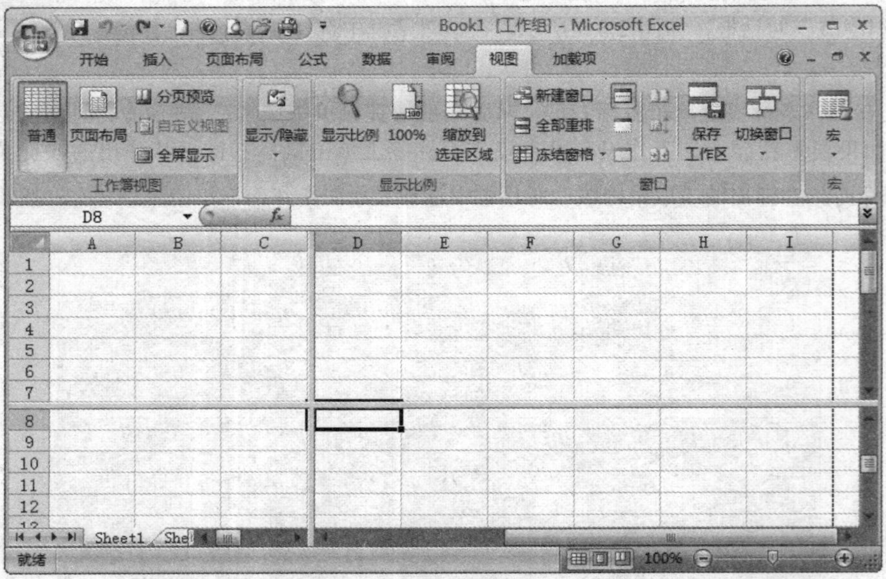


图 2.6.1 拆分工作表窗口

> **技巧** 如果要对已经拆分好的窗口进行更改，具体操作步骤如下：
>
> （1）将鼠标移动到垂直拆分框或水平拆分框上。
>
> （2）按下鼠标左键，拖动鼠标指针到工作表要进行拆分的单元格，释放鼠标按钮。

### 2. 取消拆分

取消拆分有以下两种方法：

（1）在“视图”选项卡中的窗口选项组中再次单击拆分按钮，即可取消拆分。

（2）在分隔条的交点处双击鼠标左键，可取消拆分。如果要删除一条分隔条，则在该分隔条上方双击即可。

## 2.6.2　冻结工作表

在 Excel 2007 中，用户可以将拆分后的某个单元格冻结，也可以将工作表的首行或首列进行冻结。当特定单元格被冻结后，活动工作表以上和左边的窗格将被冻结，也就是说当垂直滚动时，冻结点以上的全部单元格，不参与滚动；当水平滚动时，冻结点左边的全部单元格不参与滚动。

### 1．冻结拆分窗口

如果要冻结拆分后的窗口，可按照以下操作步骤进行：

（1）选定一个单元格作为冻结点，即冻结点以上和左边的所有单元格都将被冻结，并保留在屏幕上。

（2）在“视图”选项卡中的窗口选项组中单击按钮，冻结窗格从弹出的下拉菜单中选择冻结拆分窗格(F)命令，即可将工作窗口拆分，并将选定单元格以上和左边的所有单元格冻结，如图 2.6.2 所示。

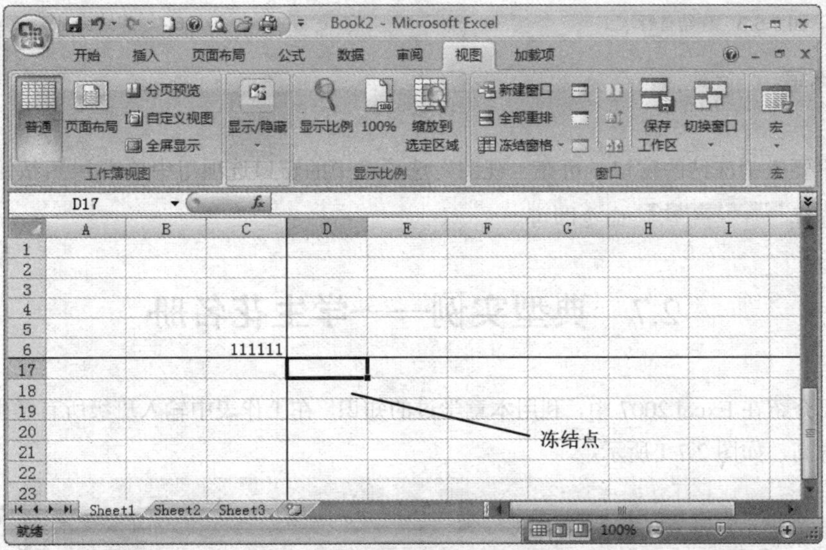


图 2.6.2　冻结拆分窗口

> **技巧**　在被冻结的工作表中，按“Ctrl+Home”快捷键，活动单元格指针将返回到冻结点所在的单元格。

### 2．冻结首行

如果要将工作表的首行冻结，可按照以下操作步冻结窗格骤进行：

（1）在“视图”选项卡中的窗口选项组中单击按钮。

（2）从弹出的下拉菜单中选择冻结首行(R)命令，即可将该工作表的首行冻结，如图 2.6.3 所示。

### 3．冻结首列

如果要将工作表的首行冻结，操作步骤如下：

（1）进入“视图”选项卡中，在窗口选项组中单击冻结窗格按钮。

（2）从弹出的下拉菜单中选择冻结首列(C)命令，即可将该工作表的首列冻结，如图 2.6.4 所示。

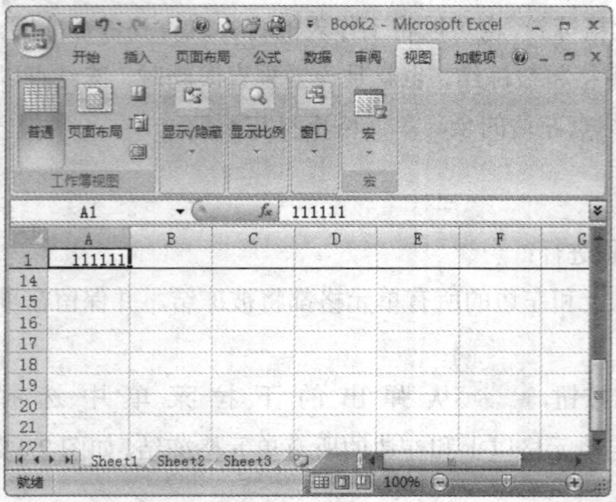


图 2.6.3　冻结首行

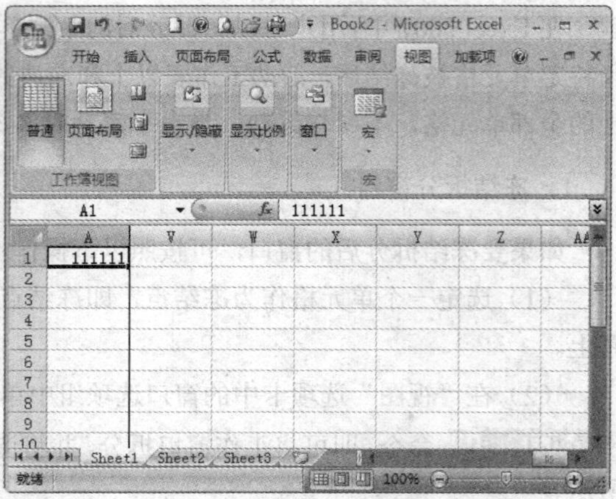


图 2.6.4　冻结首列

**4．撤销冻结**

如果用户要撤销冻结的窗口，可在“视图”选项卡中的窗口选项组中单击冻结窗格按钮，从弹出的快捷菜单中选择取消冻结窗格(F)命令即可。

## 2.7　典型实例——学生花名册

本节主要介绍在 Excel 2007 中，利用本章学过的知识，在工作表中输入班级所有学生的姓名、出生日期以及身高，如图 2.7.1 所示。

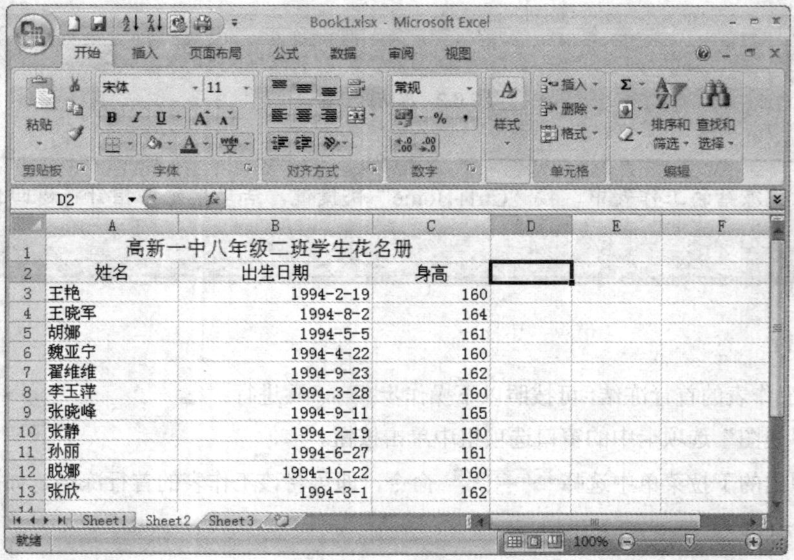


图 2.7.1　效果图

**创作步骤**

（1）启动 Excel 2007，新建一个工作簿。

（2）选中单元格 A1，在其中输入文字“高新一中八年级二班学生花名册”。

（3）选中单元格 A2，在其中输入文字“姓名”；选中单元格 C2，在其中输入文字“出生日期”；选中单元格 E2，在其中输入文字“身高”，如图 2.7.2 所示。

（4）分别在单元格 A3～A10 中输入学生的姓名，如图 2.7.3 所示。

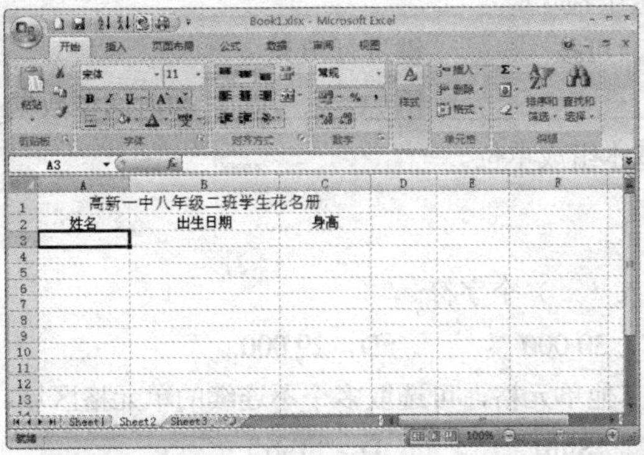


图 2.7.2　输入工作表标题

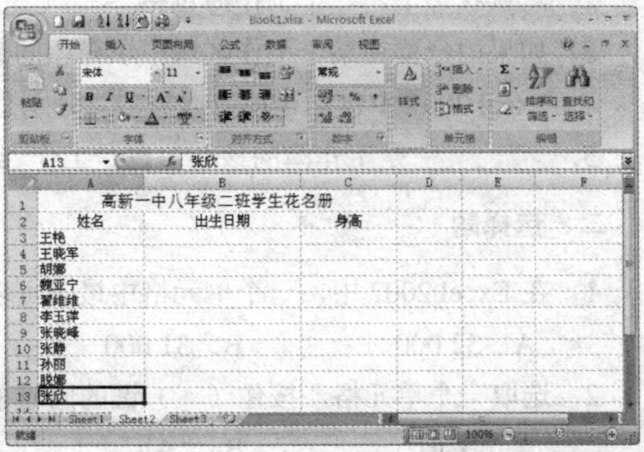


图 2.7.3　输入学生姓名

（5）选中单元格 C3～C10，在“开始”选项卡中的数字选项组中单击常规右侧的下拉按钮，从弹出的下拉菜单中选择短日期命令。分别在单元格 E3～E10 中输入各学生的出生日期，如图 2.7.4 所示。

（6）分别在单元格 E3～E10 中输入各学生的身高，如图 2.7.5 所示。

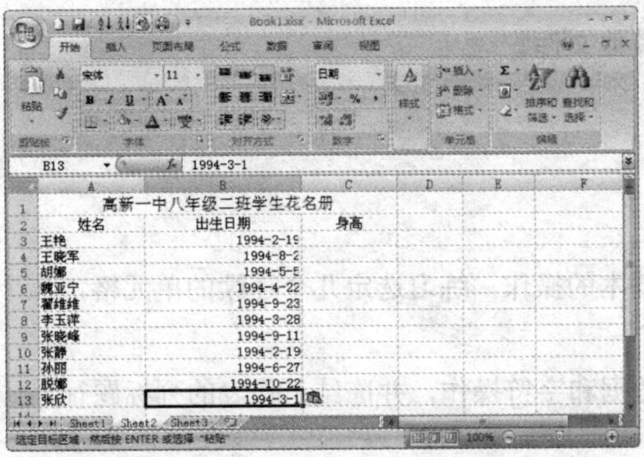


图 2.7.4　输入学生出生日期

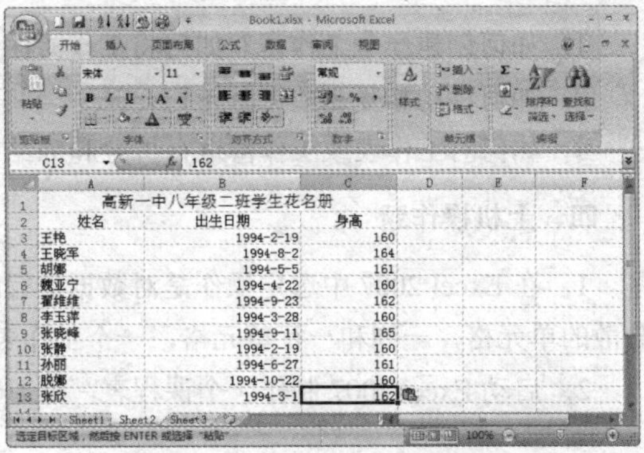


图 2.7.5　输入身高

（7）选中单元格 A1～E1，单击“开始”选项卡中对齐方式选项组中的“合并居中”按钮。

（8）至此，一个简单的学生花名册即制作完成，效果如图 2.7.1 所示。

## 小　结

本章主要讲解了中文 Excel 2007 的基本操作，其中主要包括 Excel 2007 的基本概念、创建工作簿、输入数据、编辑单元格、编辑工作表、工作表的拆分和冻结。通过本章的学习，用户应能创建简单的工作表，并掌握工作表的相关操作。

# 过关练习二

## 一、填空题

1. ________是计算和存储数据的文件，每一个工作簿都由多张工作表组成，所以用户可以在单个文件中管理各种不同类型的信息。

2. 默认状态下，一个工作簿包括________张工作表。

3. 如果用户要往某个工作区域中填充相同数据，可按________键进行填充。

4. Excel 2007 中包含 4 种数据类型，分别是________、________、________和时间型数据。

5. ________是工作簿的核心，也是工作表的基本组成单位。

## 二、选择题

1. 在 Excel 2007 中，一个单元格中最多可以输入（　）个字符。

   A. 32 000　　B. 31 000　　C. 30 000　　D. 29 000

2. 选取一个单元格，按住（　）键的同时单击其他单元格，可选取多个不连续的单元格区域。

   A. "Ctrl"　　B. "Alt"　　C. "Shift"　　D. "Tab"

3. 默认情况下，Excel 中的文本为（　）。

   A. 左对齐　　B. 右对齐　　C. 居中对齐　　D. 分散对齐

4. 如果要同时添加多张工作表，按住（　）键，选定与添加工作表相同数目的工作表标签。

   A. "Ctrl"　　B. "Alt"　　C. "Shift"　　D. "Tab"

## 三、问答题

1. 如何创建一个工作簿？如何将工作簿保存为其他文件？

2. 如何移动和复制数据区域？

3. 如何对工作表或工作簿进行拆分和冻结？

## 四、上机操作题

1. 在 Excel 2007 中选定操作是对数据进行的最基本的操作，练习选定几个连续的单元格，几个分散的单元格，一列和一行单元格，一个工作表。

2. 启动 Excel 2007 制作一个课程表，练习输入数据和字符操作，并冻结工作表的列标题行。

# 第 3 章　格式化工作表

在最初创建工作表时，工作表没有设置任何特殊的格式。在实际工作中，为了使表格的作用更突出，形式更美观，就要对其格式进行设置。本章将主要介绍在 Excel 2007 中如何快速设置工作表格式。

**本章重点**

（1）设置单元格格式。
（2）格式化行与列。
（3）自动套用格式。
（4）样式的使用。
（5）条件格式。

## 3.1　设置单元格格式

在 Excel 2007 中，用户可以对工作表中的单元格进行各种格式化设置，如设置单元格中数字的类型、文本的对齐方式、字体等。

### 3.1.1　设置字符格式

通过设置字符格式可以达到美化工作表的目的。设置字符格式主要包括字体、字号、字形以及字符颜色等。在 Excel 2007 中，用户可以使用以下 3 种方法设置字符格式。

**1．使用对话框设置字符格式**

使用对话框设置字符格式的具体操作步骤如下：

（1）选中要设置字符格式的文本或数字。

（2）在“开始”选项卡中的字体选项组中单击“对话框启动器”按钮，弹出“设置单元格格式”对话框，并打开“字体”选项卡，如图 3.1.1 所示。

（3）在 字体(F): 列表框中选择需要的字体；在 字形(O): 列表框中选择合适的字形；在 字号(S): 列表框中选择字号大小。

（4）单击颜色框右侧的下拉按钮，弹出颜色下拉列表，如图 3.1.2 所示。用户可在该列表中选择一种颜色作为字符颜色。

（5）在 下划线(U): 下拉列表中可以为文本添加下画线；在 特殊效果 选项区中可以选中某个复选框，以为字符添加特殊效果。

（6）设置完成后，单击 确定 按钮即可。

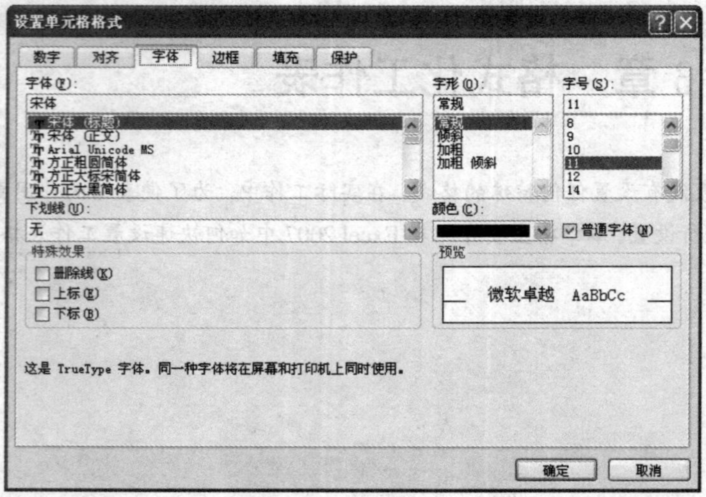


图 3.1.1 “字体”选项卡

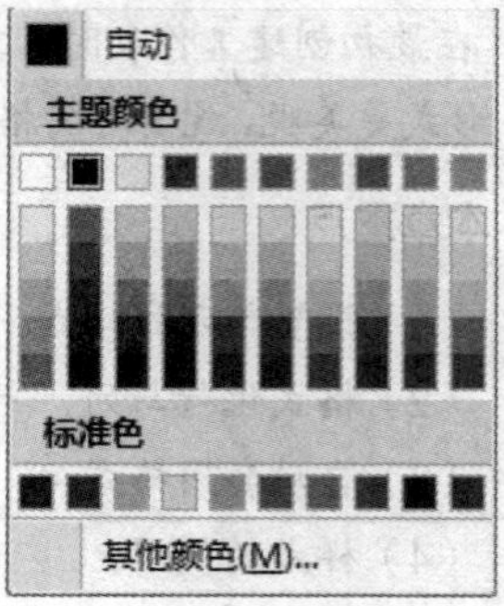


图 3.1.2 颜色下拉列表

**2．使用功能区按钮设置字符格式**

与对话框相比，使用字体功能区中提供的设置字符格式的工具，可以更加方便快捷。字体功能区中用来设置字符格式的按钮有：

宋体：可在该下拉列表中选择需要的字体；

11：在该下拉列表中列出所选择字体的可用字号；

：单击该按钮可增大选中字符的字号；

：单击该按钮可减小选中字符的字号；

：单击该按钮可将选定的文字改为粗体格式，再次单击该按钮则取消粗体；

：单击该按钮可将选定的文字改为斜体格式，再次单击该按钮则取消斜体；

：单击该按钮可为选定的文字加下画线，再次单击该按钮则取消下画线；

：可在该下拉列表中选择一种颜色作为字符颜色。

**3．设置默认字体格式**

新建 Excel 文档并在单元格中输入数据时，如果用户对单元格格式不加以设置。则单元格将使用系统默认的格式设置值，默认的字符格式可以更改，具体的操作步骤如下：

（1）选择→Excel 选项(I)命令，弹出“Excel 选项”对话框，如图 3.1.3 所示。

（2）用户可在“常用”选项卡中的“新建工作簿时”选项区中对字符的格式进行设置。

1）使用的字体(N)：在该下拉列表中选择默认的字符字体。

2）字号(Z)：在该下拉列表中选择默认的字号大小。

3）新工作表的默认视图(V)：在该下拉列表中选择默认的视图。

4）包含的工作表数(S)：在该下拉列表中选择包含的工作表数。

（3）设置完成后，单击确定按钮，所做设置将成为系统默认设置。

如果要使用新的默认字体和字体大小，必须重新启动 Microsoft Excel。新的字体和字体大小只应用于重新启动后创建的新工作簿中，已有的工作簿不受影响。

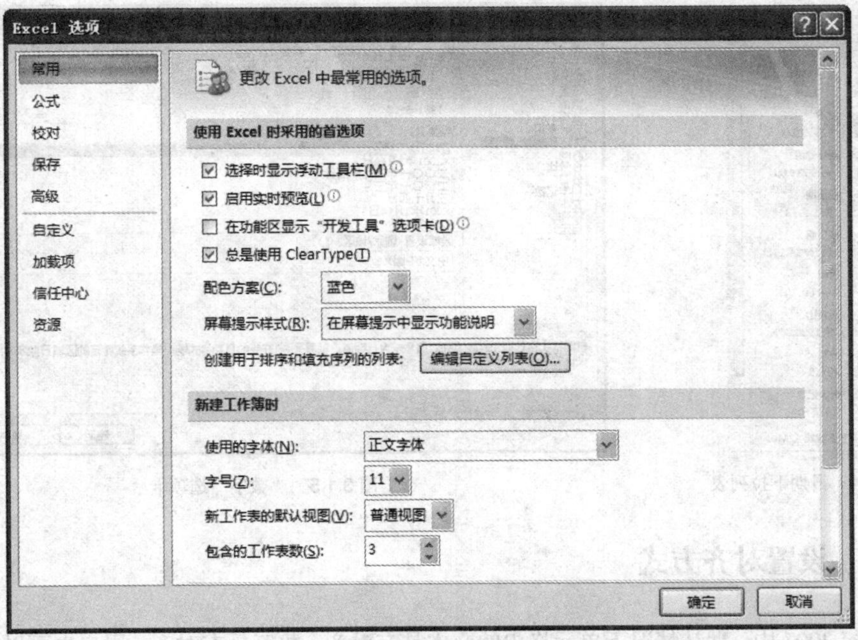


图 3.1.3　“Excel 选项”对话框

### 3.1.2　设置数字格式

数字格式是指数字、日期、时间等各种数值数据在工作表中的显示方式。在工作表中，应根据数字含义的不同，将它们以不同的格式显示出来。数字格式通常包括常规、数值、货币、会计专用、日期、时间、百分比、分数、科学计算、文本和特殊格式，用户可以根据需要，在单元格中设置合适的数字格式。

**1．使用功能区设置数字格式**

使用功能区设置数字格式的具体操作步骤如下：

（1）选中要设置数字格式的单元格。

（2）在“开始”选项卡中的数字选项组中单击 日期 右侧的下拉按钮，弹出其下拉列表，如图 3.1.4 所示，用户可在其中选择合适的数字格式。

**2．使用对话框设置数字格式**

使用对话框设置数字格式的具体操作步骤如下：

（1）选中要设置数字格式的单元格。

（2）在“开始”选项卡中的数字选项组中单击“对话框启动器”按钮，即可弹出“设置单元格格式”对话框，并打开“数字”选项卡。

（3）在 分类(C): 列表框中选择数字格式，在右侧的列表中对选中的格式进行详细设置。

（4）如图 3.1.5 所示即为在“分类”列表框中选择“日期”时的设置对话框，用户可在右侧的“类型”列表框中选择合适的日期类型。设置完成后，单击 确定 按钮即可。

图 3.1.4 日期下拉列表

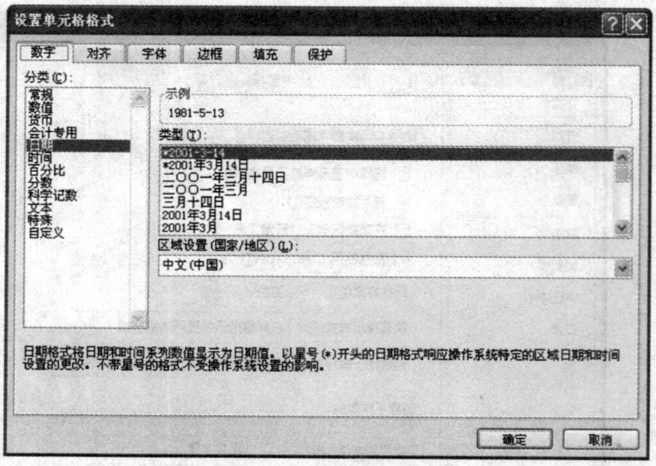


图 3.1.5 “数字”选项卡

### 3.1.3 设置对齐方式

在 Excel 2007 中，默认情况下单元格中的文本是左对齐，数字是右对齐，用户也可以根据自己的需要对单元格中内容的对齐方式进行修改，以满足其特殊要求。

在 Excel 2007 中，用户可以使用两种方法设置单元格的对齐方式，下面分别进行介绍。

**1. 使用功能区设置数字格式**

使用功能区设置数字格式的具体操作步骤如下：

（1）选中要设置对齐方式的单元格。

（2）在“开始”选项卡中的对齐选项组中，用户可根据需要单击相应的按钮设置单元格的对齐方式。

1）“顶端对齐”按钮：单击该按钮，可使数字在单元格中顶对齐。

2）“垂直居中”按钮：单击该按钮，可使数字在单元格中垂直居中对齐。

3）“底端对齐”按钮：单击该按钮，可使数字在单元格中底对齐。

4）“左对齐”按钮：单击该按钮，可使数字在单元格中左对齐。

5）“居中对齐”按钮：单击该按钮，可使数字在单元格中水平居中对齐。

6）“右对齐”按钮：单击该按钮，可使数字在单元格中右对齐。

7）“减少缩进量”按钮：单击该按钮，可减少数字在单元格中的缩进量。

8）“增大缩进量”按钮：单击该按钮，可增大数字在单元格中的缩进量。

**2. 使用对话框设置数字格式**

如果功能区中的对齐工具按钮不能满足用户的需要，用户可在对话框中对单元格的对齐方式进行设置，具体操作步骤如下：

（1）选中要设置对齐方式的单元格。

（2）在“开始”选项卡中的对齐选项组中单击“对话框启动器”按钮，弹出“设置单元格格式”对话框，并打开“对齐”选项卡，如图 3.1.6 所示。

（3）用户可在该选项卡中设置文本的对齐方式以及文本的方向等。

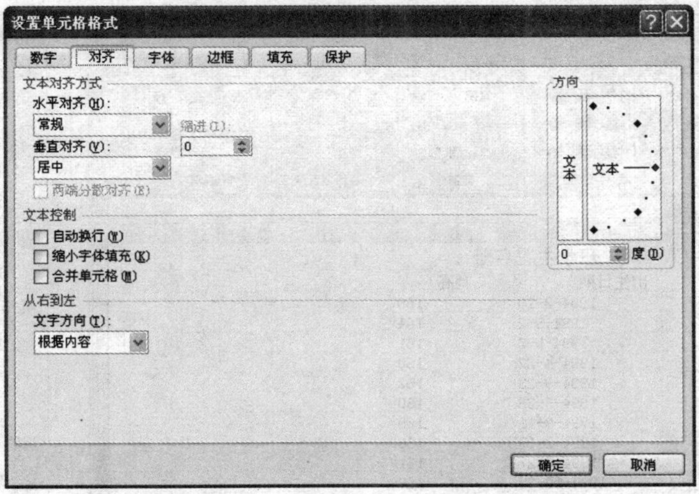


图 3.1.6　“对齐”选项卡

# 3.2　格式化行与列

在 Excel 2007 中，工作表的默认行高是 13.5 mm，列宽是 8.38 mm，根据需要可适当地调整列宽和行高，以充分利用工作表的空间。用户可以使用鼠标直接在工作表中调整，也可以利用菜单命令对行高和列宽做精确的调整。

## 3.2.1　使用鼠标调整行高和列宽

使用鼠标对行高和列宽进行调整，具体操作步骤如下：

（1）将鼠标移动到要调整的行标题和列标题的边界线上（用行标题的下边界调整该行的高度，用列标题的右边界调整该列的宽度）。

（2）当光标变为✛形状时，按住鼠标左键并拖动到合适的位置，如图 3.2.1 所示。在拖动的过程中，显示当前列或行的尺寸，调整好后释放鼠标即可。

> **技巧**　如果要快速地根据单元格中的内容自动调整行高和列宽，可以直接双击列标题的右边界线或行标题的下边界线。

## 3.2.2　使用菜单命令调整行高和列宽

使用鼠标拖动，只能粗略地调整行高和列宽，如果要精确地对行高和列宽进行调整，需要使用菜单命令和对话框，具体操作步骤如下：

（1）选择要调整的行或列。如果要调整单一的行或列，只须选中该行或该列中任意一个单元格即可。

（2）在“开始”选项卡中的单元格选项组中单击格式按钮，弹出其下拉菜单，如图 3.2.2 所示。

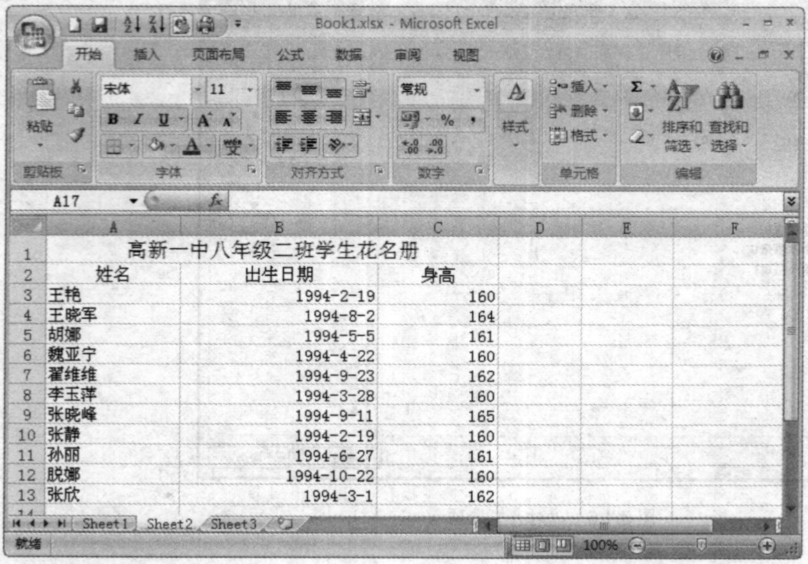


图 3.2.1　使用鼠标调整列宽

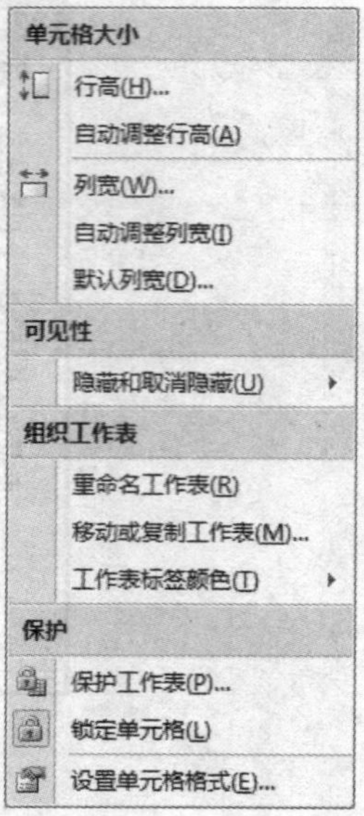


图 3.2.2　下拉菜单

（3）在该下拉菜单中选择 行高(H)... 命令，弹出“行高”对话框，如图 3.2.3 所示，用户可在“行高”文本框中输入行高值。

（4）在该下拉菜单中选择 列宽(W)... 命令，弹出“列宽”对话框，如图 3.2.4 所示，用户可在“列宽”文本框中输入列宽值。

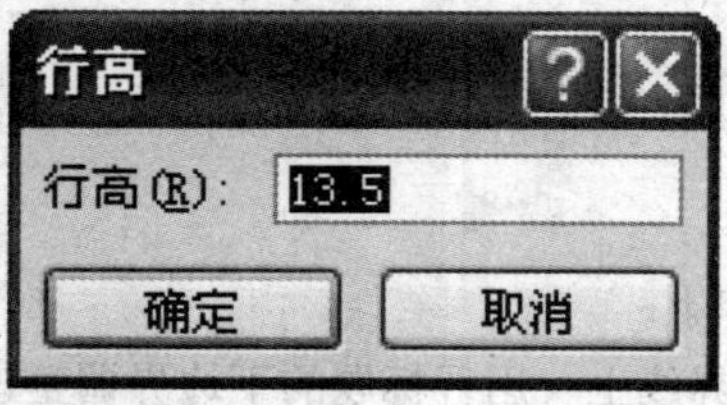


图 3.2.3　“行高”对话框

图 3.2.4　“列宽”对话框

（5）设置好数值后，单击 确定 按钮即可。

# 3.3　自动套用格式

Excel 2007 提供了自动套用格式的功能。对于某些比较特殊的格式，例如会计的会计表格等，不可能逐个设置单元格格式，此时，用户可以通过使用自动套用格式功能来自动地为工作表添加格式。

## 3.3.1　完全套用格式

完全套用格式就是套用 Excel 2007 预设自动套用格式中的全部预设的表格格式，如字体、边框、数字、图案和对齐方式等。其具体操作步骤如下：

（1）选中要自动套用格式的单元格区域。

（2）在“开始”选项卡中的样式选项组中单击套用表格式按钮，弹出其下拉菜单，如图 3.3.1 所示。
（3）在该菜单中选择合适的样式，即可弹出如图 3.3.2 所示的“套用表格式”对话框。

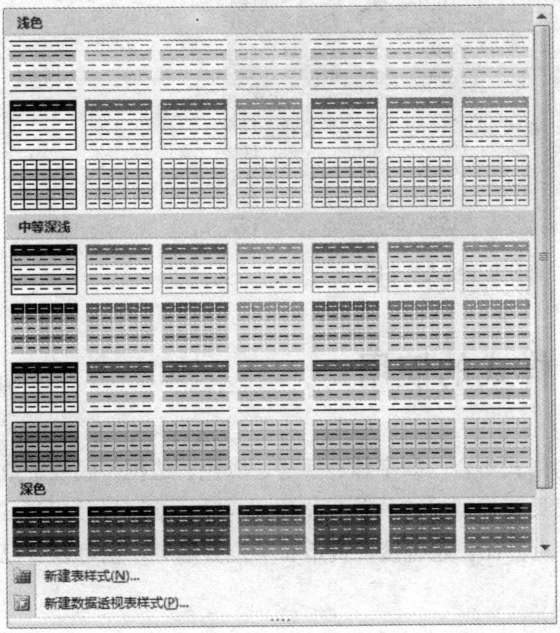


图 3.3.1　自动套用格式下拉菜单

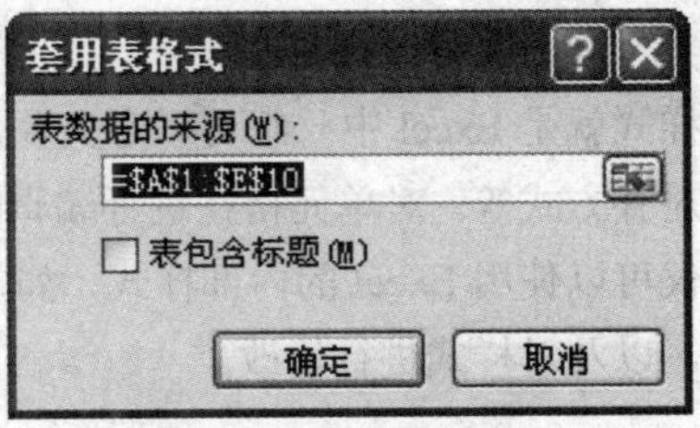


图 3.3.2　“套用表格式”对话框

（4）在该对话框中选中☑表包含标题(M)复选框，单击确定按钮，效果如图 3.3.3 所示。

| | A | B | C | D | E | F |
|---|---|---|---|---|---|---|
| 1 | 高新一中八年级二班学生花名册 | 列1 | 列2 | 列3 | 列4 | |
| 2 | 姓名 | | 出生日期 | | 身高 | |
| 3 | 王艳 | | 1994-2-19 | | 160 | |
| 4 | 王晓军 | | 1994-8-2 | | 164 | |
| 5 | 胡娜 | | 1994-5-5 | | 161 | |
| 6 | 魏亚宁 | | 1994-4-22 | | 160 | |
| 7 | 翟维维 | | 1994-9-23 | | 162 | |
| 8 | 李玉萍 | | 1994-3-28 | | 160 | |
| 9 | 张晓峰 | | 1994-9-11 | | 165 | |
| 10 | 张静 | | 1994-2-19 | | 160 | |
| 11 | 孙丽 | | 1994-6-27 | | 161 | |
| 12 | 脱娜 | | 1994-10-22 | | 160 | |
| 13 | 张欣 | | 1994-3-1 | | 162 | |
| 14 | | | | | | |

图 3.3.3　完全套用格式效果图

## 3.3.2　部分套用格式

如果用户要自动套用格式中的部分信息格式，具体操作步骤如下：

（1）选中要套用格式的单元格区域。

（2）在“开始”选项卡中的样式选项组中单击套用表格式按钮，弹出其下拉菜单。

（3）在该菜单中选择合适的样式，即可弹出如图 3.3.2 所示的“套用表格式”对话框。

（4）在该对话框中取消选中□表包含标题(M)复选框，单击确定按钮，效果如图 3.3.4 所示。

| 高新一中八年级二班学生花名册 | | |
|---|---|---|
| 姓名 | 出生日期 | 身高 |
| 列1 | 列2 | 列3 |
| 王艳 | 1994-2-19 | 160 |
| 王晓军 | 1994-8-2 | 164 |
| 胡娜 | 1994-5-5 | 161 |
| 魏亚宁 | 1994-4-22 | 160 |
| 翟维维 | 1994-9-23 | 162 |
| 李玉萍 | 1994-3-28 | 160 |
| 张晓峰 | 1994-9-11 | 165 |
| 张静 | 1994-2-19 | 160 |
| 孙丽 | 1994-6-27 | 161 |
| 脱娜 | 1994-10-22 | 160 |
| 张欣 | 1994-3-1 | 162 |

图 3.3.4　部分套用格式效果图

# 3.4　样式的使用

样式就是 Excel 中一组可以定义并保存的格式集合，如字体、字号、颜色、边框、底纹、数字格式和对齐方式等。对单元格在进行编辑时，如果要保持对应的单元格格式一致，就可以使用样式，用户不仅可以使用 Excel 的内部样式，如常规、百分比、超链接、货币和千位分隔等，也可以自己创建样式，以及对样式进行修改。

## 3.4.1　应用已有样式

在 Excel 2007 中，系统提供了一组预定义的样式，用户可以直接应用这些格式，以快速创建具有某种风格的表格。在表格中直接应用样式的具体操作步骤如下：

（1）选中要应用样式的单元格区域。

（2）在“开始”选项卡中的“样式”选项组中单击按钮，即可弹出样式下拉列表框，如图 3.4.1 所示。

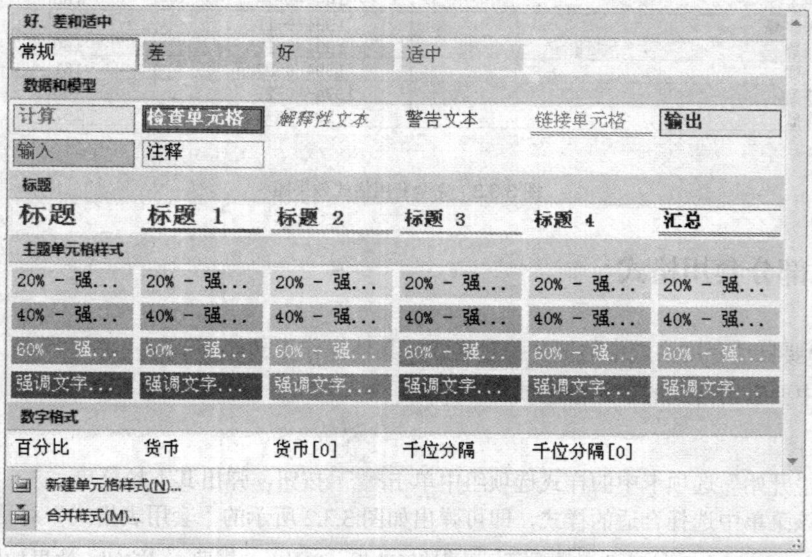


图 3.4.1　样式下拉列表框

（3）在主题单元格样式区域中单击要应用的样式，即可将其应用到选中的单元格区域，如图 3.4.2 所示。

| 高新一中八年级二班学生花名册 | | |
| --- | --- | --- |
| 姓名 | 出生日期 | 身高 |
| 王艳 | 1994-2-19 | 160 |
| 王晓军 | 1994-8-2 | 164 |
| 胡娜 | 1994-5-5 | 161 |
| 魏亚宁 | 1994-4-22 | 160 |
| 翟维维 | 1994-9-23 | 162 |
| 李玉萍 | 1994-3-28 | 160 |
| 张晓峰 | 1994-9-11 | 165 |
| 张静 | 1994-2-19 | 160 |
| 孙丽 | 1994-6-27 | 161 |
| 脱娜 | 1994-10-22 | 160 |
| 张欣 | 1994-3-1 | 162 |

图 3.4.2　应用样式后的单元格

## 3.4.2　创建新样式

如果用户对系统提供的样式不满意，可以创建新的样式，具体操作步骤如下：

（1）在“开始”选项卡中的“样式”选项组中单击新建单元格样式(N)...按钮，弹出“样式”对话框，如图 3.4.3 所示。

（2）在“样式名”文本框中输入新的样式名，单击格式(O)...按钮，弹出“设置单元格格式”对话框，如图 3.4.4 所示。

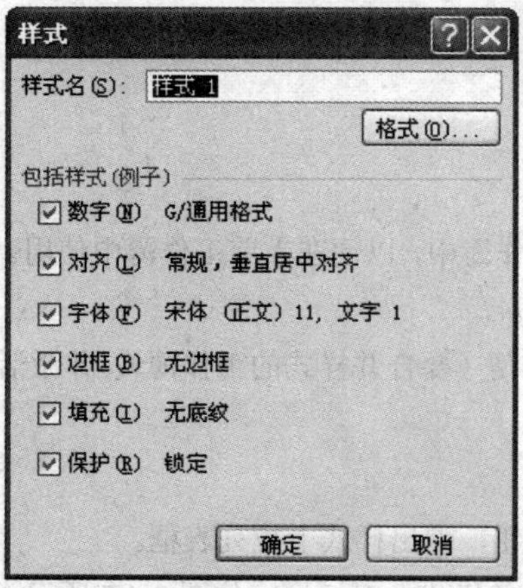


图 3.4.3　“样式”对话框

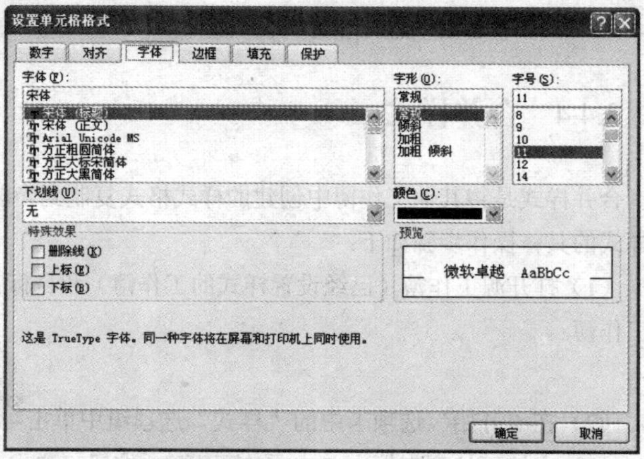


图 3.4.4　“设置单元格格式”对话框

（3）在“设置单元格格式”对话框中的各个选项卡上选择所需的格式单击确定按钮。

（4）在“样式”对话框中的“包括样式（例子）”下，清除在单元格样式中不需要的格式的复选框，单击确定按钮即可。

（5）在工作表中选中要应用新创建样式的单元格区域。

（6）在“开始”选项卡中的“样式”选项组中单击单元格样式按钮，在弹出的下拉列表框中的自定义选项区中单击样式 5按钮，即可应用该样式，如图 3.4.5 所示。

### 3.4.3 修改样式

样式创建完成后，若再次使用，由于具体要求不同，就需要对原有的样式进行修改，具体操作步骤如下：

（1）选中要修改样式的单元格或单元格区域。

（2）在“开始”选项卡中的“样式”选项组中单击单元格样式按钮，弹出样式下拉列表框。

（3）在需要修改的样式上单击鼠标右键，从弹出的快捷菜单中单击修改(M)...按钮，弹出“样式”对话框。

（4）在“样式名”文本框中为新单元格样式输入适当的名称，单击格式(O)...按钮，在弹出的“设置单元格格式”对话框中对数字格式、对齐方式、字体、边框和底纹以及图案等进行设置。

（5）设置完成后，单击确定按钮，返回到“样式”对话框。

（6）再次单击确定按钮，即可将创建的样式应用于所选单元格中，如图 3.4.6 所示。

| 高新一中八年级二班学生花名册 | | | | |
|---|---|---|---|---|
| 姓名 | | 出生日期 | | 身高 |
| 王艳 | | 1994-2-19 | | 160 |
| 王晓军 | | 1994-8-2 | | 164 |
| 胡娜 | | 1994-5-5 | | 161 |
| 魏亚宁 | | 1994-4-22 | | 160 |
| 翟维维 | | 1994-9-23 | | 162 |
| 李玉萍 | | 1994-3-28 | | 160 |
| 张晓峰 | | 1994-9-11 | | 165 |
| 张静 | | 1994-2-19 | | 160 |
| 孙丽 | | 1994-6-27 | | 161 |
| 脱娜 | | 1994-10-22 | | 160 |
| 张欣 | | 1994-3-1 | | 162 |

图 3.4.5 应用自定义样式

| 高新一中八年级二班学生花名册 | | |
|---|---|---|
| 姓名 | 出生日期 | 身高 |
| 王艳 | 1994-2-19 | 160 |
| 王晓军 | 1994-8-2 | 164 |
| 胡娜 | 1994-5-5 | 161 |
| 魏亚宁 | 1994-4-22 | 160 |
| 翟维维 | 1994-9-23 | 162 |
| 李玉萍 | 1994-3-28 | 160 |
| 张晓峰 | 1994-9-11 | 165 |
| 张静 | 1994-2-19 | 160 |
| 孙丽 | 1994-6-27 | 161 |
| 脱娜 | 1994-10-22 | 160 |
| 张欣 | 1994-3-1 | 162 |

图 3.4.6 修改样式

### 3.4.4 合并样式

合并样式是将其他工作簿中创建的样式格式复制到当前工作簿中，以便在当前工作簿中使用。合并样式的具体操作步骤如下：

（1）打开源工作簿（已经设置样式的工作簿）和目标工作簿（要合并样式的工作簿），并激活目标工作簿。

（2）在“开始”选项卡中的“样式”选项组中单击单元格样式按钮，弹出样式下拉列表框。

（3）在该下拉列表框中单击合并样式(M)...按钮，弹出“合并样式”对话框，如图 3.4.7 所示。

（4）在“合并样式来源”列表框中选择源工作簿，单击确定按钮，返回到“样式”对话框。

（5）单击确定按钮，则弹出如图 3.4.8 所示的提示框。

（6）单击是(Y)按钮，返回到“样式”对话框，单击确定按钮即可。

### 3.4.5 删除样式

当不再需要某种样式时，可以将其删除，具体操作步骤如下：

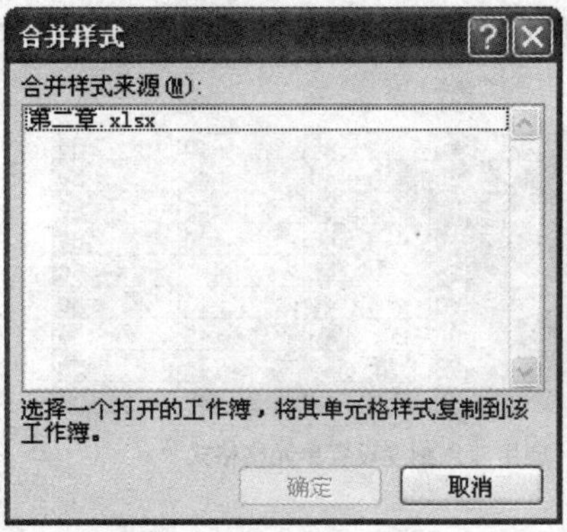


图 3.4.7 “合并样式”对话框

图 3.4.8 提示框

（1）在“开始”选项卡中的“样式”选项组中单击 单元格样式 按钮，弹出样式下拉列表框。

（2）在要删除的样式名上单击鼠标右键，从弹出的快捷菜单中选择 删除(L) 命令，即可将选中的样式删除。

**提示**

（1）如果创建完一个样式后，而不马上应用该样式，则可以单击 添加(A) 按钮，然后再单击 确定 按钮即可。

（2）删除某个样式后，所有已应用该样式的单元格区域将恢复“常规”样式。用户无法删除“常规”样式，只能对其进行修改。

## 3.5 条件格式

条件格式是一种自定义的带有条件的单元格格式，是一种“动态变化”的格式。在 Excel 2007 程序中可以为单元格设置条件格式，如果条件满足，Excel 便自动将该格式应用到符合条件的单元格中，当单元格中的值更改不再满足指定的条件时，Excel 2007 会自动将单元格恢复为原格式显示；如果条件不满足，则单元格不应用该格式。

### 3.5.1 设置条件格式

在 Excel 2007 中，用户可以为选中的单元格区域设置以下几种条件格式。

#### 1. 使用双色刻度设置所有单元格的格式

双色刻度使用两种颜色的深浅程度来帮助用户比较某个区域的单元格。颜色的深浅表示值的高低。例如，在绿色和红色的双色刻度中，可以指定较高值单元格的颜色更绿，而较低值单元格的颜色更红。使用双色刻度设置单元格格式的具体操作步骤如下：

（1）在工作表中选中要设置格式的单元格区域。

（2）在“开始”选项卡中的“样式”选项组中单击 条件格式 按钮，从弹出的下拉菜单中单击 色阶(S) 按钮，弹出色阶下拉列表框，如图 3.5.1 所示。

（3）在该列表框的第二行任选一种样式，即可将其应用到所选的单元格区域中，如图 3.5.2 所示即为选中“黄-红”色阶时的效果。

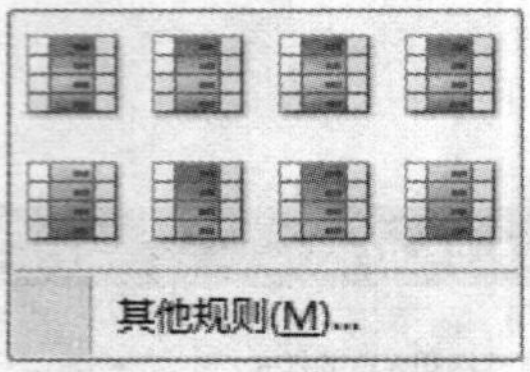


图 3.5.1　色阶下拉列表框

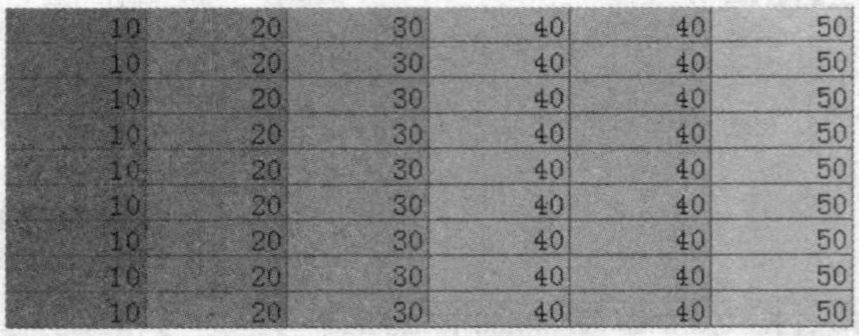

| | | | | | |
|---|---|---|---|---|---|
| 10 | 20 | 30 | 40 | 40 | 50 |
| 10 | 20 | 30 | 40 | 40 | 50 |
| 10 | 20 | 30 | 40 | 40 | 50 |
| 10 | 20 | 30 | 40 | 40 | 50 |
| 10 | 20 | 30 | 40 | 40 | 50 |
| 10 | 20 | 30 | 40 | 40 | 50 |
| 10 | 20 | 30 | 40 | 40 | 50 |
| 10 | 20 | 30 | 40 | 40 | 50 |
| 10 | 20 | 30 | 40 | 40 | 50 |

图 3.5.2　应用双色刻度设置单元格格式

**2．使用三色刻度设置所有单元格的格式**

三色刻度使用三种颜色的深浅程度来帮助用户比较某个区域的单元格。颜色的深浅表示值的高、中、低。例如，在绿色、黄色和红色的三色刻度中，可以指定较高值单元格的颜色为绿色，中间值单元格的颜色为黄色，而较低值单元格的颜色为红色。使用三色刻度设置单元格格式的具体操作步骤如下：

（1）在工作表中选中要设置格式的单元格区域。

（2）在“开始”选项卡中的“样式”选项组中单击 条件格式 按钮，在弹出的下拉菜单中单击 色阶(S) 按钮，弹出色阶下拉列表框。

（3）在该列表框的第一行任选一种样式，即可将其应用到所选的单元格区域中，如图 3.5.3 所示即为选中“红-黄-绿”色阶时的效果。

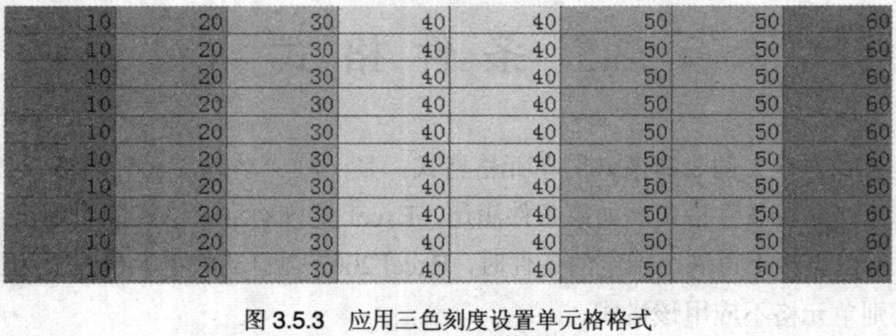

| | | | | | | | |
|---|---|---|---|---|---|---|---|
| 10 | 20 | 30 | 40 | 40 | 50 | 50 | 60 |
| 10 | 20 | 30 | 40 | 40 | 50 | 50 | 60 |
| 10 | 20 | 30 | 40 | 40 | 50 | 50 | 60 |
| 10 | 20 | 30 | 40 | 40 | 50 | 50 | 60 |
| 10 | 20 | 30 | 40 | 40 | 50 | 50 | 60 |
| 10 | 20 | 30 | 40 | 40 | 50 | 50 | 60 |
| 10 | 20 | 30 | 40 | 40 | 50 | 50 | 60 |
| 10 | 20 | 30 | 40 | 40 | 50 | 50 | 60 |
| 10 | 20 | 30 | 40 | 40 | 50 | 50 | 60 |
| 10 | 20 | 30 | 40 | 40 | 50 | 50 | 60 |

图 3.5.3　应用三色刻度设置单元格格式

**3．使用数据条设置所有单元格的格式**

数据条的长度代表单元格中的值。数据条越长，表示值越高，数据条越短，表示值越低。在观察大量数据（如节假日销售报表中最畅销和最滞销的玩具）中的较高值和较低值时，数据条尤其有用。使用数据条设置单元格格式的具体操作步骤如下：

（1）在工作表中选中要设置格式的单元格区域。

（2）在“开始”选项卡中的“样式”选项组中单击 数据条(D) 按钮，弹出数据条下拉列表框，如图 3.5.4 所示。

（3）在该列表框中选择要应用的样式，即可将其应用到所选单元格区域中，如图 3.5.5 所示。

**4．使用图标集设置所有单元格的格式**

使用图标集可以对数据进行注释，并可以按阈值将数据分为 3～5 个类别。每个图标代表一个值的范围。例如，在三向箭头图标集中，红色的上箭头代表较高值，黄色的横向箭头代表中间值，绿色的下箭头代表较低值。使用图标集设置单元格格式的具体操作步骤如下：

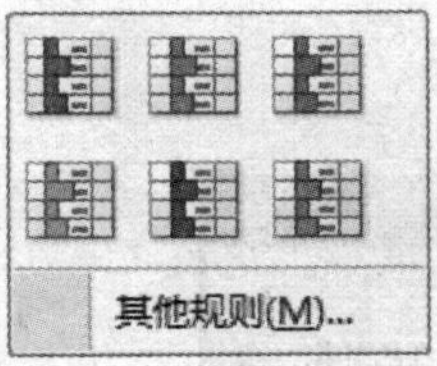


图 3.5.4 数据条下拉列表框

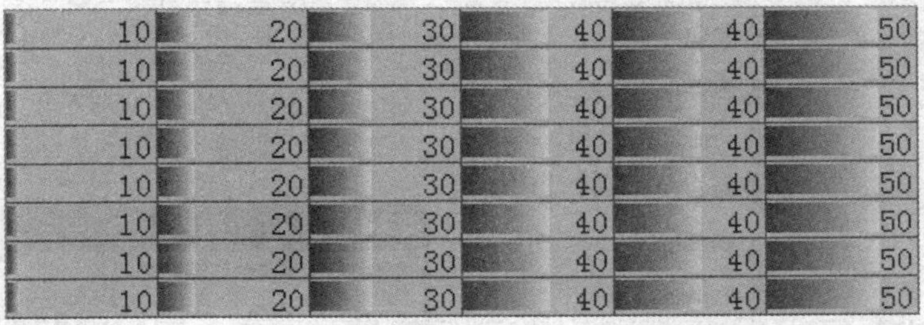

图 3.5.5 使用数据条设置单元格格式

（1）在工作表中选中要设置格式的单元格区域。

（2）在“开始”选项卡中的“样式”选项组中单击条件格式按钮，在弹出的下拉菜单中单击图标集(I)按钮，弹出其下拉列表框，如图 3.5.6 所示。

（3）在该列表框中选择要应用的样式，即可将其应用到所选单元格区域中，如图 3.5.7 所示。

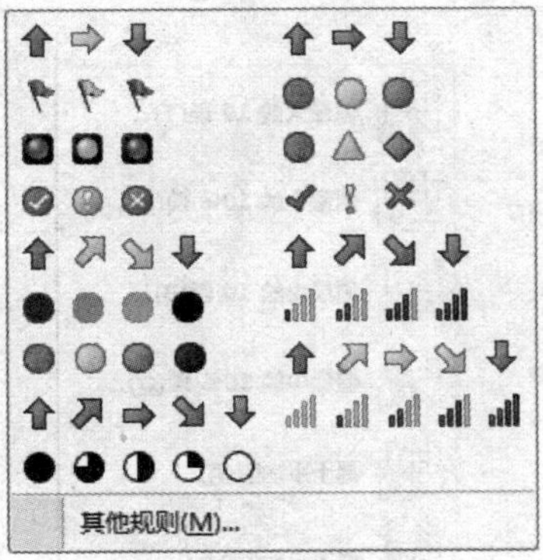


图 3.5.6 图标集下拉列表框

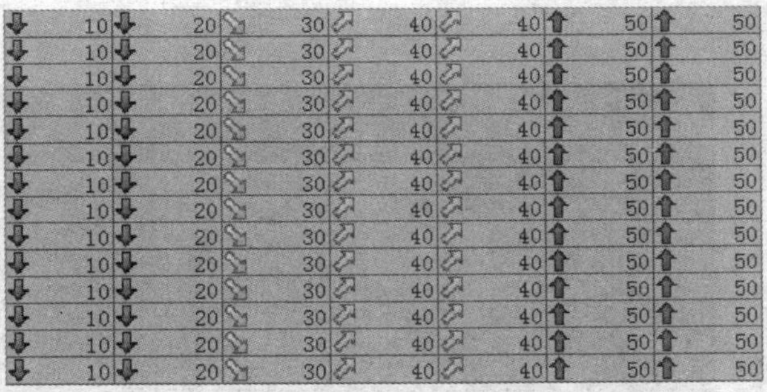

图 3.5.7 使用图标集设置单元格格式

**5．仅对包含文本、数字或日期/时间值的单元格设置格式**

若要更方便地查找单元格区域中的特定单元格，可以基于比较运算符设置这些特定单元格的格式。例如，在一个按类别排序的库存工作表中，可以用黄色突出显示现有量少于 10 个的产品；而在一个零售店汇总工作表中，可以标识利润超过 10%、销售额低于￥100 000、地区为“东南”的所有零售店。仅对包含文本、数字或日期/时间值的单元格设置格式的具体操作步骤如下：

（1）在工作表中选中要设置格式的单元格区域。

（2）在“开始”选项卡中的“样式”选项组中单击条件格式按钮，在弹出的下拉菜单中单击突出显示单元格规则(H)按钮，弹出其下拉列表框，如图 3.5.8 所示。

（3）选择所需的命令，如选择文本包含(T)...命令，即可弹出“文本中包含”对话框，如图 3.5.9 所示。

（4）输入要查询的文本并为其设置合适的值，单击确定按钮，效果如图 3.5.10 所示。

**6．仅对排名靠前或靠后的数值设置格式**

可以根据指定的截止值查找单元格区域中的最高值和最低值。例如，可以在地区报表中查找最畅销的 5 种产品，在客户调查表中查找最不受欢迎的 15%产品，或在部门人员分析表中查找薪水最高的 25 名雇员。仅对排名靠前或靠后的数值设置格式的具体操作步骤如下：

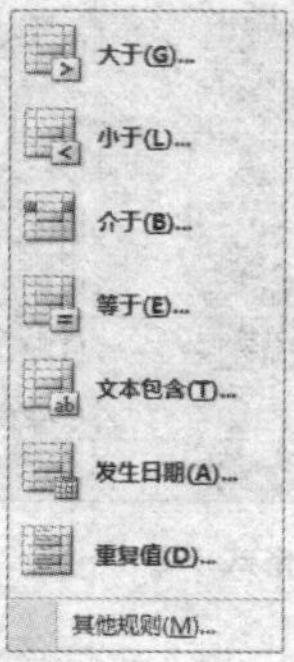


图 3.5.8　下拉列表框

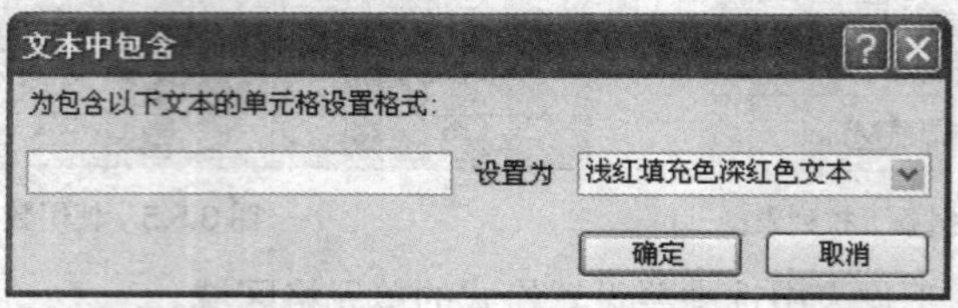


图 3.5.9　“文本中包含”对话框

（1）在工作表中选中要设置格式的单元格区域。

（2）在“开始”选项卡中的“样式”选项组中单击条件格式按钮，在弹出的下拉菜单中单击项目选取规则(T)按钮，弹出其下拉列表框，如图 3.5.11 所示。

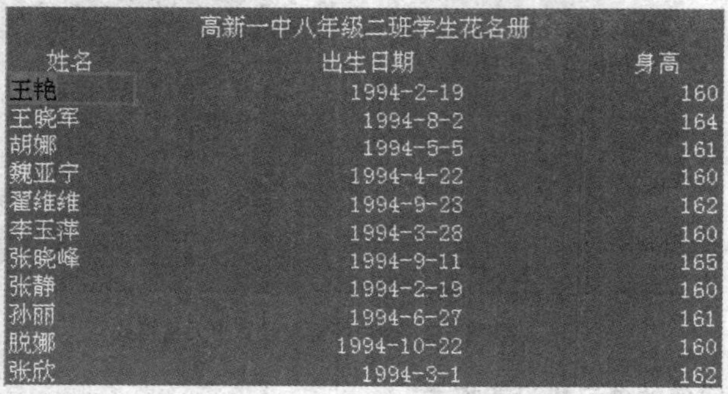

| 高新一中八年级二班学生花名册 | | |
|---|---|---|
| 姓名 | 出生日期 | 身高 |
| 王艳 | 1994-2-19 | 160 |
| 王晓军 | 1994-8-2 | 164 |
| 胡娜 | 1994-5-5 | 161 |
| 魏亚宁 | 1994-4-22 | 160 |
| 翟维维 | 1994-9-23 | 162 |
| 李玉萍 | 1994-3-28 | 160 |
| 张晓峰 | 1994-9-11 | 165 |
| 张静 | 1994-2-19 | 160 |
| 孙丽 | 1994-6-27 | 161 |
| 脱娜 | 1994-10-22 | 160 |
| 张欣 | 1994-3-1 | 162 |

图 3.5.10　突出显示文本

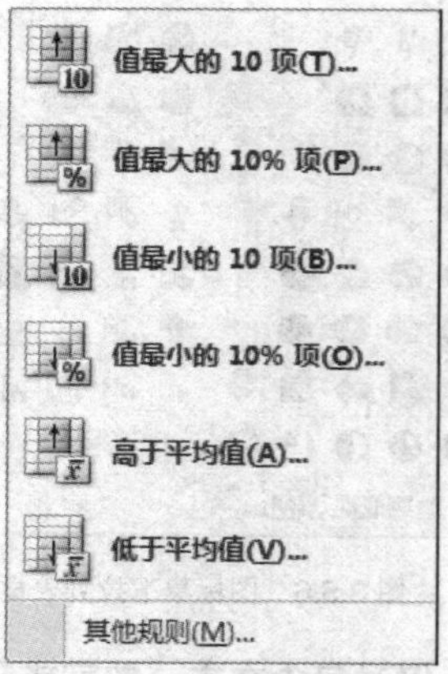


图 3.5.11　项目选取规则下拉列表框

（3）在该列表框中选择所需的命令，如选择值最大的 10 项(T)...命令，弹出“10 个最大的项”对话框，如图 3.5.12 所示。

（4）单击确定按钮，效果如图 3.5.13 所示。

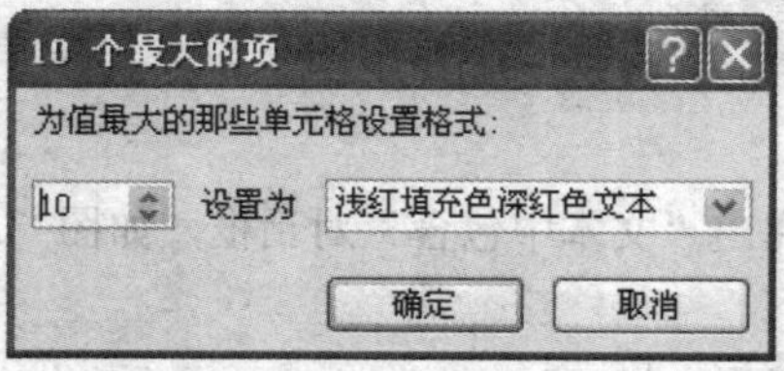


图 3.5.12　“10 个最大的项”对话框

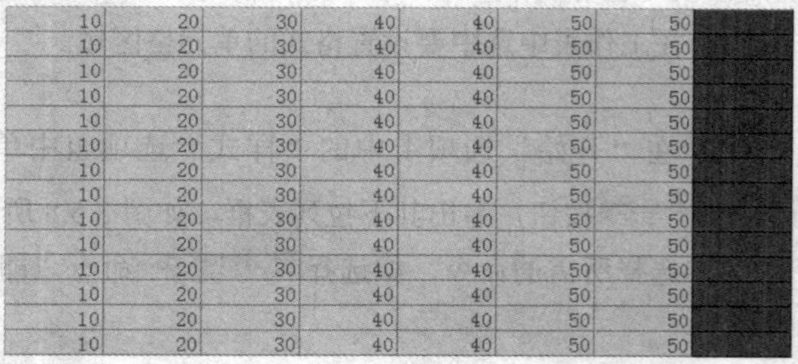

| | | | | | | | |
|---|---|---|---|---|---|---|---|
| 10 | 20 | 30 | 40 | 40 | 50 | 50 | |
| 10 | 20 | 30 | 40 | 40 | 50 | 50 | |
| 10 | 20 | 30 | 40 | 40 | 50 | 50 | |
| 10 | 20 | 30 | 40 | 40 | 50 | 50 | |
| 10 | 20 | 30 | 40 | 40 | 50 | 50 | |
| 10 | 20 | 30 | 40 | 40 | 50 | 50 | |
| 10 | 20 | 30 | 40 | 40 | 50 | 50 | |
| 10 | 20 | 30 | 40 | 40 | 50 | 50 | |
| 10 | 20 | 30 | 40 | 40 | 50 | 50 | |
| 10 | 20 | 30 | 40 | 40 | 50 | 50 | |
| 10 | 20 | 30 | 40 | 40 | 50 | 50 | |
| 10 | 20 | 30 | 40 | 40 | 50 | 50 | |
| 10 | 20 | 30 | 40 | 40 | 50 | 50 | |
| 10 | 20 | 30 | 40 | 40 | 50 | 50 | |

图 3.5.13　突出显示 10 个最大的项

## 7．仅对高于或低于平均值的数值设置格式

可以在单元格区域中查找高于或低于平均值或标准偏差的值。例如，可以在年度业绩审核中查找

业绩高于平均水平的人员，或者在质量评级中查找低于两倍标准偏差的制造材料。仅对高于或低于平均值的数值设置格式的具体操作步骤如下：

（1）在工作表中选中要设置格式的单元格区域。

（2）在“开始”选项卡中的“样式”选项组中单击 条件格式 按钮，在弹出的下拉菜单中单击 项目选取规则(T) 按钮，弹出其下拉列表框。

（3）在该列表框中选择所需的命令，如选择 高于平均值(A)... 命令，弹出“高于平均值”对话框，如图 3.5.14 所示。

（4）在该对话框中设置合适的值，单击 确定 按钮，效果如图 3.5.15 所示。

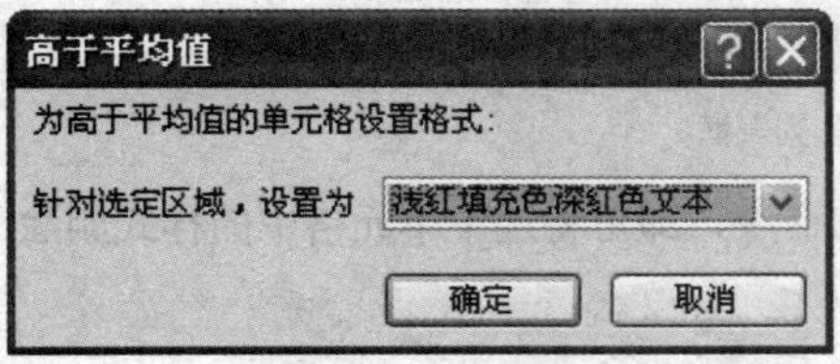


图 3.5.14 “高于平均值”对话框

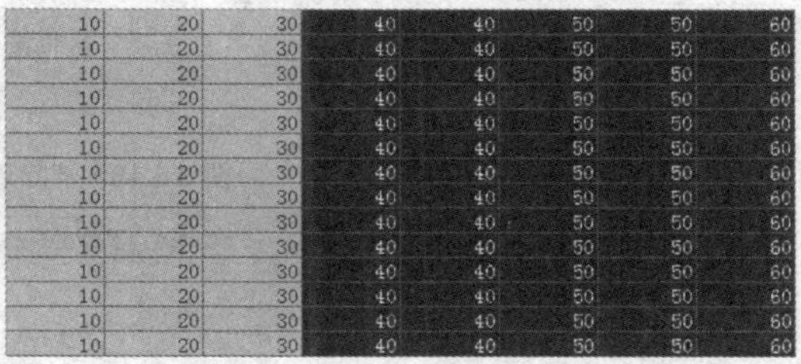

| | | | | | | | |
|---|---|---|---|---|---|---|---|
| 10 | 20 | 30 | 40 | 40 | 50 | 50 | 60 |
| 10 | 20 | 30 | 40 | 40 | 50 | 50 | 60 |
| 10 | 20 | 30 | 40 | 40 | 50 | 50 | 60 |
| 10 | 20 | 30 | 40 | 40 | 50 | 50 | 60 |
| 10 | 20 | 30 | 40 | 40 | 50 | 50 | 60 |
| 10 | 20 | 30 | 40 | 40 | 50 | 50 | 60 |
| 10 | 20 | 30 | 40 | 40 | 50 | 50 | 60 |
| 10 | 20 | 30 | 40 | 40 | 50 | 50 | 60 |
| 10 | 20 | 30 | 40 | 40 | 50 | 50 | 60 |
| 10 | 20 | 30 | 40 | 40 | 50 | 50 | 60 |
| 10 | 20 | 30 | 40 | 40 | 50 | 50 | 60 |
| 10 | 20 | 30 | 40 | 40 | 50 | 50 | 60 |
| 10 | 20 | 30 | 40 | 40 | 50 | 50 | 60 |
| 10 | 20 | 30 | 40 | 40 | 50 | 50 | 60 |

图 3.5.15 突出显示高于平均值的数值

## 3.5.2 更改条件格式

用户还可以根据需要，对已经设置好的条件格式进行更改。下面以更改“数据条”格式为例，介绍更改条件格式的方法，具体操作步骤如下：

（1）选中应用条件格式的单元格区域。

（2）在“开始”选项卡中的“样式”选项组中单击 条件格式 按钮，在弹出的下拉菜单中选择 管理规则(R)... 命令，弹出“条件格式规则管理器”对话框，如图 3.5.16 所示。

（3）单击 编辑规则(E)... 按钮，弹出“编辑格式规则”对话框，如图 3.5.17 所示。

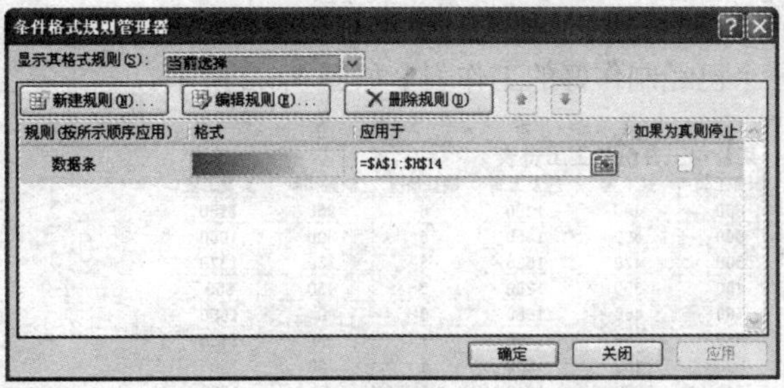


图 3.5.16 “条件格式规则管理器”对话框

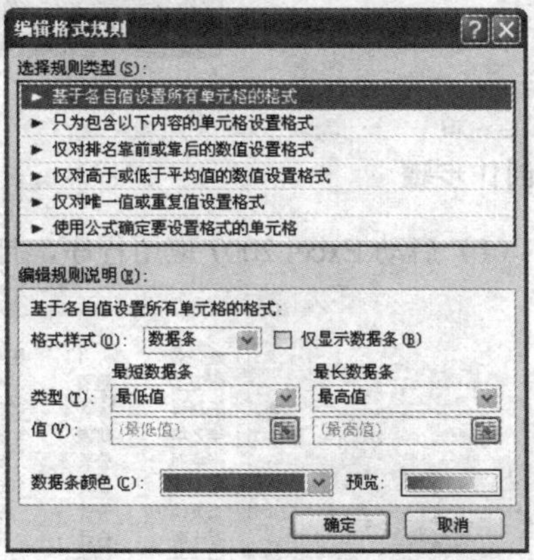


图 3.5.17 “编辑格式规则”对话框

（4）在该对话框中对样式进行设置，单击 确定 按钮即可。

### 3.5.3 删除条件格式

如果要删除已经存在的某种条件格式，可按照以下操作步骤进行：

（1）选中应用条件格式的单元格区域。

（2）在“开始”选项卡中的“样式”选项组中单击条件格式按钮，在弹出的下拉菜单中选择清除规则(C)命令，弹出其下拉列表框，如图 3.5.18 所示。

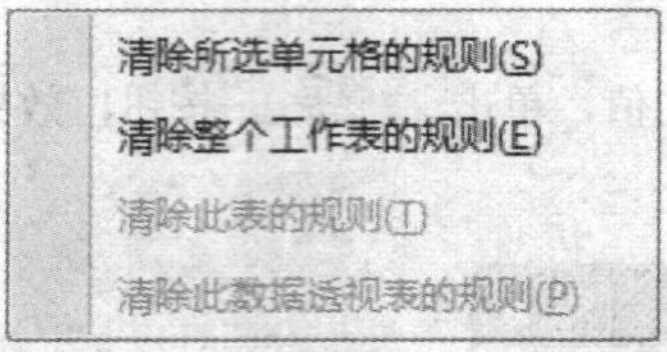


图 3.5.18 清除规则下拉列表框

（3）在该下拉列表框中选择清除整个工作表的规则(E)命令，即可将选中单元格中的样式删除。

## 3.6 典型实例——美化员工工资表

通过本章的学习，利用 Excel 2007 中所具有的功能美化工作表，效果如图 3.6.1 所示。

图 3.6.1 效果图

**创作步骤**

（1）启动 Excel 2007 应用程序，打开一个已经制作好的工作表，如图 3.6.2 所示。

| | A | B | C | D | E | F | G | H | I |
|---|---|---|---|---|---|---|---|---|---|
| 1 | 某公司三月份员工工资表 | | | | | | | | |
| 2 | 姓　名 | 部　门 | 基本工资 | 职务工资 | 奖　金 | 应发工资 | 缺勤情况 | 缺勤扣款 | 实发工资 |
| 3 | 张亚兰 | 销售 | 400 | 600 | 400 | 1400 | 5 | 250 | 1150 |
| 4 | 王利科 | 会计 | 550 | 500 | 300 | 1350 | 6 | 300 | 1050 |
| 5 | 李方华 | 研发 | 800 | 300 | 420 | 1520 | 3 | 150 | 1370 |
| 6 | 张华丽 | 公关 | 500 | 400 | 350 | 1250 | 9 | 450 | 800 |
| 7 | 席　娟 | 公关 | 500 | 700 | 450 | 1650 | 0 | 0 | 1650 |
| 8 | 朱灵娟 | 会计 | 500 | 550 | 550 | 1600 | 1 | 50 | 1550 |
| 9 | 石小雨 | 会计 | 550 | 500 | 450 | 1500 | 4 | 200 | 1300 |
| 10 | 李玉莲 | 销售 | 400 | 740 | 500 | 1640 | 1 | 50 | 1590 |
| 11 | 王胜利 | 销售 | 400 | 850 | 400 | 1650 | 0 | 0 | 1650 |
| 12 | 贾晓丽 | 研发 | 800 | 420 | 300 | 1520 | 3 | 150 | 1370 |
| 13 | 朱晓红 | 公关 | 500 | 650 | 480 | 1630 | 0 | 0 | 1630 |
| 14 | 李　涛 | 研发 | 800 | 400 | 500 | 1700 | 0 | 0 | 1700 |

图 3.6.2 打开工作表

（2）选定要设置条件格式的单元格区域，如图 3.6.3 所示。在“开始”选项卡中的“样式”选项区中单击条件格式按钮，弹出其下拉列表框，如图 3.6.4 所示。

| | A | B | C | D | E | F | G | H | I |
|---|---|---|---|---|---|---|---|---|---|
| 1 | 某公司三月份员工工资表 | | | | | | | | |
| 2 | 姓　名 | 部　门 | 基本工资 | 职务工资 | 奖　金 | 应发工资 | 缺勤情况 | 缺勤扣款 | 实发工资 |
| 3 | 张亚兰 | 销售 | 400 | 600 | 400 | 1400 | 5 | 250 | 1150 |
| 4 | 王利科 | 会计 | 550 | 500 | 300 | 1350 | 6 | 300 | 1050 |
| 5 | 李方华 | 研发 | 800 | 300 | 420 | 1520 | 3 | 150 | 1370 |
| 6 | 张华丽 | 公关 | 500 | 400 | 350 | 1250 | 9 | 450 | 800 |
| 7 | 席　娟 | 公关 | 500 | 700 | 450 | 1650 | 0 | 0 | 1650 |
| 8 | 朱灵娟 | 会计 | 500 | 550 | 550 | 1600 | 1 | 50 | 1550 |
| 9 | 石小雨 | 会计 | 550 | 500 | 450 | 1500 | 4 | 200 | 1300 |
| 10 | 李玉莲 | 销售 | 400 | 740 | 500 | 1640 | 1 | 50 | 1590 |
| 11 | 王胜利 | 销售 | 400 | 850 | 400 | 1650 | 0 | 0 | 1650 |
| 12 | 贾晓丽 | 研发 | 800 | 420 | 300 | 1520 | 3 | 150 | 1370 |
| 13 | 朱晓红 | 公关 | 500 | 650 | 480 | 1630 | 0 | 0 | 1630 |
| 14 | 李　涛 | 研发 | 800 | 400 | 500 | 1700 | 0 | 0 | 1700 |

图 3.6.3　选定单元格区域

（3）选择突出显示单元格规则(H)→小于(L)...命令，弹出“小于”对话框，如图 3.6.5 所示。

图 3.6.4　条件格式下拉列表框

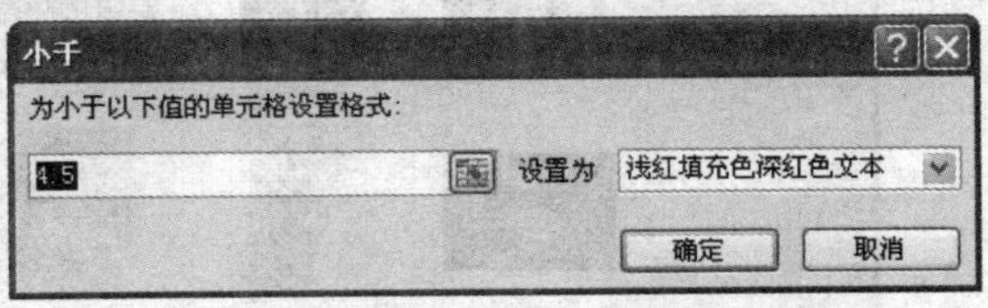


图 3.6.5　“小于”对话框

（4）单击设置为右侧的下拉按钮，在弹出的下拉菜单中选择自定义格式...命令，弹出“设置单元格格式”对话框。单击字体标签，打开“字体”选项卡，在其中设置如图 3.6.6 所示的参数。

（5）单击确定按钮，返回至“小于”对话框，并将比较的数值设置为 6，如图 3.6.7 所示。

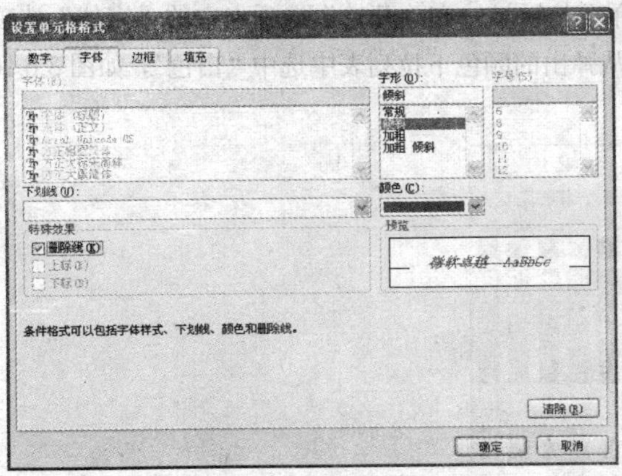


图 3.6.6　设置参数

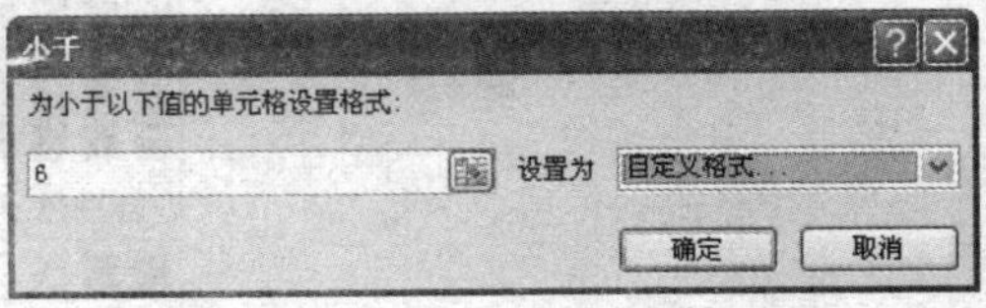


图 3.6.7　设置数值

（6）单击 确定 按钮，效果如图 3.6.8 所示。

| | A | B | C | D | E | F | G | H | I |
|---|---|---|---|---|---|---|---|---|---|
| 1 | 某公司三月份员工工资表 | | | | | | | | |
| 2 | 姓　名 | 部　门 | 基本工资 | 职务工资 | 奖　金 | 应发工资 | 缺勤情况 | 缺勤扣款 | 实发工资 |
| 3 | 张亚兰 | 销售 | 400 | 600 | 400 | 1400 | 5 | 250 | 1150 |
| 4 | 王利科 | 会计 | 550 | 500 | 300 | 1350 | 6 | 300 | 1050 |
| 5 | 李方华 | 研发 | 800 | 300 | 420 | 1520 | 3 | 150 | 1370 |
| 6 | 张华丽 | 公关 | 500 | 400 | 350 | 1250 | 9 | 450 | 800 |
| 7 | 席　娟 | 公关 | 500 | 700 | 450 | 1650 | 0 | 0 | 1650 |
| 8 | 朱灵娟 | 会计 | 500 | 550 | 550 | 1600 | 1 | 50 | 1550 |
| 9 | 石小雨 | 会计 | 550 | 500 | 450 | 1500 | 4 | 200 | 1300 |
| 10 | 李玉莲 | 销售 | 400 | 740 | 500 | 1640 | 1 | 50 | 1590 |
| 11 | 王胜利 | 销售 | 400 | 850 | 400 | 1650 | 0 | 0 | 1650 |
| 12 | 贾晓丽 | 研发 | 800 | 420 | 300 | 1520 | 3 | 150 | 1370 |
| 13 | 朱晓红 | 公关 | 500 | 650 | 480 | 1630 | 0 | 0 | 1630 |
| 14 | 李　涛 | 研发 | 800 | 400 | 500 | 1700 | 0 | 0 | 1700 |

图 3.6.8　设置条件格式效果

（7）在“页面布局”选项卡中的“页面设置”选项区中单击 背景 按钮，弹出“工作表背景”对话框。在“查找范围”下拉列表框中选择要作为工作表背景图片的文件夹，并选择所需的图片，如图 3.6.9 所示。

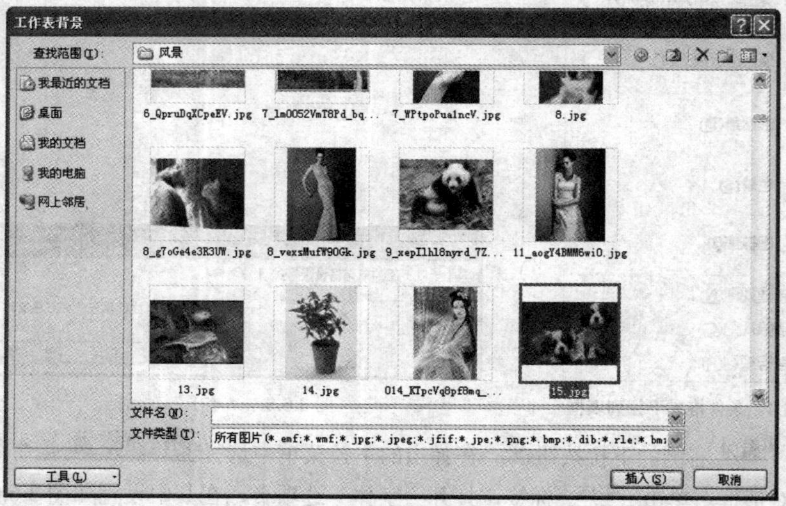


图 3.6.9　“工作表背景”对话框

（8）单击 插入(S) 按钮。选中所有数据单元格区域，在“开始”选项卡中的“字体”选项区中单击“字体颜色”按钮 A 右侧的下拉箭头，从弹出的颜色下拉列表中选中“白色”，如图 3.6.10 所示，效果如图 3.6.11 所示。

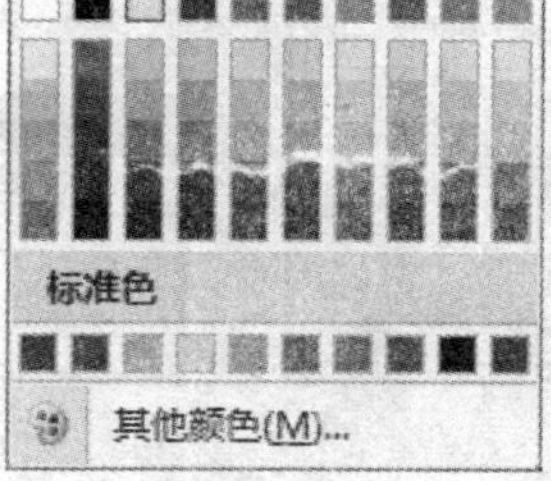


图 3.6.10　颜色下拉列表

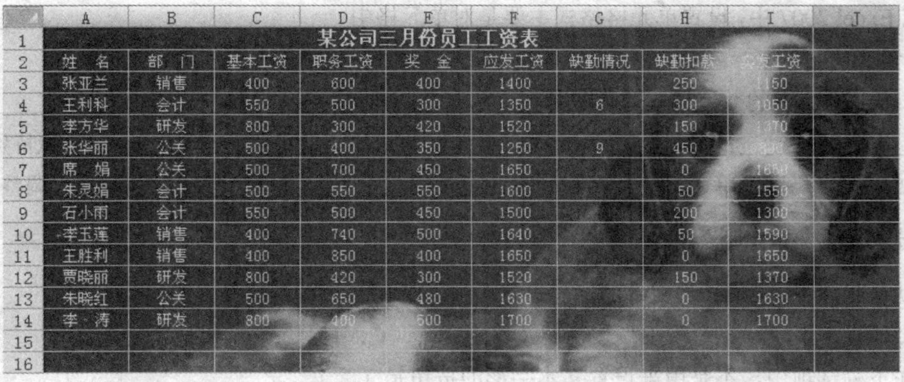

某公司三月份员工工资表

| 姓　名 | 部　门 | 基本工资 | 职务工资 | 奖　金 | 应发工资 | 缺勤情况 | 缺勤扣款 | 实发工资 |
|---|---|---|---|---|---|---|---|---|
| 张亚兰 | 销售 | 400 | 600 | 400 | 1400 | | 250 | 1150 |
| 王利科 | 会计 | 550 | 500 | 300 | 1350 | 6 | 300 | 1050 |
| 李方华 | 研发 | 800 | 300 | 420 | 1520 | | 150 | 1370 |
| 张华丽 | 公关 | 500 | 400 | 350 | 1250 | 9 | 450 | [illegible] |
| 席　娟 | 公关 | 500 | 700 | 450 | 1650 | | 0 | 1650 |
| 朱灵娟 | 会计 | 500 | 550 | 550 | 1600 | | 50 | 1550 |
| 石小雨 | 会计 | 550 | 500 | 450 | 1500 | | 200 | 1300 |
| 李玉莲 | 销售 | 400 | 740 | 500 | 1640 | | 50 | 1590 |
| 王胜利 | 销售 | 400 | 850 | 400 | 1650 | | 0 | 1650 |
| 贾晓丽 | 研发 | 800 | 420 | 300 | 1520 | | 150 | 1370 |
| 朱晓红 | 公关 | 500 | 650 | 480 | 1630 | | 0 | 1630 |
| 李　涛 | 研发 | 800 | 400 | 500 | 1700 | | 0 | 1700 |

图 3.6.11　插入工作表背景图片

（9）在“视图”选项卡中的“显示/隐藏”选项区中取消选中 □ 网格线 和 □ 标题 复选框，如图 3.6.12 所示。

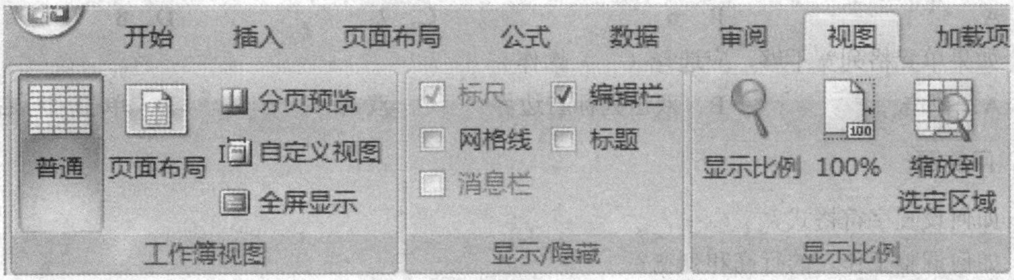


图 3.6.12　“视图”选项卡

（10）此时，该实例制作完成，最终效果如图 3.6.1 所示。

## 小　　结

本章主要讲解了格式化工作表的操作，其中主要包括设置单元格格式、格式化行与列、自动套用格式、样式的使用以及条件格式。通过本章的学习，用户应学会美化工作表，使其外观更加美观。

## 过关练习三

### 一、填空题

1．在 Excel 2007 中，工作表的默认行高是__________，列宽是__________。

2．__________就是 Excel 中一组可以定义并保存的格式集合，如字体、字号、颜色、边框、底纹、数字格式和对齐方式等。

3．在 Excel 2007 中，默认情况下单元格中的数字是__________。

4．__________是一种自定义的带有条件的单元格格式，是一种“动态变化”的格式。在 Excel 2007 程序中可以为单元格设置条件格式，如果条件满足，Excel 便__________，当单元格中的值更改不再满足指定的条件时，Excel 2007 会__________；如果条件不满足，则单元格不应用该格式。

5. 在 Excel 2007 中，设置单元格格式主要是对单元格中__________、__________、__________等进行设置。

6. Excel 2007 中的数字格式通常包括__________、__________、__________、__________、__________、__________、__________、__________、__________、__________和特殊格式等。

7. 如果用户要设置单元格的行高和列宽，可使用__________和__________进行调整。

二、选择题

1. 默认状态下，Excel 将文本的字号设置为（　）磅。

A. 10　　B. 12　　C. 15　　D. 20

2. 在下列选项中，不是用来设置文本字形的按钮是（　）。

A. “格式刷”按钮　　B. “加粗”按钮

C. “倾斜”按钮　　D. “下画线”按钮

3. 单元格中常用的数据水平对齐方式有（　）种。

A. 5　　B. 6　　C. 7　　D. 8

4. 如果单元格列宽不够，应选择（　）操作。

A. 单击　　B. 双击列标右边界　　C. 双击　　D. 单击列标右边界

三、问答题

1. 如何设置字符格式？
2. 如何调整工作表的行高和列宽？
3. 如何使用自动套用格式？
4. 什么是样式？如何创建一个新的样式？

四、上机操作题

1. 设置工作表中的数字类型。
2. 设置工作表中数据的对齐方式。
3. 调整单元格的行宽和列宽。
4. 隐藏工作表中的网格线。

# 第 4 章　公式和函数

在 Excel 2007 电子表格系统中，除了可以进行一般的表格数据处理之外，最重要的还是其数据运算能力。在单元格中直接输入公式或使用系统提供的函数，可以进行表格数据计算。

**本章重点**

（1）公式。

（2）公式的基本操作。

（3）单元格引用。

（4）函数。

## 4.1　公　式

公式有助于分析工作表中的数据，完成简单或复杂的计算。在工作表中输入计算值时便可以使用公式。公式中可以包含运算符、单元格引用、名称以及工作表函数。本节将介绍公式的基本概念、公式的语法、常用数学符号以及公式的计算。

### 4.1.1　公式的概念

公式就是对工作表中的数值进行计算的等式。对公式的计算，可以直接输入数值，也可以引用其他单元格中已有的数值。公式输入到单元格后，Excel 自动进行运算，然后将结果显示在存放公式的单元格中，而公式则显示在编辑栏中。

公式中的单元格引用，可以引用同一工作表中的其他单元格、同一工作簿不同工作表中的单元格、或者其他工作簿的工作表中的单元格。

下面是一些常用的公式：

=SUM(A2:A4)

=SUM(IF((A2:A11="South")+(A2:A11="East"),D2:D11))

其中，等号（=）是公式的开始标志；SUM()和 IF()是工作表函数；A2:A4 是区域引用；="South"和="East"是公式运行后产生的文本值。

公式是按照特定的顺序进行数值计算的，这一特定顺序就是语法。公式的语法描述了计算的过程，或者说描述了公式中元素的结构或顺序。在 Excel 中公式遵循特定的语法，就是最前面是“=”，后面是参与运算的元素（运算数）和运算符。元素可以是常量数值、单元格引用、标志名称以及工作表函数等。

### 4.1.2　常用的运算符

运算符即是对数据进行加减乘除等运算，例如“*”为算术运算符，它是在操作过程中将前后两个操作对象进行乘法运算。本节主要介绍运算符的类型和运算顺序。公式的运算符包括算术运算符、比较运算符、文本运算符和引用运算符 4 种。

### 1. 算术运算符

算术运算符用来完成基本的数学运算，如加法、减法和乘法，连接数字和产生数字结果等。算术运算符及其含义如表 4.1 所示。

表 4.1　算术运算符及其含义

| 算术运算符 | 含　义 | 示　例 | 结　果 |
|---|---|---|---|
| +（加号） | 加法运算 | 4+5 | 9 |
| -（减号） | 减法运算 | 10-4 | 6 |
| *（乘号） | 乘法运算 | 4*5 | 20 |
| /（正斜线） | 除法运算 | 6/3 | 2 |
| %（百分号） | 百分比 | 30% | 0.30 |
| ^（乘方） | 乘幂运算 | 3^3 | 27 |

### 2. 比较运算符

比较运算符可以进行两个值的比较，其结果是一个逻辑值，TRUE 或 FALSE。比较运算符及其含义如表 4.2 所示。

表 4.2　比较运算符及其含义

| 比较运算符 | 含　义 | 示　例 |
|---|---|---|
| =（等号） | 等于 | A1=B1 |
| >（大于号） | 大于 | A1>B1 |
| <（小于号） | 小于 | A1<B1 |
| >=（大于等于号） | 大于等于 | A1>=B1 |
| <=（小于等于号） | 小于等于 | A1<=B1 |
| <>（不等号） | 不相等 | A1<>B1 |

**注意**　使用比较运算符对数字或者字符串进行比较时，Excel 先将字符串转化为 ASCII 码，然后再做比较。

### 3. 文本运算符

文本运算符只有一个：&（和号），使用文本运算符，可以加入或连接一个或更多文本字符串以产生一串文本。例如，“Know” & “ledge” 的结果就是 “Knowledge”。

### 4. 引用运算符

引用运算符是将单元格区域合并计算。引用运算符及其含义如表 4.3 所示。

表 4.3　引用运算符及其含义

| 引用运算符 | 含　义 | 示　例 |
|---|---|---|
| :（冒号） | 区域运算符表示对包括在两个引用之间的所有单元格的引用 | (B5:B15) |
| ,（逗号） | 联合运算符是将多个引用合并为一个引用 | (SUM(B5:B15,D5:D15)) |
| （空格） | 交叉运算符表示对两个引用共有的单元格的引用 | (B7:D7 C6:C8) |

### 5. 公式错误值及其含义

如果公式不能正确计算出结果，Excel 将显示一个错误值。出错原因不同，其解决方法也不同。如公式中所引用的单元格被删除，导致 Excel 返回的不是正确的计算结果，将显示一个以符号“#”开头的或以感叹号（!）或问号（？）结束的错误信息。了解这些信息的含义可以帮助用户修改单元格中的公式。Excel 中的错误值及其含义如表 4.4 所示。

表 4.4　错误值及其含义

| 错误值 | 含　义 |
|---|---|
| #### | 当列不够宽，或者使用负日期或负时间时，将出现错误。若将单元格加宽，即可避免这种错误 |
| #VALUE! | 使用的参数或操作数类型错误时，将出现这种错误。单击显示错误的单元格，再单击出现的按钮，若出现“追踪错误”，则单击它，检查可能的出错原因并解决即可 |
| #DIV/0! | 当数字被零（0）除时，出现的错误 |
| #NAME? | 当 Excel 未识别公式中的文本时，出现的错误 |
| #N/A | 当数值对函数或公式不可用时，出现的错误 |
| #REF! | 当单元格引用无效时，出现的错误 |
| #NUM! | 当公式或函数中使用无效数字值时，出现的错误 |
| #NULL! | 当指定并不相交的两个区域的交点时，出现的错误，用空格表示两个引用单元格之间的相交运算符 |

## 4.1.3　运算符的优先级

如果一个公式中的参数太多，就要考虑到运算的先后顺序，如果公式中包含相同优先级的运算符，Excel 则从左到右进行运算。如果要修改运算顺序，则要把公式中需要首先计算的总值括在圆括号内。例如公式“=（B2+B3）*D4”，就是先计算加，然后再计算乘。运算符的优先级如表 4.5 所示。

表 4.5　运算符优先级说明

| 运算符 | 说　明 |
|---|---|
| :（冒号）　（单个空格），（逗号） | 引用运算符 |
| - | 负号 |
| % | 百分号 |
| *和/ | 乘和除 |
| +和- | 加和减 |
| & | 连接两个文本字符串 |
| =，＞，＜，＞=，＜=，＜＞ | 比较运算符 |

## 4.1.4　创建公式

在 Excel 2007 中可以通过 6 种方式创建公式，分别为创建包含常量和计算运算符的简单公式、包含函数的公式、包含嵌套函数的公式、包含引用和名称的公式、计算单个结果的数组公式、计算多个结果的数组公式。

在 Excel 中通过以下方法创建公式：

（1）选定要输入公式的单元格。

（2）首先输入等号“=”，然后输入计算数据和数据所在的单元格名称。

（3）输入运算符和函数即可建立一个公式，如在单元格中输入“=2×G4+C10-F5”。

（4）单击编辑栏中的“输入”按钮或者按回车键，此时，选定的单元格内将显示计算结果，单元格中的公式内容显示在编辑栏中。

### 1．创建包含常量和计算运算符的简单公式

创建包含常量和计算运算符的简单公式，其具体操作步骤如下：

（1）选定要输入公式的单元格。

（2）在单元格中输入等号“=”。

（3）在等号后面输入公式中包含的内容，如图 4.1.1 所示。

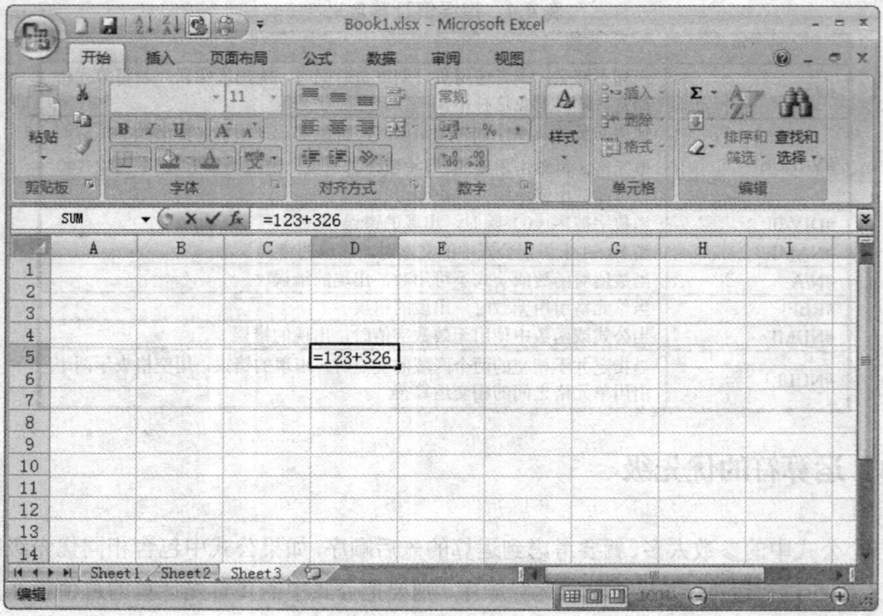


图 4.1.1　创建简单公式

（4）按回车键，即可在该单元格中显示计算结果。

**2．包含函数的公式**

创建包含函数的公式，其具体操作步骤如下：

（1）选定要输入公式的单元格。

（2）单击编辑栏中的“函数向导”按钮 fx，即可弹出“插入函数”对话框，如图 4.1.2 所示。

（3）在“选择函数”列表框中选择要使用的函数，单击 确定 按钮，弹出“函数参数”对话框，如图 4.1.3 所示的对话框即为选择“SUM”函数时的对话框。

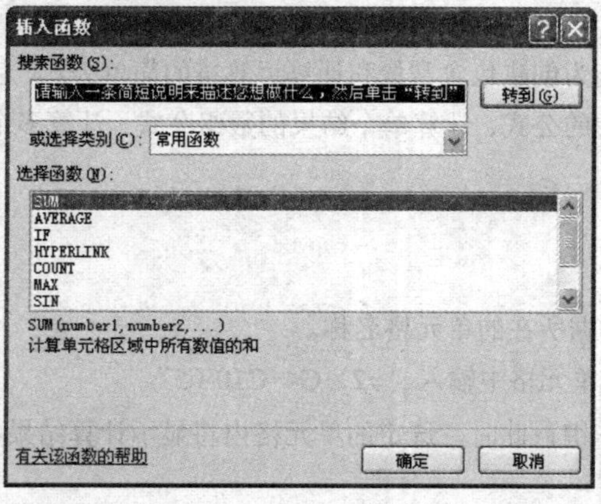


图 4.1.2　“插入函数”对话框

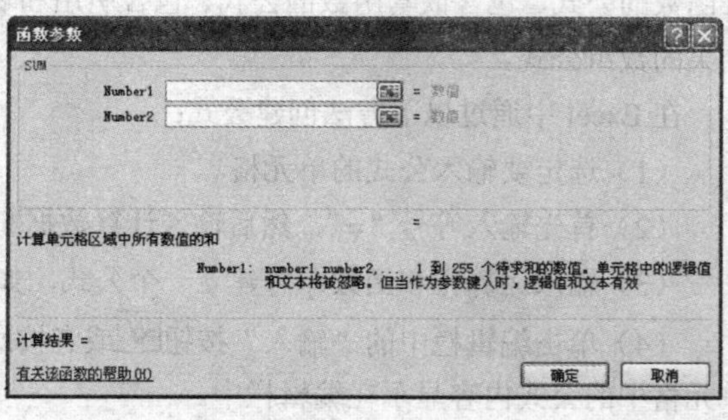


图 4.1.3　“函数参数”对话框

（4）单击“压缩对话框”按钮，在工作表中选择要参加运算的数据。

（5）选择完成后，单击“展开对话框”按钮，即可返回至“函数参数”对话框中。

（6）单击 确定 按钮，即可根据所选函数计算出结果。

### 3. 包含嵌套函数的公式

创建包含嵌套函数的公式，其具体操作步骤如下：

（1）选定要输入公式的单元格。

（2）单击编辑栏中的“函数向导”按钮，即可弹出“插入函数”对话框。

1）若要将单元格引用作为参数输入，可单击“压缩对话框”按钮暂时隐藏该对话框，在工作表中选择单元格，然后单击“展开对话框”按钮。

2）若要将其他函数作为参数输入，可在参数框中输入所需的函数。例如，可在 IF 函数的“Value_if_true”编辑框中添加 SUM(G2:G5)，如图 4.1.4 所示。

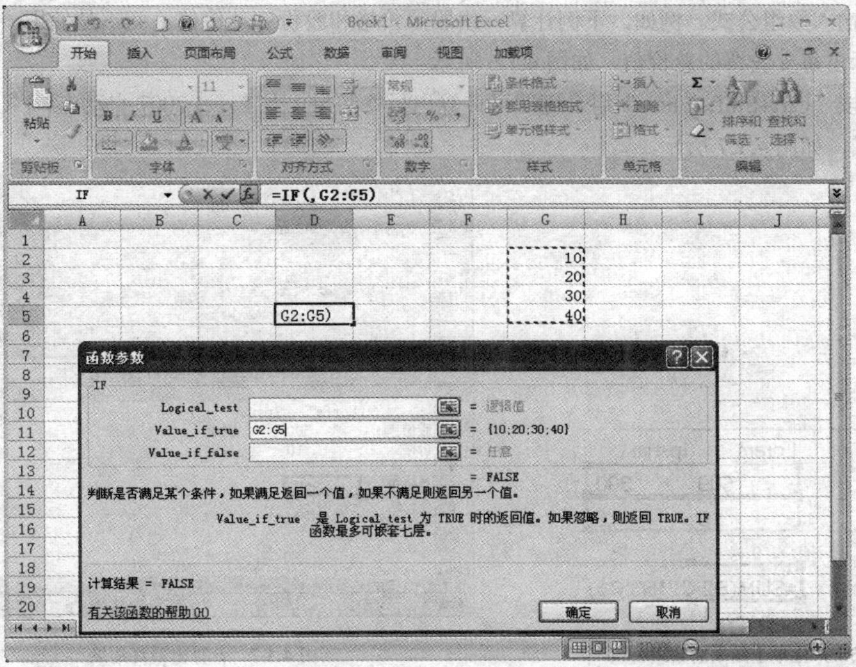


图 4.1.4　输入参数

（3）单击 确定 按钮，即可根据所选函数计算出结果。

### 4. 包含引用和名称的公式

创建包含引用和名称的公式，其具体操作步骤如下：

（1）选定要输入公式的单元格。

（2）在编辑栏中输入等号“=”。

1）若要创建引用，请选择一个单元格、单元格区域、另一个工作表或工作簿中的位置，如图 4.1.5 所示。

2）第一个单元格引用是 B3，为蓝色，单元格区域有一个带有方角的蓝色边框。

3）第二个单元格引用是 C3，为绿色，单元格区域有一个带有方角的绿色边框。

（3）在两个单元格引用之间输入运算符。

（4）按回车键，即可在该单元格中显示计算结果。

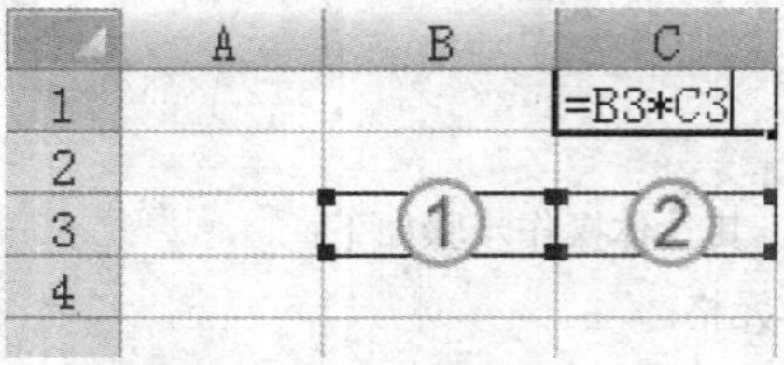


图 4.1.5 选定单元格

**5. 计算单个结果的数组公式**

创建计算单个结果的公式，其具体操作步骤如下：

（1）选定需要输入数组公式的单元格区域。

（2）输入数组公式。例如，下例计算一组股票价格和股份的总价值，而不是使用一行单元格来计算并显示出每支股票的总价值，如图 4.1.6 所示。

（3）按“Ctrl+Shift+Enter”组合键即可计算出最终结果，且 Excel 2007 自动在{ }（大括号）之间插入公式，如图 4.1.7 所示。

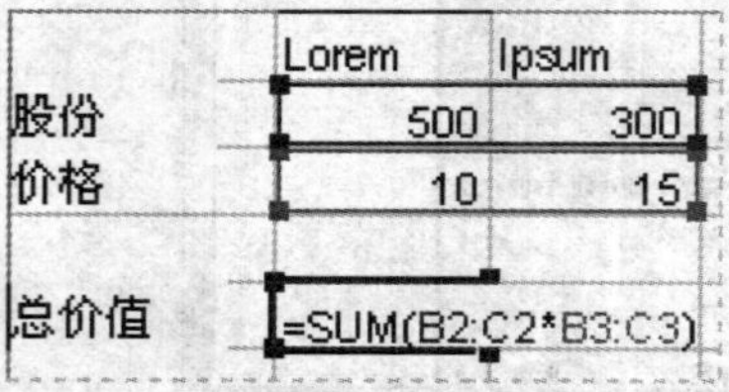


图 4.1.6 产生单个结果的数组公式

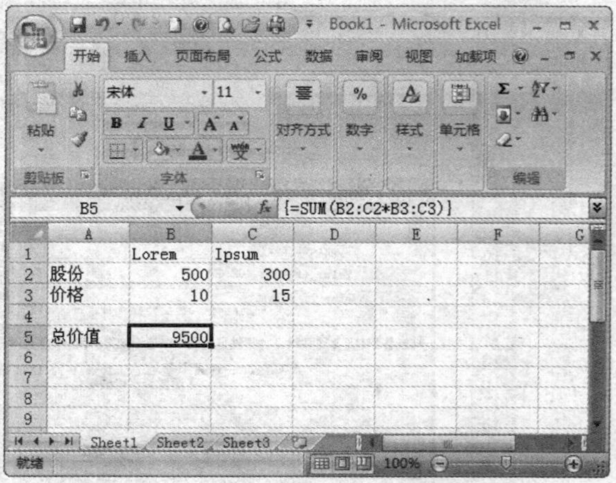


图 4.1.7 计算出最终结果

**提示** 当将公式=SUM(B2:C2*B3:C3)作为数组公式输入时，该公式将每支股票的“股份”和“价格”相乘，然后再将这些计算结果相加，所得到的总计值为 9 500。

**6. 计算多个结果的数组公式**

创建计算多个结果的公式，其具体操作步骤如下：

（1）选定需要输入数组公式的单元格区域。

（2）输入数组公式。例如，给出了相应于三个月（列 A 中）的三个销售量（列 B 中），TREND 函数返回销售量的直线拟合值。如果要显示公式的所有结果，应在列 C 的三个单元格中（C1:C3）输入数组公式。即将单元格 C1:C3 选中，在编辑栏中输入公式，如图 4.1.8 所示。

（3）按“Ctrl+Shift+Enter”组合键即可计算出最终结果，且 Excel 2007 自动在{ }（大括号）之间插入公式，如图 4.1.9 所示。

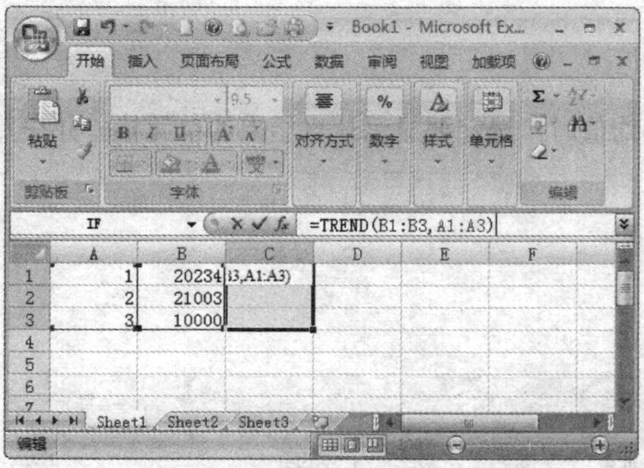

图 4.1.8　产生多个结果的数组公式

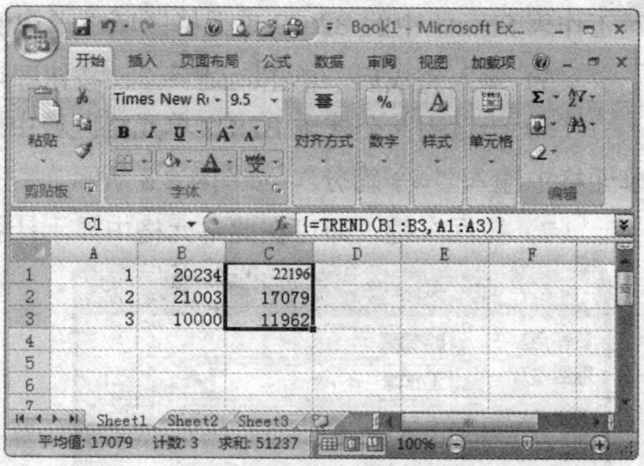

图 4.1.9　计算出结果

**提示**　当将公式=TREND(B1:B3,A1:A3)作为数组公式输入时，它会根据三个月的三个销售量得到三个不同的结果（22196、17079、11962）。

# 4.2　公式的基本操作

公式的基本操作包括公式的命名、显示、隐藏、编辑等，下面就对公式所涉及的操作进行详细介绍。

## 4.2.1　命名公式

为公式命名以后，当输入公式名称时，可以自动执行公式，显示计算结果。为公式命名，其操作步骤如下：

（1）打开一个成绩单工作表，如图 4.2.1 所示。

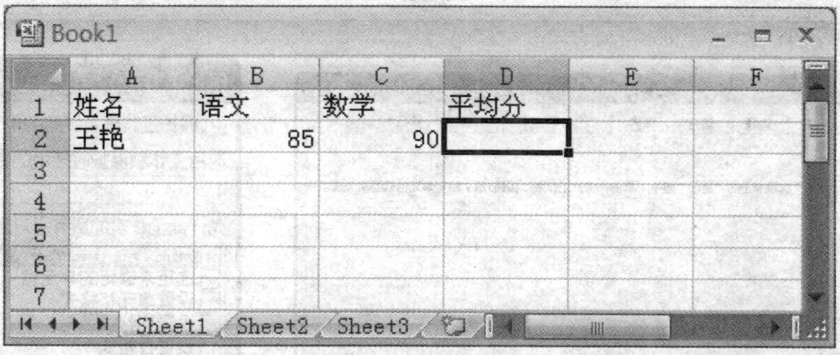

图 4.2.1　打开工作表

（2）在“公式”选项卡中的“定义的名称”选项区中单击“定义名称”按钮，弹出“新建名称”对话框，如图 4.2.2 所示。

（3）在“名称”文本框中输入公式名称，如“平均分”。

（4）在“引用位置”文本框中输入公式或函数，如“=AVERAGE(Sheet1!$B$2:$C$2)”，表示将对工作表 Sheet1 中的 B2:C2 单元格区域求平均值。

（5）输入完成后，单击 确定 按钮即可。

（6）当运用此公式求 B2:C2 单元格区域中的平均值时，选定要显示计算结果的单元格，并在此单元格中输入“=平均分”，如图 4.2.3 所示。

（7）按回车键，即可在此单元格中显示计算结果。

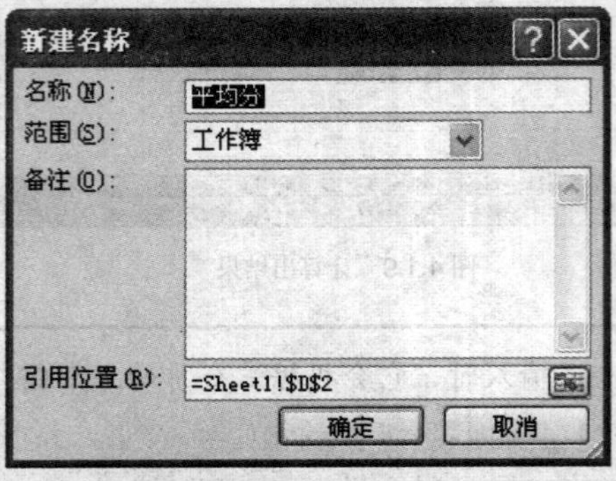


图 4.2.2 “新建名称”对话框

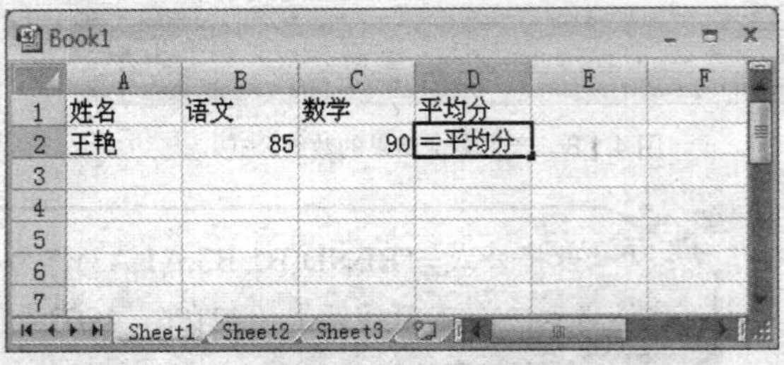


图 4.2.3 输入公式名称

## 4.2.2 隐藏公式

如果要将公式隐藏，使其不再在编辑栏中显示，可按照以下方法进行操作：

（1）选定要隐藏的公式所在的单元格区域。

（2）在“开始”选项卡上的“单元格”选项卡中单击 格式 按钮，在弹出的下拉菜单中选择 设置单元格格式(E)... 命令，即可弹出“自定义序列”对话框，并打开“保护”选项卡，如图 4.2.4 所示。

（3）选中 ☑隐藏(I) 复选框，单击 确定 按钮确认操作。

（4）在“开始”选项卡上的“单元格”选项卡中单击 格式 按钮，在弹出的下拉菜单中选择 保护工作表(P)... 命令，弹出“保护工作表”对话框，如图 4.2.5 所示。

（5）选中 ☑保护工作表及锁定的单元格内容(C) 复选框，单击 确定 按钮即可隐藏编辑栏中的公式，效果如图 4.2.6 所示。

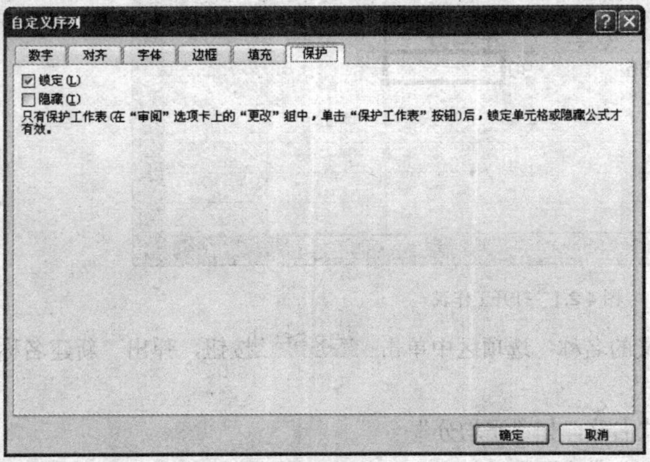


图 4.2.4 “保护”选项卡

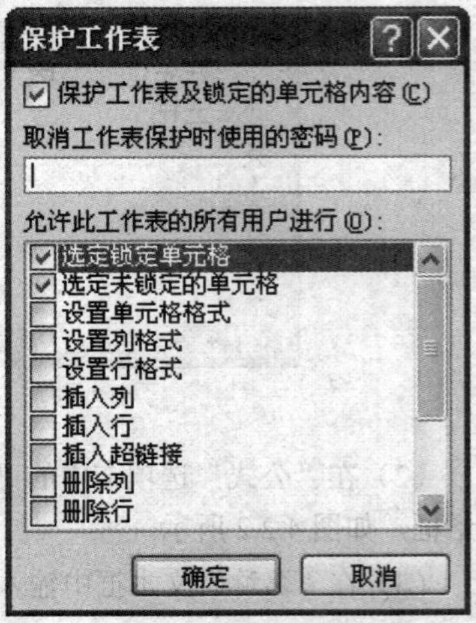


图 4.2.5 “保护工作表”对话框

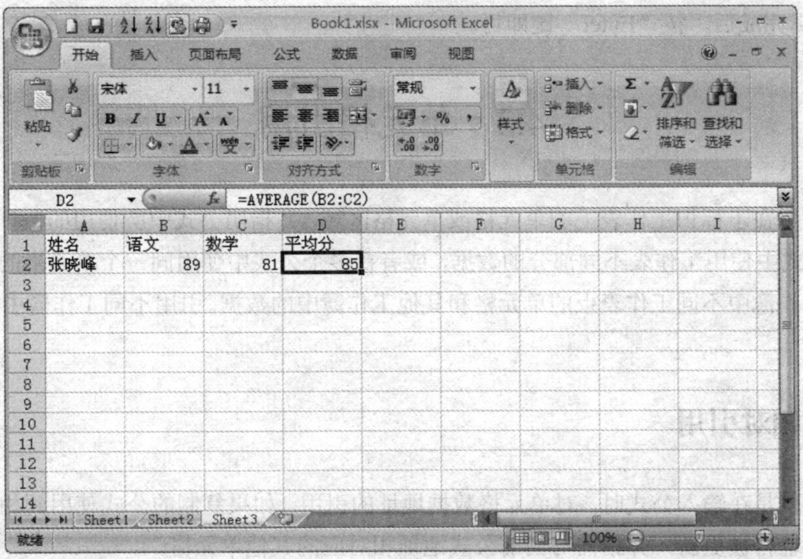


图 4.2.6　隐藏编辑栏中的公式

## 4.2.3　显示公式

如果要将隐藏的公式重新显示，可以按照以下操作步骤进行：

（1）在“审阅”选项卡上的“更改”选项区中单击“撤消工作表保护”按钮。

（2）选取要取消隐藏其公式的单元格区域。

（3）在“开始”选项卡上的“单元格”选项区中单击“格式”按钮，在弹出的下拉菜单中选择“设置单元格格式(E)...”命令，即可弹出“自定义序列”对话框，并打开“保护”选项卡。

（4）取消选中“□隐藏(I)”复选框，即可重新显示隐藏的公式。

## 4.2.4　修改公式

公式被输入以后，也可以通过修改公式中的数值，得出其他结果。修改公式的具体操作步骤如下：

（1）双击要修改公式的单元格。

（2）此时被公式引用的单元格以彩色显示，如图 4.2.7 所示。

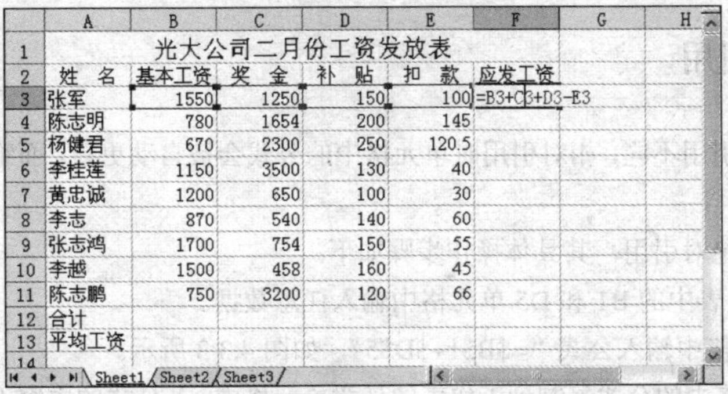

| | A | B | C | D | E | F |
|---|---|---|---|---|---|---|
| 1 | 光大公司二月份工资发放表 | | | | | |
| 2 | 姓　名 | 基本工资 | 奖　金 | 补　贴 | 扣　款 | 应发工资 |
| 3 | 张军 | 1550 | 1250 | 150 | 100 | =B3+C3+D3-E3 |
| 4 | 陈志明 | 780 | 1654 | 200 | 145 | |
| 5 | 杨健君 | 670 | 2300 | 250 | 120.5 | |
| 6 | 李桂莲 | 1150 | 3500 | 130 | 40 | |
| 7 | 黄忠诚 | 1200 | 650 | 100 | 30 | |
| 8 | 李志 | 870 | 540 | 140 | 60 | |
| 9 | 张志鸿 | 1700 | 754 | 150 | 55 | |
| 10 | 李越 | 1500 | 458 | 160 | 45 | |
| 11 | 陈志鹏 | 750 | 3200 | 120 | 66 | |
| 12 | 合计 | | | | | |
| 13 | 平均工资 | | | | | |

图 4.2.7　显示被引用的单元格

（3）在单元格中移动光标，删除或输入需要的数值。

（4）编辑完成后，按“Enter”键即可。

## 4.3 单元格引用

引用的作用在于标识工作表上的单元格或单元格区域，并指明公式中所使用的数据位置。通过引用，可以在公式中使用工作表不同部分的数据，或者在多个公式中使用同一个单元格的数据。还可以引用同一个工作簿中不同工作表上的单元格和其他工作簿中的数据。引用不同工作簿中的单元格称为链接。

### 4.3.1 相对引用

相对引用就是在输入公式时，对单元格数据地址的引用。如果复制的公式使用到相对引用，被粘贴的单元格地址将被更新，并指向与当前公式地址相对应的其他单元格。

举例说明公式的相对引用，其具体操作步骤如下：

（1）分别在 A1:A2，B1:B2，C1:C2 单元格区域输入任意数据。

（2）在 A3 单元格中输入公式“=A1+A2”，如图 4.3.1 所示。

（3）将 A3 单元格中的公式复制到 B3 单元格时，B3 单元格中的公式自动被更新为“=B1+B2”，如图 4.3.2 所示。

（4）再将 A3 单元格中的公式复制到 C3 单元格中，此时 C3 单元格中的公式被更新为“=C1+C2”，依此类推，这种引用方式即为相对引用。

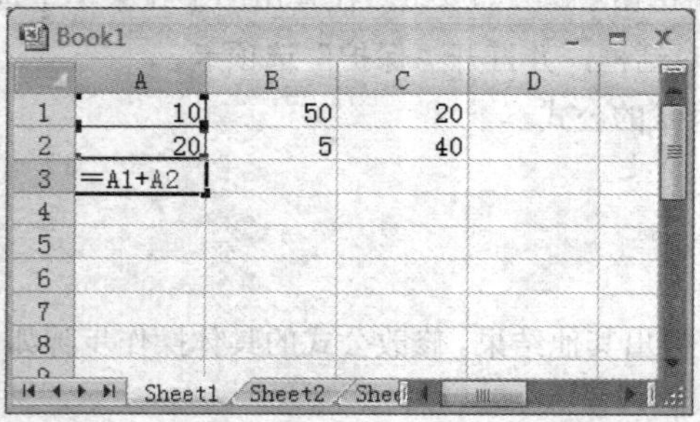


图 4.3.1 输入公式

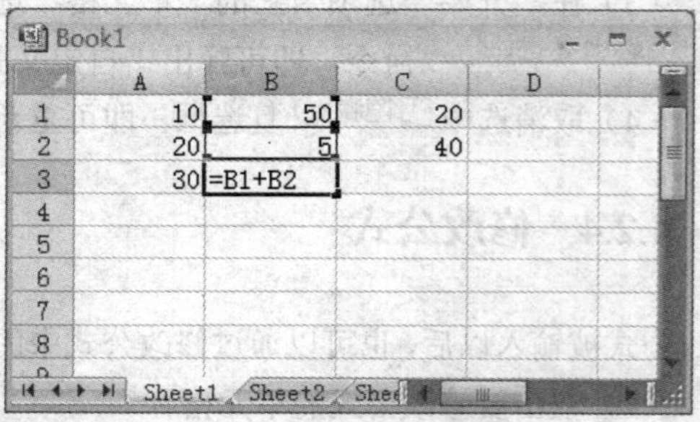


图 4.3.2 相对引用

### 4.3.2 绝对引用

绝对引用与相对引用不同，相对引用时单元格中的公式会被自动更新，而绝对引用在复制时不改变其公式内容。

举例说明公式的绝对引用，其具体操作步骤如下：

（1）分别在工作表中的 B1 和 D5 单元格中输入任意数据。

（2）在 A1 单元格中输入公式“=$B$1+$D$5”，如图 4.3.3 所示。

（3）将 A1 单元格中的公式复制到工作表的任意单元格中，其公式的内容不发生改变，如图 4.3.4 所示，即为绝对引用。

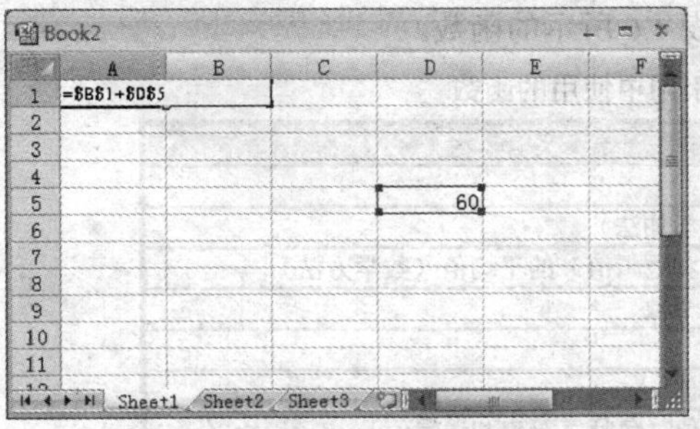

图 4.3.3　输入公式

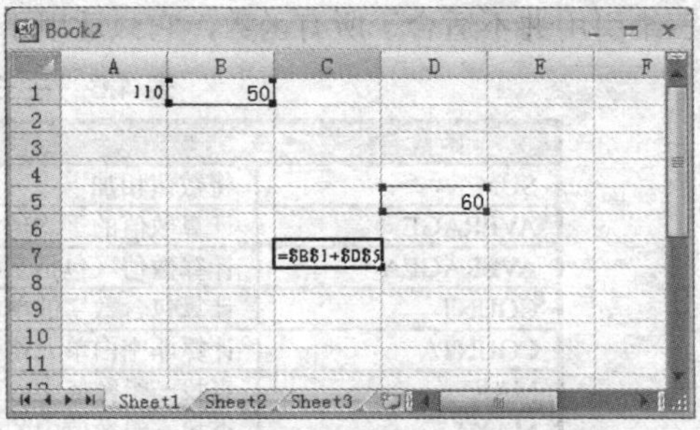

图 4.3.4　绝对引用

## 4.3.3　混合引用

如果一个公式内既使用了相对引用，又使用了绝对引用，则称为混合引用。在使用混合引用时，一定要分清哪部分是相对引用，哪部分是绝对引用。

绝对引用使用“$”符号来加以区别，例如“$A1”表示列位置是绝对的，均为第 A 列，而行位置是相对的；“A$1”则表示列位置是相对的，行位置是绝对引用。

在输入公式时，可以通过按“F4”键改变引用类型。对于公式，仅输入单元格地址如“D1”为相对引用，按“F4”键，公式变为“$D$1”，即绝对引用；继续按“F4”键，变成混合引用“D$1”，即列相对，行绝对；再接着按“F4”键，仍为混合引用“$D1”，但为列绝对，行相对；第 4 次按“F4”键时，则返回到相对引用“D1”。

举例说明公式的混和引用，其具体操作步骤如下：

（1）分别在 A1:A5 和 B1:B5 单元格中输入任意数据。

（2）在 A6 单元格中输入公式“=$A1+$A2+A3+A4+A5”，如图 4.3.5 所示。

（3）将 A6 单元格中的数据输入到 B6 单元格，此时单元格中的公式被更新为“=$A1+$A2+B3+B4+B5”。如图 4.3.6 所示，可以看到“$A1+$A2”为绝对引用，而“B3+B4+B5”为相对引用，即为混合引用。

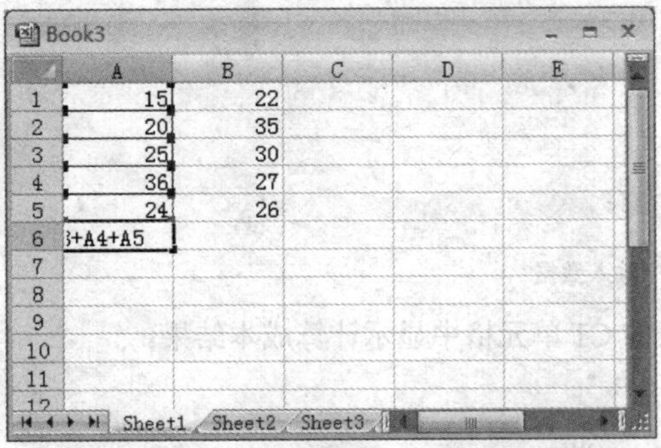

图 4.3.5　输入公式

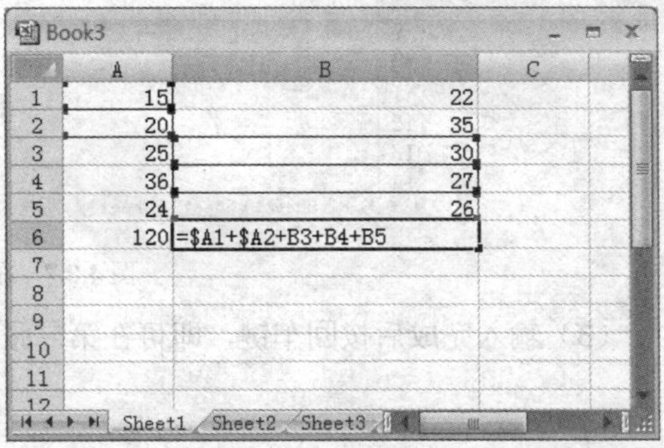

图 4.3.6　混合引用

## 4.3.4　三维引用

三维引用是对两个或两个以上的工作表中的单元格或单元格区域进行的引用，也可以在一个工作簿中的不同工作表之间进行公式的引用。三维引用的一般格式为“工作表名！:单元格地址”，工作表名后的“！”是系统自动加上的。

三维引用并不适合于所有函数，它只适用于如表 4.6 所示的函数。

**表 4.6　在三维引用中使用的函数**

| 函数名称 | 含　义 |
|---|---|
| SUM | 将数值相加 |
| AVERAGE | 计算数值的平均值（数学加法） |
| AVERAGEA | 计算数值（包括字符串和逻辑值）的平均值（数学方法） |
| COUNT | 计算包含数字的单元格个数 |
| COUNTA | 计算非空白单元格个数 |
| MAX | 查找一组数值中的最大值 |
| MAXA | 查找一组数值中的最大值（包括字符串和逻辑值） |
| MIN | 查找一组数值中的最小值 |
| MINA | 查找一组数值中的最小值（包括文本和逻辑值） |
| PRODUCT | 将数字相乘 |
| STDEV | 估算基于给定样本的标准偏差 |
| STDEVA | 估算基于给定样本（包括字符串和逻辑值）的标准偏差 |
| STDEVP | 计算基于给定样本的部体标准偏差 |
| VAR | 估计样本的方差 |
| VARA | 估算给定样本（包括文本和逻辑值）的方差 |
| VARP | 计算基于给定样本的总体方差 |
| VARPA | 计算样本（包括文本和逻辑值）的总体方差 |

举例说明公式的三维引用，其具体操作步骤如下：

（1）打开一个工作簿，在第一张工作表的 A1 单元格中输入数值“20”，在第二张工作表的 B1 单元格中输入数值“30”。

（2）在第二张工作表的 C1 单元格中输入公式“=Sheet1!A1+B1”，如图 4.3.7 所示。表示引用第一张工作表中的 A1 单元格和第二张工作表中的 B1 单元格相加。

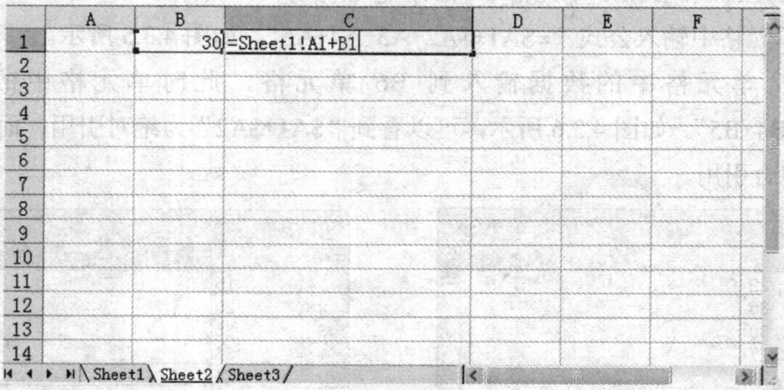


图 4.3.7　在工作表中输入数据

（3）输入完成后按回车键，即可在第二张工作表的 C1 单元格中显示计算成本结果。

# 4.4　函　　数

在 Excel 中，函数是系统预先建立在工作表中，用于执行数学、正文或者逻辑运算以及查找数据区有关信息的公式。它使用参数的特定数值，按照语法的特定顺序进行计算。例如，要对 B2～B4 几个单元格进行求和，可以使用公式“=B2+B3+B4”，也可以使用求和函数 SUM()，创建求和公式“=SUM()”。

函数内的参数可以是数字、文本（文本必须用双括号括起）、逻辑值（True 和 False）、数组、错误值或者单元格引用，也可以是常量、公式或者其他函数。给定的参数必须能够得到有效的数值，并且函数的语法要以函数名称开始，后面分别是左圆括号、逗号隔开的参数和右圆括号。

## 4.4.1　函数概述

函数是一种预定义的计算关系，它可以将指定的参数按特定的顺序或结构进行计算，并返回计算结果。函数的参数是函数中用来执行计算的数值，是函数进行计算所必须的初始值。参数的类型由函数自身决定，因此使用内置函数时，必须清楚函数的格式，函数的参数类型包括数字、单元格引用、单元格名称、文本等，也可以是常量公式或其他的函数。

函数的语法以函数的名称开始，后面是左括号以及逗号隔开的参数和右括号。如果函数要以公式的形式出现，必须在函数名前面输入等号。

## 4.4.2　函数分类及语法

在 Excel 2007 中使用函数之前，必须先对函数的分类及其语法有基本的了解，才能为后面的学习打好基础。

### 1．函数的分类

在使用 Excel 处理工作表时，经常要用函数和公式来自动处理大量的数据。在 Excel 中提供了大量的函数，这些函数按功能可以分为以下几种类型：

（1）数字和三角函数：用于进行数学上的计算。

（2）文本函数：用于处理字符串。

（3）逻辑函数：用于判断真假值或者进行符号的检验。

（4）查找和引用函数：用于在表格中查找特定的数据或者查找一个单元格中的引用。

（5）信息函数：用于确定存储在单元格中的数据类型。

（6）时间和日期函数：用于在公式中分析处理日期和时间值。

（7）统计函数：用于对选定的单元格区域进行统计。

（8）财务函数：用于进行简单的财务计算。

（9）工程函数：用于进行工程分析。

（10）数据库函数：用于分析数据清单中的数值是否符合特定条件。

（11）外部函数：这些函数使用加载项程序加载，用于连接一个外部数据源并从工作表中运行查询，然后将查询的结果以数值的形式返回，无须进行宏编辑。

### 2．函数的语法

函数与公式一样，其结构也是以等号“=”开始，后面是函数名称和左括号，然后以逗号分隔输入参数，最后输入右括号。

（1）函数名称：如果要查看可用函数的列表，可以选中一个单元格并按组合键“Shift+F3”，从弹出的插入函数对话框中查看函数，如图 4.4.1 所示。

（2）参数：参数可以是文本、数字、逻辑值（TRUE 或 FALSE）、数组、错误值（例如，#N/A）或单元格引用。参数也可以是常量、公式等，但指定的参数都必须为有效参数。

(3)参数工具栏：在输入函数时，会出现带有语法和参数的工具提示，例如输入函数“=AVEDEV(”时，参数工具栏就会出现，如图 4.4.2 所示。

(4) 输入公式：如果要创建含有函数的公式，插入函数对话框将有助于用户输入工作表函数。在公式中输入函数时，插入函数对话框不仅可以显示出函数的名称、各个参数，还可以显示出函数的功能和参数说明、函数的当前结果和整个公式的当前结果。

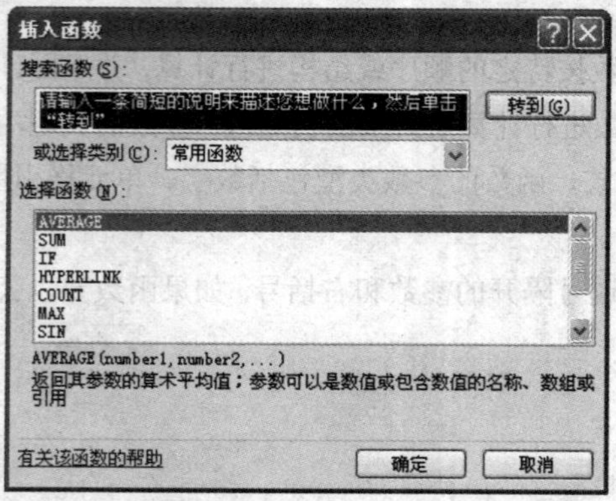


图 4.4.1 “插入函数”对话框

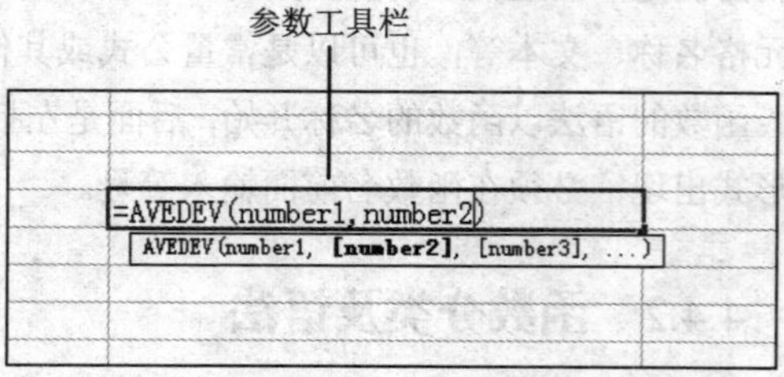


图 4.4.2 参数工具栏

## 4.4.3 常用函数

在 Excel 2007 中有 200 多个函数，下面将介绍比较常用的函数及其参数，并结合实例进行解释和说明。

### 1. 数学和三角函数

使用数学和三角函数，可以完成工作表中大部分基础计算。如求单元格区域中的数值总和，计算数学的正弦和余弦，返回数字的符号和随机数等。常用的数学和三角函数如表 4.7 所示。

表 4.7 常用的数学和三角函数

| 函数名 | 功 能 | 语 法 | 示 例 | 结 果 |
|---|---|---|---|---|
| ABS | 返回数字的绝对值 | ABS(number)，其中 number 为需要计算其绝对值的实数 | =ABS(2)<br>=ABS(-2)<br>=ABS(A2)（设 A2 单元格中的数值为-4） | 2 的绝对值为 2<br>-2 的绝对值为 2<br>-4 的绝对值为 4 |
| COS | 返回数字的余弦值 | COS(number)，其中 number 为需要求余弦的角度，以弧度表示 | =COS(1.047)<br>=COS(60*PI()/180) | 0.500171<br>60 度的余弦值为 0.5 |
| SIN | 返回数字的正弦值 | SIN(number)，其中 number 为需要求正弦的角度，以弧度表示 | =SIN(PI())<br>=SIN(30*PI()/180) | PI 弧度的正弦值为 0.22515E-16<br>30 度的正弦值为 0.5 |
| TAN | 返回数字的正切值 | TAN(number)，其中 number 为需要求正切的角度，以弧度表示 | =TAN(0.245)<br>=TAN(45*PI()/180) | 0.245 弧度的正切值为 0.2500<br>45 度的正切值为 1 |
| PI | 返回 PI 的值 | PI() | =PI()<br>=PI()/2<br>=PI()*A2^2（设 A2 单元格的数值为 2） | 3.1415927<br>1.570796<br>12.56638 |
| DEGREES | 将弧度转换为度 | DEGREES（angle），其中 angle 为待转换的弧度角 | = DEGREES(PI()) | PI 弧度转换为度数为 180 度 |
| EXP | 返回 e 的给定数字次幂 | EXP(number)，其中 number 为底数 e 的指数，若要计算以其他常数为底的幂，请使用指数操作符（^），EXP 函数是计算自然对数的 LN 函数的反函数 | =EXP(1)<br>=EXP(2) | 2. 718282（e 的近似值）<br>7.389056(表示自然对数的底数 e 的 2 次幂） |

续表

| 函数名 | 功　能 | 语　法 | 示　例 | 结　果 |
| --- | --- | --- | --- | --- |
| FACT | 返回数字的阶乘 | FACT(number)，要计算其阶乘的非负数。如果输入的 Number 不是整数，则截尾取整 | =FACT(5)<br>=FACT(1.8)<br>=FACT(0)<br>=FACT(-1) | 120（即1*2*3*4*5的值）<br>1（即取尾截整后的值）<br>1（0 的阶乘为 1）<br>#NUM!（负数导致错误值） |
| MOD | 返回除法的余数 | MOD(number,divisor)，其中 Number 为被除数；Divisor 为除数。如果 divisor 为零，函数 MOD 返回错误值#DIV/0! | =MOD(3,2)<br>=MOD(-3,2)<br>=MOD(3,-2) | 1（3/2 的余）<br>1（符号与除数相同）<br>-1（符号与除数相同） |
| SUM | 对其参数进行求和 | SUM(number1,number2, …)，其中 number1，number2，…为 1～30 个需要求和的参数。直接输入到参数表中的数字、逻辑值及数字的文本表达式将被计算；如果参数为数组或引用，只有其中的数字将被计算。数组或引用中的空白单元格、逻辑值、文本或错误值将被忽略；如果参数为错误值或为不能转换成数字的文本，将会导致错误 | =SUM(2,3,4)<br>=SUM(“2”,4,TRUE)<br>=SUM(A1:A3,3)（设 A1 的值为 1，A2 的值为 2，A3 的值为 3）<br>=SUM(A5,A6,3)（设 A5 的值为 5，A6 的值为 TURE） | 9（2，3，4 相加）<br>7（将 2，4，1 相加，因为文本值被转换为数字，逻辑值 TRUE 被转换成数字 1）<br>9（将 1，2，3，3 相加）<br>3（将 A5，A6 与 3 相加，因为引用非数值的值不能被转换，故结果为 3） |

## 2．文本和数据函数

文本和数据函数也可称为字符串处理函数，主要完成对字符串的一些处理操作。常用的文本和数据函数如表 4.8 所示。

**表 4.8　文本和数据函数**

| 函数名 | 功　能 | 语　法 | 示　例 | 结　果 |
| --- | --- | --- | --- | --- |
| ASC | 将字符串中的全角英文字母或片假名更改为半角字符 | ASC(text)，其中 text 为文本或对包含要更改文本的单元格的引用。如果文本中不包含任何全角字母，则文本不会更改 | =ASC(“EXCEL”) | “EXCEL” |
| WIDECHAR | 将字符串中的半角英文字母或片假名更改为全角字符 | WIDECHAR(text)，其中 text 为文本或对包含要更改文本的单元格的引用。如果文本中不包含任何半角英文字母或片假名，则文本不会更改 | =WIDECHAR(“EXCEL”) | “EXCEL” |
| CLEAN | 删除文本中不可打印的字符，对从其他应用程序中输入的文本使用 CLEAN 函数，将删除其中含有的当前操作系统无法打印的字符 | CLEAN(text)，其中 text 是要从中删除不能打印字符的任何工作表信息 | =CLEAN(A2)（设 A2 的值是 =CHAR(7)&“text”&CHAR(7)） | text（从字符串中删除不能打印的字符 CHAR(7) |
| REPLACE<br>REPLACEB | 使用其他文本字符串并根据所指定的字符串替换某文本字符串中的部分文本；使用其他文本字符串并根据所指定的字符数替换某文本字符串中的部分文本，此函数专为双字节字符使用 | REPLACE(old_text,start_num,num_chars,new_text)<br>REPLACEB(old_text,start_num,num_bytes,new_text)，其中 old_text 是要替换其部分字符的文本；start_num 是要用 new_text 替换 old_text 中字符的位置；num_chars 是希望 REPLACE 使用 new_text 替换 old_text 中字符的个数；num_bytes 是希望 REPLACE 使用 new_text 替换 old_text 中字节的个数；new_text 是要用于替换 old_text 中字符的文本 | =REPLACE(A2,6,5,“*”)（设 A2 的值为 abcdefghijk）<br>=REPLACE(A3,3,2,“10”)（设 A3 的值为 2 009） | abcde*k（从第 6 个字符开始，替换 5 个字符）<br>2 010（用 10 替换 2 009 的最后两位） |
| EXACT | 检查两个文本值是否相同 | EXACT(text1,text2)，其中 text1 为待比较的第一个字符串；text2 为待比较的第二个字符串 | =EXACT(A2,B2)（设 A2 的值为 excel，B2 的值为 excel）；<br>=EXACT(A3,B3)（设 A3 的值为 Excel，B3 的值为 excel） | TRUE（检查 A2 与 B2 中的两个字符串是否完全相同）<br>FALSE |

续表

| 函数名 | 功 能 | 语 法 | 示 例 | 结 果 |
|---|---|---|---|---|
| T | 将参数转换为文本 | T(value)，其中 value 为需要进行转换的数值 | =T(A2)（设 A2 的值为 excel）<br>=T(A3)（设 A3 的值为 13）<br>=T(A4)（设 A4 的值为 TRUE） | excel（因为其值是文本，所以返回文本）<br>“”（因为其值是数字，所以返回空文本）<br>“”（因为其值是逻辑值，所以返回空文本） |
| TEXT | 设置数字格式并将其转换为文本 | TEXT(value,format_text)，其中 value 为数值、计算结果为数字值的公式，或对包含数字值的单元格的引用；format_text 为“单元格格式”对话框中“数字”选项卡上“分类”列表框中的文本形式的数字格式。说明：Format_text 不能包含星号（*） | =A2&TEXT(B2,“0%”)（设 A2 的值为“税金为:”，B2 的值为“10%”） | 税金为：10%（将内容合并为一个短评） |
| LEN<br>LENB | 返回文本字符串中字符的个数；返回文本字符串中用于代表字符的字节数。此函数用于双字节字符 | LEN(text)<br>LENB(text)，其中 text 为要查找其长度的文本。空格将作为字符进行计数 | =LEN(A2)（设 A2 的值为“税金为:”）<br>=LEN(A3)（设 A3 的值为 Excel 2003） | 4（“税金为:”的字符个数）<br>10（计算空格的个数） |
| TRIM | 从文本中删除空格。除了单词之间的单个空格外，将清除文本中所有的空格 | TRIM(text)，其中 text 为需要清除其中空格的文本 | =TRIM(“First Quarter Earnings”) | First Quarter Earnings（删除文本后面的空格） |

### 3. 逻辑运算符

使用逻辑运算符可以进行真假值判断，或进行逻辑检验。常用的逻辑函数如表 4.9 所示。

**表 4.9 逻辑函数**

| 函数名 | 功 能 | 语 法 | 示 例 | 结 果 |
|---|---|---|---|---|
| AND | 如果所有参数为 TRUE，则返回 TRUE | AND(logical1,logical2, …)，其中 logical1，logical2，…为待检测的从 1 到 30 的条件值，各条件值可为 TRUE 或 FALSE | =AND(FALSE,TRUE)<br>=AND(2+2=4,2+3=5)<br>=AND(1<A2,A2<50)（设 A2 的值为 20） | FALSE（一个参数的逻辑值为假）<br>TRUE（所有参数的计算结果为真<br>TRUE（因为 20 介于 1 到 50 之间） |
| FALSE | 返回逻辑值 FALSE | FALSE()，也可以直接在工作表或公式中输入文字 FALSE，Microsoft Excel 会自动将它解释成逻辑值 FALSE | =FALSE() | FALSE |
| NOT | 对其参数逻辑求反 | NOT(logical)，其中 logical 为一个可以计算 TRUE 或 FALSE 的逻辑值或逻辑表达式 | =NOT(FALSE)<br>=NOT(1+1=2) | TRUE（对 FALSE 求反）<br>FALSE（对逻辑值为 TRUE 的公式求反） |
| OR | 如果任一参数为 TRUE，则返回 TRUE | OR(logical1,logical2, …)，其中 logical1，logical2，…为需要进行检验的从 1 到 30 的条件，分别为 TRUE 或 FALSE。说明：计算结果必须为逻辑值，如 TRUE 或 FALSE，或者为包含逻辑值的数组或引用；如果数组或引用参数中包含文本或空白单元格，则这些值将被忽略；如果指定的区域中不包含逻辑值，函数 OR 返回错误值#VALUE! | =OR(TRUE)<br>=OR(1+1=1,2+2=5)<br>=OR(TRUE,FALSE,TRUE) | TRUE<br>FALSE（所有参数的逻辑值为 FALSE）<br>TRUE（至少一个参数为 TRUE） |

续表

| 函数名 | 功　能 | 语　法 | 示　例 | 结　果 |
|---|---|---|---|---|
| TRUE | 返回逻辑值 TRUE | TRUE()也可以直接在单元格或公式中键入值 TRUE，而不使用此函数 | =TRUE() | TRUE |
| IF | 执行真假值判断，根据逻辑计算的真假值，返回不同结果 | IF(logical_test,value_if_true,value_if_false)，其中 logical_test 表示计算结果为 TRUE 或 FALSE 的任意值或表达式；Value_if_true 为 logical_test 为 TRUE 时返回的值；Value_if_false 为 logical_test 为 FALSE 时返回的值。说明：函数 IF 可以嵌套 7 层 | =IF(A2<=100,"Within budget","Over budget")<br>=IF(A2=100,SUM(B5:B15),"")<br>（设 A2 的值为 50） | Within budget（因为 A2 的值小于等于 100 为真值，否则返回值为 Over budget）<br>" "（返回值为空文本，因为 A2 的值不为 100） |

### 4．财务函数

财务函数可以进行一般的财务计算，如计算证券的利息和返回折旧值等。下面通过实例来介绍几个常用的财务函数。

（1）ACCRINT 函数：用于返回定期付息有价证券的应计利息，其语法格式如下：

ACCRINT(issue,first_interest,settlement,rate,par,frequency,basis)

其中，issue 是有价证券的发行日；first_interest 是证券的起息日；settlement 是证券的成交日；rate 为有价证券的年息票利率；par 为有价证券的票面价值，如果省略 par，函数 ACCRINT 视 par 为$1 000；frequency 为年付息次数（如果按年支付，frequency=1；按半年期支付，frequency=2；按季支付，frequency=4）；Basis 为日计数基准类型。

在计算的过程中，参数 issue，first_interest，settlement，frequency 和 basis 将被截尾取整，如果 issue，first-interest 或 settlement 不是合法日期，函数 ACCRINT 返回错误值#VALUE!。

例如，在 A2:A8 单元格区域中分别输入发行日"2005-3-1"，起息日"2005-8-1"，成交日"2005-5-1"，息票利率"10.00%"，票面价值"1 000"，付息次数"2"以及日计数基准类型"0"，然后在 A9 单元格中输入公式：

=ACCRINT(A2,A3,A4,A5,A6,A7,A8)

按"Enter"键确认，即计算出本次有价证券的应计利息为：16.666 666 67，如图 4.4.3 所示。

（2）SLN 函数：用于返回一笔资产在某个期间内的线性折旧值，其语法格式如下：

SLN(cost,salvage,life)

其中，cost 为资产原值；salvage 为资产在折旧期末的价值（也称为资产残值）；life 为折旧期限（也称为资产的使用寿命）。

例如，在 C2:C4 单元格中分别输入资产原值"25 000"，资产残值"10 000"和使用寿命"10"，然后在 C5 单元格中输入公式：

=SLN(C2,C3,C4)

按"Enter"键确认，即可得出年折旧值：￥1 500.00，如图 4.4.4 所示。

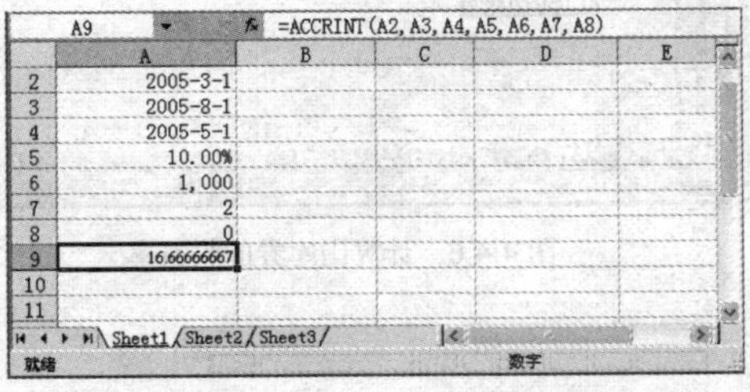


图 4.4.3　计算有价证券的应计利息

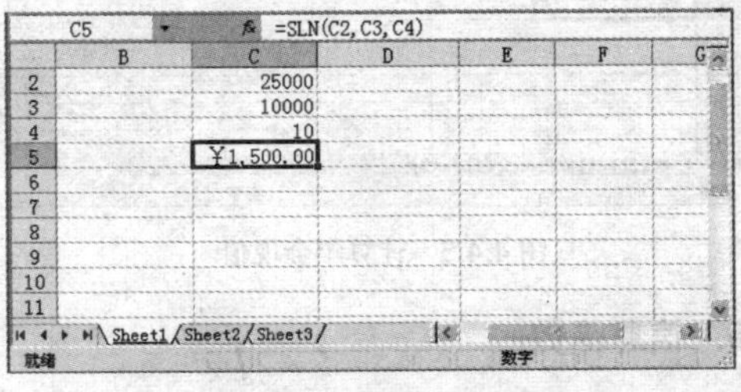


图 4.4.4　计算线性折旧值

（3）PV 函数：用于返回投资的现值。现值为一系列未来付款的当前值的累积和。例如，借入方的借入款即为贷出方贷款的现值。其语法格式如下：

PV(rate,nper,pmt,fv,type)

其中，rate 为各期利率。例如，如果按 10%的年利率借入一笔贷款来购买汽车，并按月偿还贷款，则月利率为 10%/12（即 0.83%）；nper 为总投资（或贷款）期，即该项投资（或贷款）的付款期总数。例如，对于一笔 4 年期按月偿还的汽车贷款，共有 4*12（即 48）个偿款期数；pmt 为各期所应支付的金额，其数值在整个年金期间保持不变。通常 pmt 包括本金和利息，但不包括其他费用及税款；fv 为未来值，或在最后一次支付后希望得到的现金余额，如果省略 fv，则假设其值为零（一笔贷款的未来值即为零）；type 为数字 0 或 1，用以指定各期的付款时间是在期初还是期末（0 或省略为期末，1 为期初）。

在计算过程中应确认所指定的 rate 和 nper 单位的一致性。例如，同样是 4 年期年利率为 12%的贷款，如果按月支付，rate 应为 12%/12，nper 应为 4*12；如果按年支付，rate 应为 12%，nper 为 4。

例如，在 A2～A4 单元格中分别输入每月底一项保险年金的支出“500”，投资收益率“8%”，付款的年限“20”，然后在 A5 单元格中输入公式：

=PV(A3/12,12*A4,A2,0)

按“Enter”键确认后，即可得出此次的年金现值为：￥-59 777.15，如图 4.4.5 所示。可以看出结果为负值，因为这是一笔付款，亦即支出现金流。如果年金的购买成本是（60 000），则年金的现值（59 777.15）小于实际支付值。因此，这不是一项合算的投资。

（4）TBILLYIELD 函数：用于返回国库券的收益率，其语法格式如下：

TBILLYIELD(settlement,maturity,pr)

其中，settlement 为国库券的成交日。即在发行日之后，国库券卖给购买者的日期；maturity 为国库券的到期日，即国库券有效期截止时的日期；pr 为面值$100 的国库券的价格。需要注意的是在运算过程中如果 settlement 或 maturity 不是合法的日期，函数 TBILLYIELD 将返回错误值#VALUE；如果 settlement≥maturity 或 maturity 在 settlement 一年之后，则函数 TBILLYIELD 将返回错误值#NUM!；如果 pr≤0，则函数 TBILLYIELD 返回错误值#NUM!。

例如，在 C2～C4 单元格中分别输入国库券的成交日“2005-3-30”，国库券的到期日“2005-10-1”，面值为$100 的国库券的价格“97.45”，然后在 C5 单元格中输入公式：

=TBILLYIELD(A2,A3,A4)

按“Enter”键确认后，即可得出本次国库券的收益率：0.050 920 084 或 5.092 008 4%，如图 4.4.6 所示。

图 4.4.5　计算年金现值

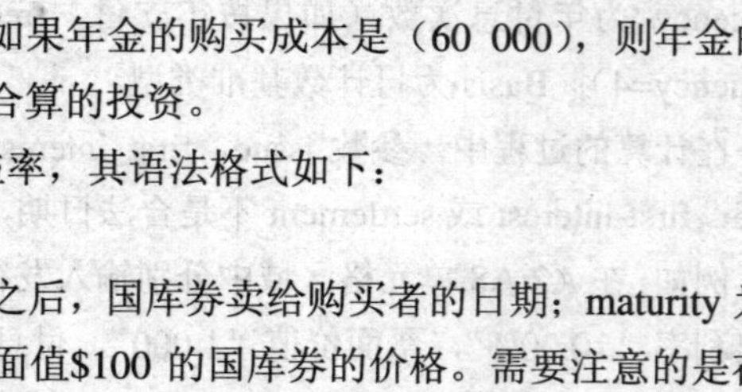


图 4.4.6　计算国库券的收益率

**5．信息函数**

使用信息函数可以观察和处理工作表中有关单元格的格式、内容、有关当前操作环境及数字类型等信息。

（1）CELL 函数：使用该函数可以返回单元格的格式、位置或内容等信息，其语法格式如下：

CELL(info_type,reference)

其中，info_type 为一个文本值，指定所需要的单元格信息的类型，其类型名和返回值如表 4.10 所示；reference 表示要获取其有关信息的单元格。如果忽略，则在 info_type 中所指定的信息将返回给最后一次更改的单元格。

**表 4.10　单元格信息类型及返回结果**

| 信息类型 | 返　回 | 信息类型 | 返　回 |
|---|---|---|---|
| address | 引用中第一个单元格的引用，返回绝对值 | col | 引用中第一个单元格的列标 |
| color | 如果单元格中的负值以不同颜色显示，则为 1，否则返回 0 | contents | 引用中第一个单元格的值，而不是公式 |
| filename | 包含引用的文件名（包括全部路径），文本类型。如果包含目标引用的工作表尚未保存，则返回空文本 | format | 返回单元格中数字格式所对应的文本值，如“常规”返回“G”、“数值”返回“F2（2 随数值的小数位数变化而变化）”或“F2-”、“日期”返回“D2”、“货币”返回“C2”等 |
| parentheses | 如果单元格中为正值或全部单元格均加括号，则为 1，否则返回 0 | row | 引用中第一个单元格的行号 |
| type | 与单元格中的数据类型相对应的文本值。如果单元格为空，则返回“b”。如果单元格包含文本常量，则返回“1”；如果单元格包含其他内容，则返回“v” | width | 取整后第一个单元格的列宽。列宽以默认字号的一个字符的宽度为单位 |

例如，在工作表中输入如图 4.4.7 所示的内容，然后分别在 D3～F3 单元格中输入公式：

=CELL(“format”,D2)

=CELL(“address”,E2）

=CELL(“contents”,F2)

即可得出如图 4.4.8 所示的结果。

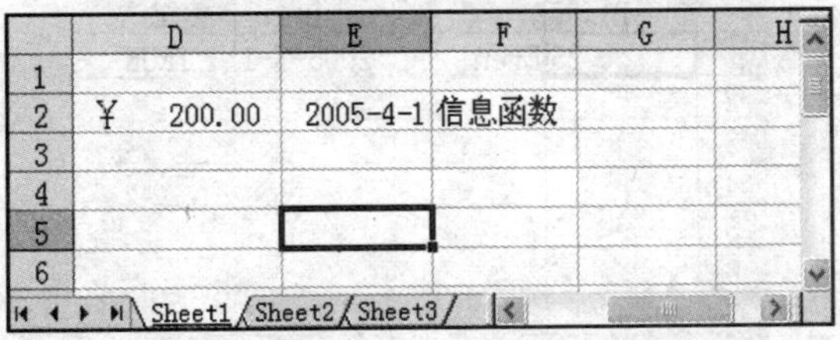


图 4.4.7　输入工作表内容

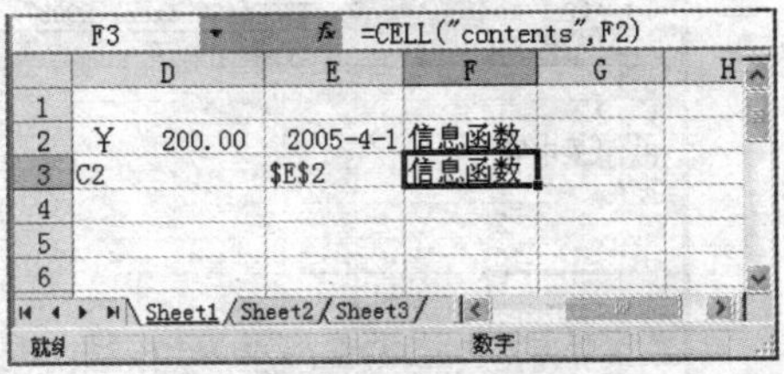


图 4.4.8　显示计算结果

**提示**　如果 CELL 公式中的 info_type 参数为“format”，而且以后又用自定义格式设置了单元格，则必须重新计算工作表以更新 CELL 公式。

（2）INFO 函数：使用该函数可返回有关当前操作环境的信息，其语法格式如下：

INFO(type_text)

其中，type_text 为文本，指明所要返回的信息类型。如 directory 返回当前目录或文件夹的路径；memavail 返回当前系统的可用内存空间，并以字节为单位；memused 返回数据占用的内存空间；numfile 返回打开的工作簿中活动工作表的数目；system 返回当前操作系统名称。

例如，在 A8 单元格中输入公式：

=INFO(“directory”)

按“Enter”键确认后，可得到结果：E:\Documents and Settings\aa\桌面\。

（3）TYPE 函数：使用该函数可返回单元格中数据类型的数字，如单元格中数据为数字型时返回“1”，文本型返回“2”，逻辑值返回“4”，误差值返回“16”，数组返回“64”，其语法格式如下：

TYPE(value)

其中，value 可以为任意 Microsoft Excel 数值、单元格引用或数组常量。

例如，在 A8 单元格中输入“我爱中华”，然后在 A10～A12 单元格中分别输入公式：

=TYPE(A8)

=TYPE(A8+2)

=TYPE(A8&“Excel 2003”)

即可得到如图 4.4.9 所示的结果。其中公式“=TYPE(A8+2)”检查返回错误值#VALUE!的公式类型；公式“=TYPE(A8& “Excel 2003”)”检查“我爱中华 Excel 2003”的类型。

（4）N 函数：用于返回转换为数字的值，其语法格式如下：

N(value)

其中，value 为要转化的值，如果该值为数字，则返回该数字；如果该值为日期，则返回该日期的序列号（Microsoft Excel 的一种内部日期格式）；如果该值为逻辑值“FALSE”，则返回数字“0”；如果该值为逻辑值“TRUE”，则返回数字“1”；如果该值为错误值，如“#DIV/0!”，则返回该错误值。

例如，在 B1～E1 单元格中分别输入如图 4.4.10 所示的内容，然后在 B2～E2 单元格中分别输入公式：

=N(B1)

=N(C1)

=N(D1)

=N(E1)

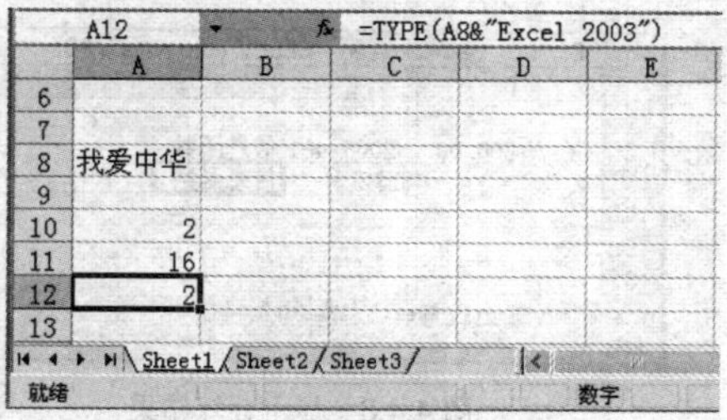


图 4.4.9　计算单元格数据类型

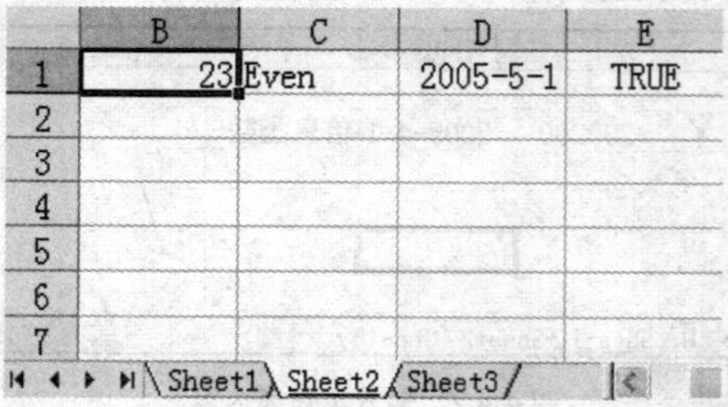


图 4.4.10　输入工作表内容

即可得到如图 4.4.11 所示的结果。

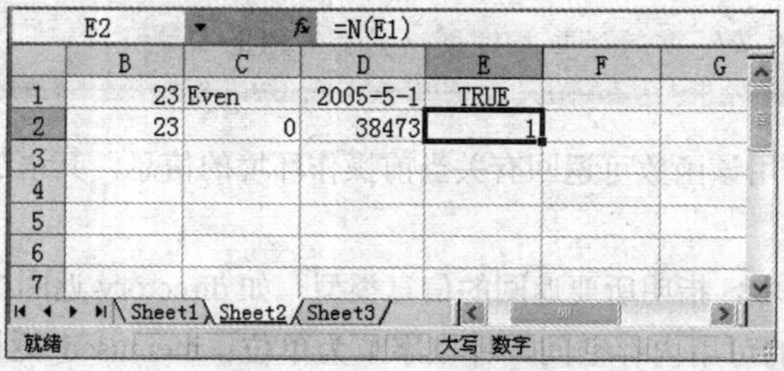


图 4.4.11　返回数字类型的值

6．统计函数

使用统计函数可以帮助用户处理一些简单的问题，如计算平均值、返回几何平均值及估算方差等。

（1）AVERAGE 函数：使用该函数可以返回其参数的平均值，其语法格式如下：

AVERAGE(number1,number2,…)

其中，number1,number2, …为需要计算平均值的从 1～30 的参数。参数可以是数字，或者是包含数字的名称、数组或引用。如果数组或引用参数包含文本、逻辑值或空白单元格，则这些值将被忽略，但包含零值的单元格将计算在内。

例如，在 A10～A13 单元格中分别输入数字 2，3，27 和 5，然后在 A14～A15 单元格中分别输入公式：

=AVERAGE(A10:A13)

=AVERAGE(A10:A13,5)

可分别得出结果 9.25 和 8.4，其中，后者公式是计算单元格中数字与 5 的平均值。

（2）COUNT 函数：使用该函数可以计算参数列表中的数字个数，其语法格式如下：

COUNT(value1,value2, …)

其中，value1,value2, …为包含或引用各种类型数据的参数（1～30），包含数字、日期或以文本代表的数字计算在内，但只有数字类型的数据才被计算。但是错误值或其他无法转换成数字的文字将被忽略。如果参数是一个数组或引用，那么只统计数组或引用中的数字；数组或引用中的空白单元格、逻辑值、文字或错误值都将被忽略。如果要统计逻辑值、文字或错误值，可使用函数 COUNTA，其语法与 COUNT 相同。

例如，在 B8～G8 单元格中输入如图 4.4.12 所示的内容，然后分别在 B9～D9 单元格中输入公式：

=COUNT(B8:G8)

=COUNT(D8:G8)

=COUNT(B8:G8,2)

按“Enter”键确认以后，即可得到如图 4.4.13 所示的结果。

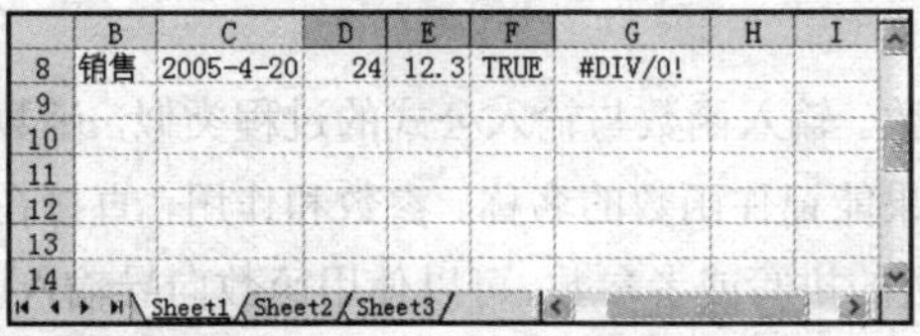


图 4.4.12　输入工作表内容

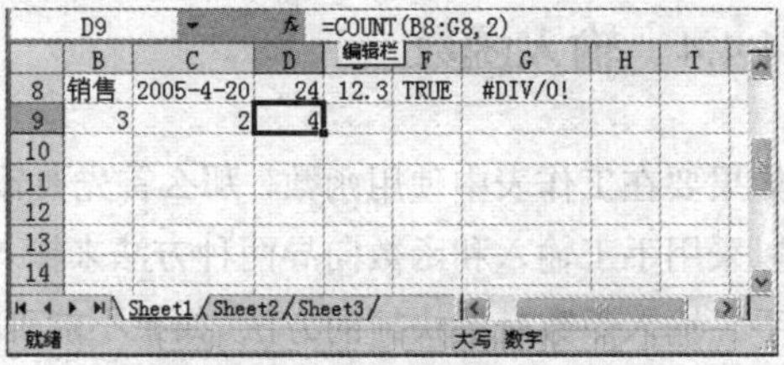


图 4.4.13　返回计算数字个数

（3）GEOMEAN 函数：使用该函数可以返回几何平均值，其语法格式如下：

GEOMEAN(number1,number2, …)

其中，number1,number2, … 是用于计算平均数的从 1～30 的参数，也可以不使用这种用逗号分隔参数的形式，而用单个数组或数组引用的形式。参数可以是数字，或者是包含数字的名称、数组或引用。如果数组或引用参数包含文本、逻辑值或空白单元格，则这些值将被忽略；但包含零值的单元格将计算在内。如果数据小于 0，函数 GEOMEAN 将返回错误值#NUM!。

例如，在 B1～D1 单元格中输入如图 4.4.14 所示的内容，然后在 B2～C2 单元格中输入公式：

=GEOMEAN(B1:C1)

=GEOMEAN(B1:D1)

按“Enter”键确认后，即可得出如图 4.4.15 所示的结果。

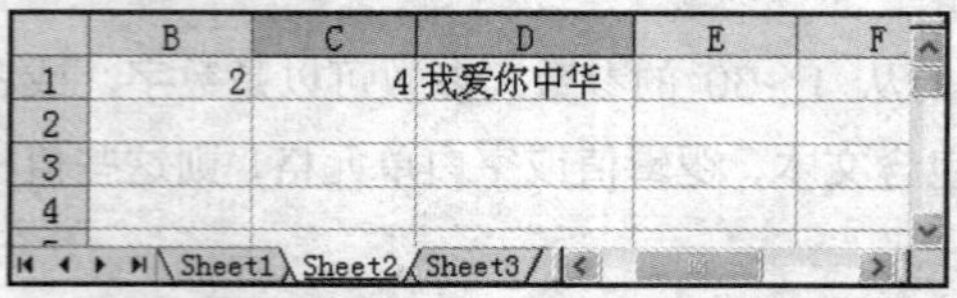


图 4.4.14 输入工作表内容

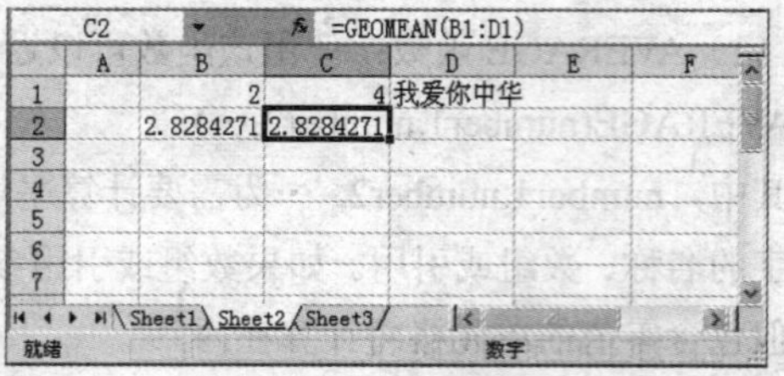


图 4.4.15 返回几何平均值

（4）VAR 函数：使用该函数可以基于样本估算方差，其语法格式如下：

VAR(number1,number2,…)

其中，Number1,number2, …为对应于总体样本的从 1～30 的参数。函数 VAR 假设其参数是样本总体中的一个样本。如果数据为样本总体，则应使用函数 VARP 来计算方差，在运算过程中逻辑值（TRUE 和 FALSE）和文本将被忽略。如果不能忽略逻辑值和文本，则可以使用 VARA 工作表函数，其语法格式与 VAR 函数相同。

例如，有 10 件工具在制造过程中是由同一台机器制造出来的，并取样为随机样本进行抗断强度的检验，在 B4～K4 单元格中输入如图 4.4.16 所示的内容，然后在 B5 单元格中输入公式：

=VAR(B4:K4)

按“Enter”键确认后，即可得出如图 4.4.17 所示的结果。

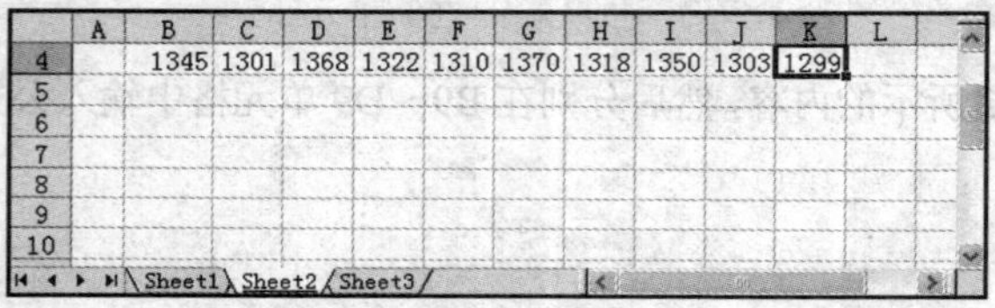


图 4.4.16 输入工作表内容

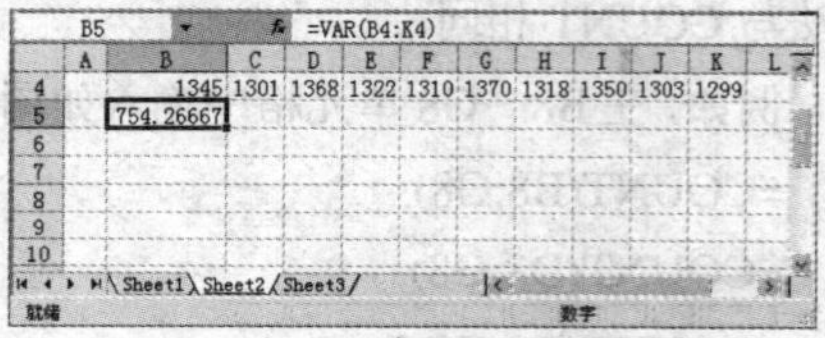


图 4.4.17 返回样本估算方差

## 4.4.4 输入函数

如果要在工作表中使用函数，那么首先要输入函数。输入函数与输入公式的过程类似，函数的输入可以采用手工输入和函数向导两种方法来输入。如果能记住函数的名称、参数和作用，直接在单元格中手工输入函数是最快捷的方法。如果不能确定函数的拼写或者参数，可以使用函数向导输入函数。

### 1．手工输入

对于一些比较简单的函数，可以采用手工输入法，手工输入函数的方法和在单元格中输入公式的方法相同，先在编辑栏中输入等号“=”，然后直接输入函数即可。

例如，要求工作表中 A1～A5 单元格中数值的平均值，可在其他任意单元格中输入函数“=AVERAGE(A1:A5)”，然后按回车键即可，如图 4.4.18 所示。

### 2．利用函数向导输入

如果要输入比较复杂的函数，或者为了避免在输入过程中产生错误，可以通过向导来输入函数。如图 4.4.19 所示为某班学生的成绩表，在成绩表中的“E9”单元格中输出“总分”的最高分。

（1）选择要输入结果的单元格 E9。

（2）在“公式”选项卡中的“函数库”选项卡中单击 *fx* 插入函数 按钮，弹出“插入函数”对话框，如

图 4.4.20 所示。

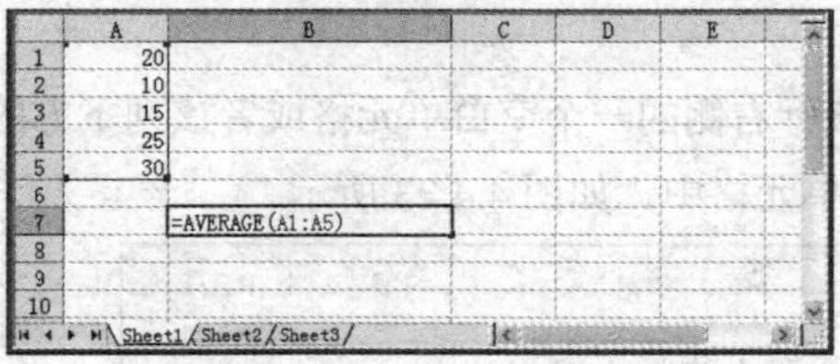


图 4.4.18　输入函数

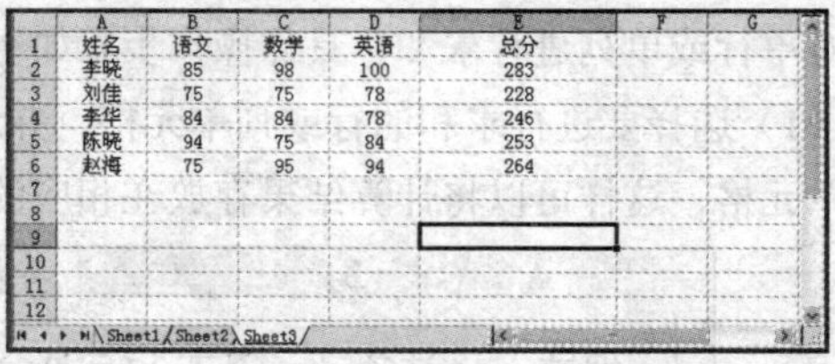

图 4.4.19　成绩表

（3）在“选择函数”列表框中选择“MAX”选项，单击 确定 按钮，弹出“函数参数”对话框，如图 4.4.21 所示。

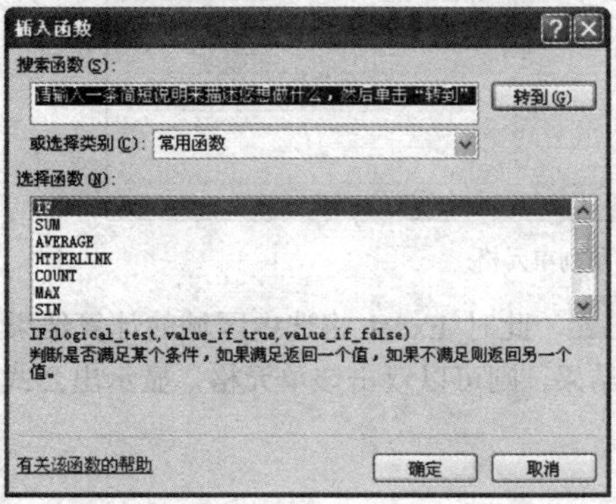


图 4.4.20　“插入函数”对话框

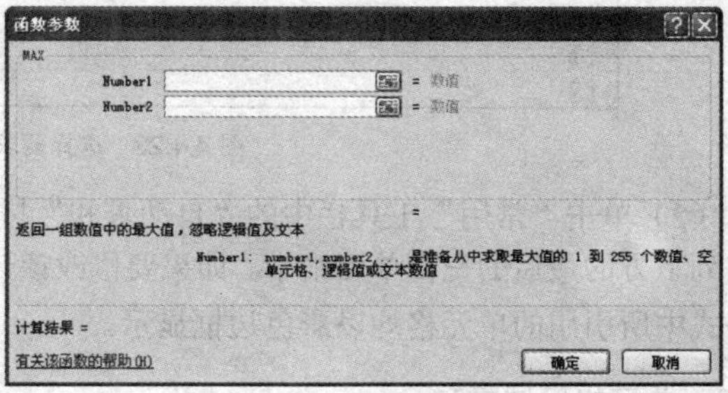


图 4.4.21　“函数参数”对话框

（4）在“MAX”设置区域的“Number1”文本框中输入要计算最大值的单元格区域，本例输入“E2:E6”。

（5）输入完成后单击 确定 按钮，即可在 E9 单元格中显示输出结果，如图 4.4.22 所示。

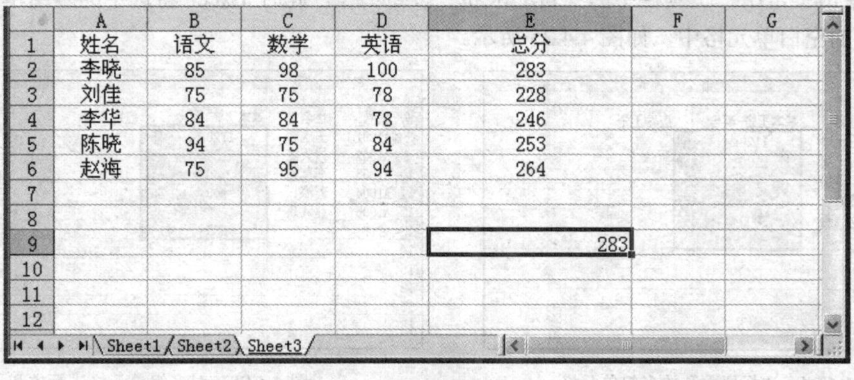


图 4.4.22　显示计算结果

## 4.4.5　自动求和

通常情况下，使用最多的工作函数就是求和函数（SUM），在 Excel 2003 中提供了“自动求和”按钮 Σ ，使用户可以方便快捷地完成求和操作。

### 1．行和列的求和操作

对单行或单列进行求和，具体操作步骤如下：

（1）选择要进行求和的行或列单元格，并选中该行右侧的一个空白单元格或者该列下方的一个空白单元格，这样可以将计算结果存放在相应的空白单元格中，如图 4.4.23 所示。

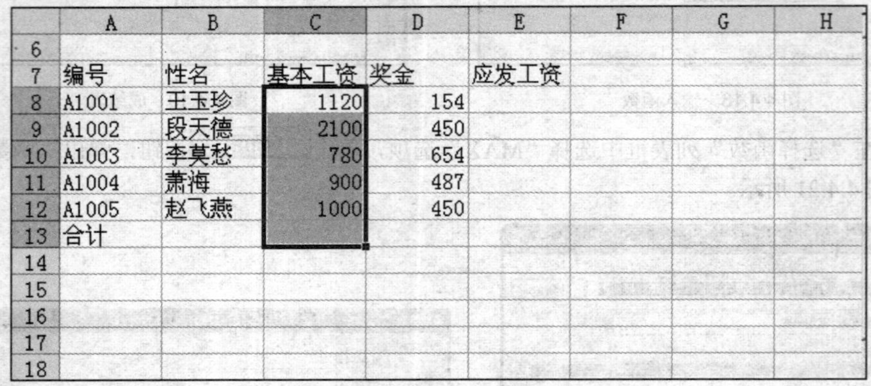

| | A | B | C | D | E | F | G | H |
|---|---|---|---|---|---|---|---|---|
| 6 | | | | | | | | |
| 7 | 编号 | 性名 | 基本工资 | 奖金 | 应发工资 | | | |
| 8 | A1001 | 王玉珍 | 1120 | 154 | | | | |
| 9 | A1002 | 段天德 | 2100 | 450 | | | | |
| 10 | A1003 | 李莫愁 | 780 | 654 | | | | |
| 11 | A1004 | 萧海 | 900 | 487 | | | | |
| 12 | A1005 | 赵飞燕 | 1000 | 450 | | | | |
| 13 | 合计 | | | | | | | |
| 14 | | | | | | | | |
| 15 | | | | | | | | |
| 16 | | | | | | | | |
| 17 | | | | | | | | |
| 18 | | | | | | | | |

图 4.4.23　选择要求和的单列单元格

（2）单击“常用”工具栏中的“自动求和”按钮，此时 Excel 将选中区域的计算结果显示在该列下方的最后的空白单元格中。如果要修改该计算结果，则可以双击该单元格，显示出公式，并且公式中所引用的单元格均以彩色边框显示。

### 2．单元格区域求和

使用“自动求和”按钮不仅能够一次求出一组数据的总和，也可以同时求出多组数据中每组数据的总和，具体操作步骤如下：

（1）在选择多组数据的同时，选择其下方或右方的一行或一列空白单元格，如图 4.4.24 所示。

（2）单击“常用”工具栏中的“自动求和”按钮，此时 Excel 将选中的多组单元格的合计显示在下方的空白单元格中，如图 4.4.25 所示。

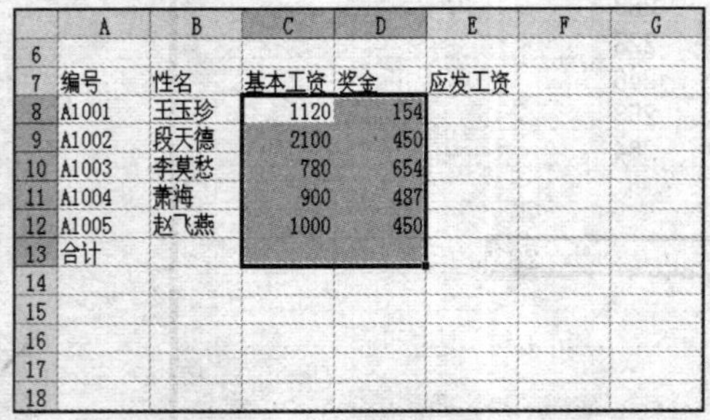

| | A | B | C | D | E | F | G |
|---|---|---|---|---|---|---|---|
| 6 | | | | | | | |
| 7 | 编号 | 性名 | 基本工资 | 奖金 | 应发工资 | | |
| 8 | A1001 | 王玉珍 | 1120 | 154 | | | |
| 9 | A1002 | 段天德 | 2100 | 450 | | | |
| 10 | A1003 | 李莫愁 | 780 | 654 | | | |
| 11 | A1004 | 萧海 | 900 | 487 | | | |
| 12 | A1005 | 赵飞燕 | 1000 | 450 | | | |
| 13 | 合计 | | | | | | |
| 14 | | | | | | | |
| 15 | | | | | | | |
| 16 | | | | | | | |
| 17 | | | | | | | |
| 18 | | | | | | | |

图 4.4.24　选择要求和的多组单元格

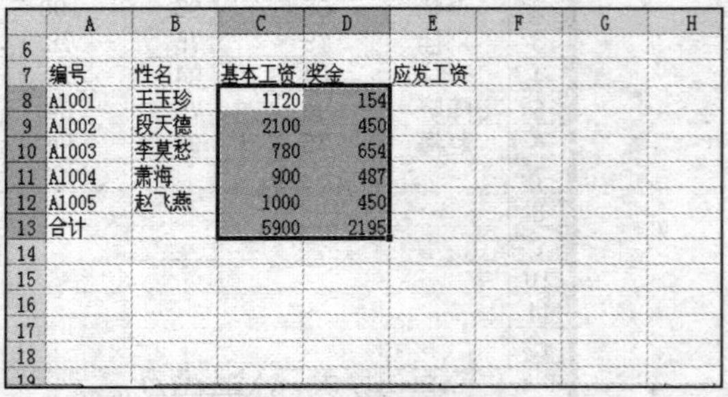

| | A | B | C | D | E | F | G | H |
|---|---|---|---|---|---|---|---|---|
| 6 | | | | | | | | |
| 7 | 编号 | 性名 | 基本工资 | 奖金 | 应发工资 | | | |
| 8 | A1001 | 王玉珍 | 1120 | 154 | | | | |
| 9 | A1002 | 段天德 | 2100 | 450 | | | | |
| 10 | A1003 | 李莫愁 | 780 | 654 | | | | |
| 11 | A1004 | 萧海 | 900 | 487 | | | | |
| 12 | A1005 | 赵飞燕 | 1000 | 450 | | | | |
| 13 | 合计 | | 5900 | 2195 | | | | |
| 14 | | | | | | | | |
| 15 | | | | | | | | |
| 16 | | | | | | | | |
| 17 | | | | | | | | |
| 18 | | | | | | | | |
| 19 | | | | | | | | |

图 4.4.25　对多组单元格进行求和

## 4.5　典型实例——制作总分类账

通过本章的学习，利用 Excel 2007 中的单元格引用、公式复制方法制作总分类账，效果如图 4.5.1 所示。

| 总分类账 | | | | | |
|---|---|---|---|---|---|
| 日期 | 传票号码 | 摘要 | 借方 | 贷方 | 余额 |
| 2007-1-15 | 3001 | 期初余额 | 300000 | | 300000 |
| 2007-1-27 | 3002 | 订货款 | 60000 | | 360000 |
| 2007-2-3 | 3003 | 运输费 | 3500 | | 363500 |
| 2007-2-28 | 3004 | 华盛集团 | | 5400 | 358100 |
| 2007-3-4 | 3005 | 传真机 | | 500 | 357600 |
| 2007-3-24 | 3006 | 应收贷款 | | 45000 | 312600 |
| 2007-4-1 | 3007 | 光大公司 | | 12000 | 300600 |
| 2007-4-25 | 3008 | 支付费用 | | 42000 | 258600 |
| | | 合计 | 363500 | 104900 | 517200 |

图 4.5.1　效果图

**创作步骤**

（1）启动 Excel 2007 应用程序，新建一个工作簿。

（2）在工作表中输入相应数据，如图 4.5.2 所示。

| | A | B | C | D | E | F |
|---|---|---|---|---|---|---|
| 1 | 总分类账 | | | | | |
| 2 | 日期 | 传票号码 | 摘要 | 借方 | 贷方 | 余额 |
| 3 | 2007-1-15 | 3001 | 期初余额 | 300000 | | |
| 4 | 2007-1-27 | 3002 | 订货款 | 60000 | | |
| 5 | 2007-2-3 | 3003 | 运输费 | 3500 | | |
| 6 | 2007-2-28 | 3004 | 华盛集团 | | 5400 | |
| 7 | 2007-3-4 | 3005 | 传真机 | | 500 | |
| 8 | 2007-3-24 | 3006 | 应收贷款 | | 45000 | |
| 9 | 2007-4-1 | 3007 | 光大公司 | | 12000 | |
| 10 | 2007-4-25 | 3008 | 支付费用 | | 42000 | |
| 11 | | | 合计 | | | |

图 4.5.2　输入数据

（3）选中 D11 单元格，在“公式”选项卡中的“函数库”选项区中单击 Σ 自动求和 按钮，此时的效果如图 4.5.3 所示。按 Enter 键显示计算结果，如图 4.5.4 所示。

| C | D | E | F |
|---|---|---|---|
| | | | |
| 摘要 | 借方 | 贷方 | 余额 |
| 期初余额 | 300000 | | |
| 订货款 | 60000 | | |
| 运输费 | 3500 | | |
| 华盛集团 | | 5400 | |
| 传真机 | | 500 | |
| 应收贷款 | | 45000 | |
| 光大公司 | | 12000 | |
| 支付费用 | | 42000 | |
| 合计 | =SUM(D3:D10) | | |
| | SUM(**number1**, [number2], ...) | | |

图 4.5.3　输入公式

| B | C | D | E | F |
|---|---|---|---|---|
| | | | | |
| 传票号码 | 摘要 | 借方 | 贷方 | 余额 |
| 3001 | 期初余额 | 300000 | | |
| 3002 | 订货款 | 60000 | | |
| 3003 | 运输费 | 3500 | | |
| 3004 | 华盛集团 | | 5400 | |
| 3005 | 传真机 | | 500 | |
| 3006 | 应收贷款 | | 45000 | |
| 3007 | 光大公司 | | 12000 | |
| 3008 | 支付费用 | | 42000 | |
| | 合计 | 363500 | | |

图 4.5.4　计算结果

（4）选中 D11 单元格，移动光标至单元格边框右下角，当光标变成✚形状时，单击并拖动鼠标到 E11 单元格中，即可将 D11 单元格中的公式复制到 E11 单元格中。释放鼠标左键，即可计算出结果，如图 4.5.5 所示。

（5）双击 F3 单元格，在其中输入“=”，单击 D3 单元格，如图 4.5.6 所示。按“Enter”键显示引用 D3 单元格结果，如图 4.5.7 所示。

| | A | B | C | D | E | F |
|---|---|---|---|---|---|---|
| 1 | 总分类账 | | | | | |
| 2 | 日期 | 传票号码 | 摘要 | 借方 | 贷方 | 余额 |
| 3 | 2007-1-15 | 3001 | 期初余额 | 300000 | | |
| 4 | 2007-1-27 | 3002 | 订货款 | 60000 | | |
| 5 | 2007-2-3 | 3003 | 运输费 | 3500 | | |
| 6 | 2007-2-28 | 3004 | 华盛集团 | | 5400 | |
| 7 | 2007-3-4 | 3005 | 传真机 | | 500 | |
| 8 | 2007-3-24 | 3006 | 应收贷款 | | 45000 | |
| 9 | 2007-4-1 | 3007 | 光大公司 | | 12000 | |
| 10 | 2007-4-25 | 3008 | 支付费用 | | 42000 | |
| 11 | | | 合计 | 363500 | 104900 | |
| 12 | | | | | | |

图 4.5.5　复制公式后的结果

| | A | B | C | D | E | F |
|---|---|---|---|---|---|---|
| 1 | 总分类账 | | | | | |
| 2 | 日期 | 传票号码 | 摘要 | 借方 | 贷方 | 余额 |
| 3 | 2007-1-15 | 3001 | 期初余额 | 300000 | | =D3 |
| 4 | 2007-1-27 | 3002 | 订货款 | 60000 | | |
| 5 | 2007-2-3 | 3003 | 运输费 | 3500 | | |
| 6 | 2007-2-28 | 3004 | 华盛集团 | | 5400 | |
| 7 | 2007-3-4 | 3005 | 传真机 | | 500 | |

图 4.5.6　引用单元格

| | A | B | C | D | E | F |
|---|---|---|---|---|---|---|
| 1 | 总分类账 | | | | | |
| 2 | 日期 | 传票号码 | 摘要 | 借方 | 贷方 | 余额 |
| 3 | 2007-1-15 | 3001 | 期初余额 | 300000 | | 300000 |
| 4 | 2007-1-27 | 3002 | 订货款 | 60000 | | |
| 5 | 2007-2-3 | 3003 | 运输费 | 3500 | | |
| 6 | 2007-2-28 | 3004 | 华盛集团 | | 5400 | |
| 7 | 2007-3-4 | 3005 | 传真机 | | 500 | |

图 4.5.7　引用结果

（6）双击 F4 单元格，输入“=”，单击 F3 单元格，输入“+”，单击 D4 单元格，输入“-”再单击 E4 单元格，如图 4.5.8 所示。按“Enter”键显示结果，如图 4.5.9 所示。

| | A | B | C | D | E | F | G |
|---|---|---|---|---|---|---|---|
| 1 | 总分类账 | | | | | | |
| 2 | 日期 | 传票号码 | 摘要 | 借方 | 贷方 | 余额 | |
| 3 | 2007-1-15 | 3001 | 期初余额 | 300000 | | 300000 | |
| 4 | 2007-1-27 | 3002 | 订货款 | 60000 | | =F3+D4-E4 | |
| 5 | 2007-2-3 | 3003 | 运输费 | 3500 | | | |
| 6 | 2007-2-28 | 3004 | 华盛集团 | | 5400 | | |

图 4.5.8　输入公式

| | A | B | C | D | E | F |
|---|---|---|---|---|---|---|
| 1 | 总分类账 | | | | | |
| 2 | 日期 | 传票号码 | 摘要 | 借方 | 贷方 | 余额 |
| 3 | 2007-1-15 | 3001 | 期初余额 | 300000 | | 300000 |
| 4 | 2007-1-27 | 3002 | 订货款 | 60000 | | 360000 |
| 5 | 2007-2-3 | 3003 | 运输费 | 3500 | | |
| 6 | 2007-2-28 | 3004 | 华盛集团 | | 5400 | |

图 4.5.9　公式结果

（7）选中 F4 单元格，移动光标至单元格右下侧，当光标变成+形状，拖动鼠标到 F10 单元格，复制公式如图 4.5.10 所示，结果如图 4.5.11 所示。

| | A | B | C | D | E | F |
|---|---|---|---|---|---|---|
| 1 | 总分类账 | | | | | |
| 2 | 日期 | 传票号码 | 摘要 | 借方 | 贷方 | 余额 |
| 3 | 2007-1-15 | 3001 | 期初余额 | 300000 | | 300000 |
| 4 | 2007-1-27 | 3002 | 订货款 | 60000 | | 360000 |
| 5 | 2007-2-3 | 3003 | 运输费 | 3500 | | |
| 6 | 2007-2-28 | 3004 | 华盛集团 | | 5400 | |
| 7 | 2007-3-4 | 3005 | 传真机 | | 500 | |
| 8 | 2007-3-24 | 3006 | 应收货款 | | 45000 | |
| 9 | 2007-4-1 | 3007 | 光大公司 | | 12000 | |
| 10 | 2007-4-25 | 3008 | 支付费用 | | 42000 | |
| 11 | | | 合计 | 363500 | 104900 | |

图 4.5.10　复制公式

| | A | B | C | D | E | F |
|---|---|---|---|---|---|---|
| 1 | 总分类账 | | | | | |
| 2 | 日期 | 传票号码 | 摘要 | 借方 | 贷方 | 余额 |
| 3 | 2007-1-15 | 3001 | 期初余额 | 300000 | | 300000 |
| 4 | 2007-1-27 | 3002 | 订货款 | 60000 | | 360000 |
| 5 | 2007-2-3 | 3003 | 运输费 | 3500 | | 363500 |
| 6 | 2007-2-28 | 3004 | 华盛集团 | | 5400 | 358100 |
| 7 | 2007-3-4 | 3005 | 传真机 | | 500 | 357600 |
| 8 | 2007-3-24 | 3006 | 应收货款 | | 45000 | 312600 |
| 9 | 2007-4-1 | 3007 | 光大公司 | | 12000 | 300600 |
| 10 | 2007-4-25 | 3008 | 支付费用 | | 42000 | 258600 |
| 11 | | | 合计 | 363500 | 104900 | 517200 |

图 4.5.11　复制公式的结果

（8）此时，该实例制作完成，最终效果如图 4.5.1 所示。

## 小　　结

本章主要讲解了公式和函数的使用，其中主要包括公式的概念、公式的基本操作、单元格引用以及函数的使用。通过本章的学习，用户应学会公式和函数的使用。

## 过关练习四

### 一、填空题

1．公式就是对工作表中的数值进行计算的等式，对公式的计算，可以直接输入数值，也可以________________。

2．Excel 中公式的最前面是“=”，后面是________________。

3．在 Excel 2007 中运算符包含__________运算符、__________运算符、__________运算符及__________运算符 4 种类型。

4．在单元格中进行计算时，如果不能正确显示计算结果，Microsoft Excel 将显示一个错误值，其中错误值“#NUM!”表示____________________。

5．公式按照特定的顺序进行计算，如果要改变公式的计算顺序可以用________符号来完成。

6．相对引用是指公式所在单元格的位置改变，引用也随之__________（改变/不改变）；而绝对引用是指公式所在单元格的位置改变，引用将随之__________（改变/不改变）。

7．单元格引用包括________、________、________和________4 种。

## 二、选择题

1．下面选项（　）不属于算术运算符。

A．+　　B．－　　C．*　　D．=

2．下面选项（　）不属于比较运算符。

A．>　　B．<　　C．>=　　D．:

3．如果要修改运算顺序，则要把公式中需要首先计算的总值括在（　）内。

A．大括号　　B．中括号

C．小括号　　B．圆括号

4．下面哪种公式属于混合引用（　）。

A．“=A1+A2”　　B．“=$A1+$A2+A3+A4”

C．“=$B$1+$D$4”　　D．“=A$1+$D$4”

5．在创建公式之前，必须先输入（　）。

A．“=”号　　B．“+”号

C．“-”号　　D．“/”号

## 三、问答题

1．如何在公式中引用其他工作簿中工作表的单元格？

2．在 Excel 2007 中有哪些常用的数学符号？它们各自的作用是什么？

3．在单元格中有哪些输入公式的方法？

4．什么是“绝对引用”和“相对引用”，如何表示它们？

5．在复制和移动公式时，绝对引用和相对引用有什么区别？

6．什么是函数？利用函数可以完成一些什么样的工作？

## 四、上机操作题

1．创建两个工作簿，工作簿的名称分别为“工作簿 1”和“工作簿 2”，要求建立数据源链接。即“工作簿 1”的“Sheet1”工作表的 A1～A10 单元格的数据取自于“工作簿 2”的“Sheet1”工作表中的 B1～B10 单元格中的数据。

2．创建“工作簿 3.xlsx”，并在其中制作“化学历次考试成绩”表格，如题图 4.1 所示，然后分别计算两个合计。

| | A | B | C | D | E | F | G |
|---|---|---|---|---|---|---|---|
| 1 | 化学历次考试成绩 | | | | | | |
| 2 | 姓　名 | 第一次考试 | 第二次考试 | 第三次考试 | 第四次考试 | 第五次考试 | 合　计 |
| 3 | 郭 亮 | 78 | 64 | 90 | 80 | 84 | |
| 4 | 李 志 | 98 | 87 | 78 | 88 | 79 | |
| 5 | 赵 敏 | 68 | 74 | 68 | 66 | 67 | |
| 6 | 李 蕾 | 66 | 61 | 69 | 74 | 85 | |
| 7 | 合　计 | | | | | | |
| 8 | | | | | | | |

Sheet1 / Sheet2 / Sheet3

题图 4.1　化学历次考试成绩表

# 第 5 章　美化工作表

Excel 2007 中文版具有强大的图形功能，它在原有绘图功能基础上又增加了新的绘图功能，能够在工作表中绘制出各种漂亮的图形，起到美化工作表的作用。

**本章重点**

（1）插入图形。

（2）编辑图形。

（3）设置边框与背景。

## 5.1　插 入 图 形

在 Excel 2007 中，可以绘制出各种漂亮的图形，下面就对绘制不同图形的方法进行介绍。

### 5.1.1　插入图片

Excel 2007 中文版中提供了插入图片文件的功能，利用该功能可以插入数量多、质量好的图片。插入图片文件的具体操作步骤如下：

（1）在“插入”选项卡中的“插图”选项区中单击 图片 按钮，弹出“插入图片”对话框，如图 5.1.1 所示。

图 5.1.1　“插入图片”对话框

（2）在“查找范围”下拉列表框中选择要插入的图片所在的盘符和目录。

（3）找到需要插入的图片，单击 插入(S) 按钮，即可将选中的图片文件插入到工作表中，如图 5.1.2 所示。

图 5.1.2 插入图片

## 5.1.2 插入剪贴画

Excel 2007 中文版提供了“剪贴画”任务窗格，利用该任务窗格可以向工作表中插入各种剪贴画，其具体操作步骤如下：

（1）在“插入”选项卡中的“插图”选项区中单击剪贴画按钮，打开“剪贴画”任务窗格，如图 5.1.3 所示。

（2）在“搜索文字”文本框中输入搜索条件，或直接按下搜索按钮，即可将搜索到的剪贴画显示在列表框，如图 5.1.4 所示。

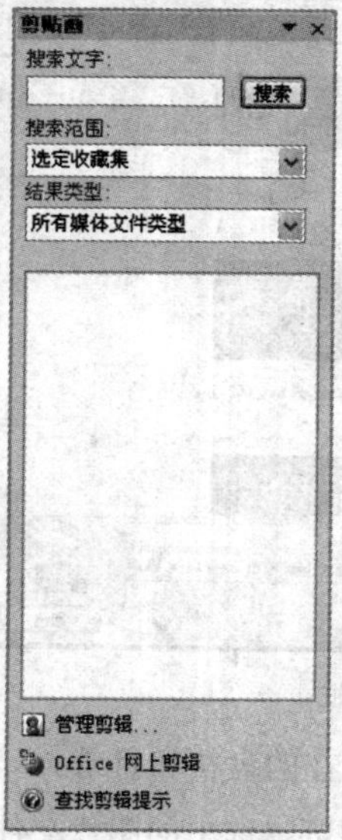


图 5.1.3 “剪贴画”任务窗格

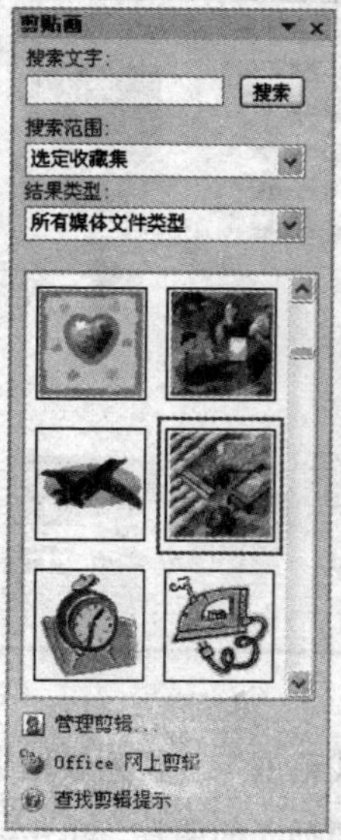


图 5.1.4 搜索到的剪贴画

（3）在该列表框中选择要插入的剪贴画，单击鼠标即可将其插入到工作表中，如图 5.1.5 所示。

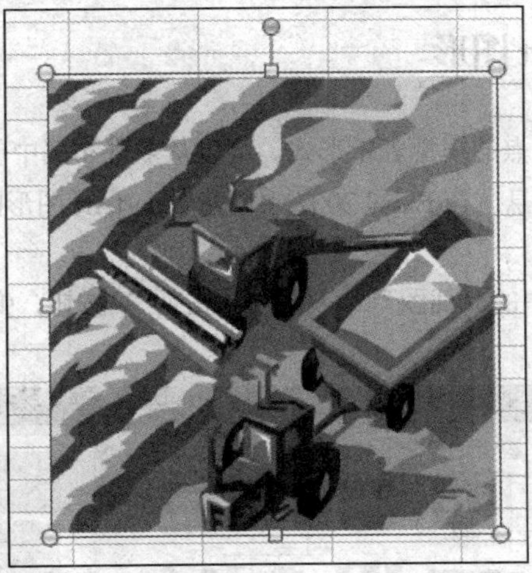

图 5.1.5　插入的剪贴画

## 5.1.3　插入形状

Excel 2007 中的形状是指一组综合在一起的线条、矩形、基本形状、箭头总汇、公式形状、流程图、星与旗帜以及标识。这些形状的绘制方法基本相同，下面就以矩形为例，介绍形状的绘制方法。

（1）在“插入”选项卡中的“插图”选项区中单击 

按钮，弹出其下拉列表框，如图 5.1.6 所示。

（2）在“矩形”区域中选择一种矩形的样式，在工作表中单击并拖动鼠标，释放鼠标左键后即可绘制好一个矩形，如图 5.1.7 所示。

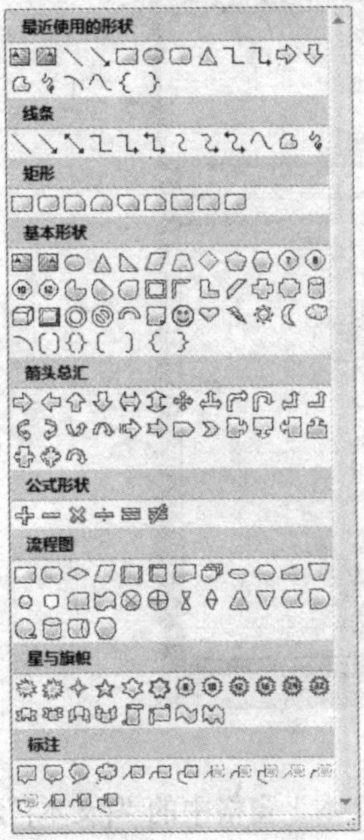


图 5.1.6　“形状”下拉列表框

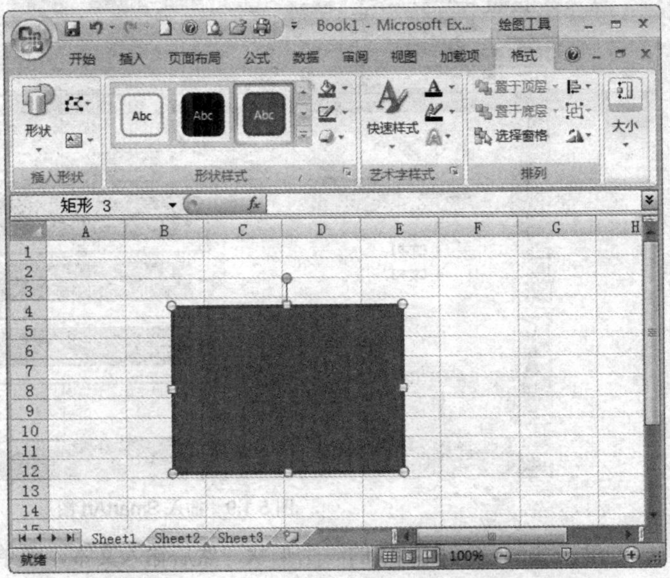


图 5.1.7　绘制的矩形

### 5.1.4 插入 SmartArt 图形

SmartArt 图形是信息和观点的视觉表示形式。可以从多种布局中创建不同的 SmartArt 图形，从而快速、轻松、有效地传达信息。在 Excel 2007 中创建 SmartArt 图形的具体操作步骤如下：

（1）在“插入”选项卡中的“插图”选项区中单击

按钮，弹出“选择 SmartArt 图形”对话框，如图 5.1.8 所示。

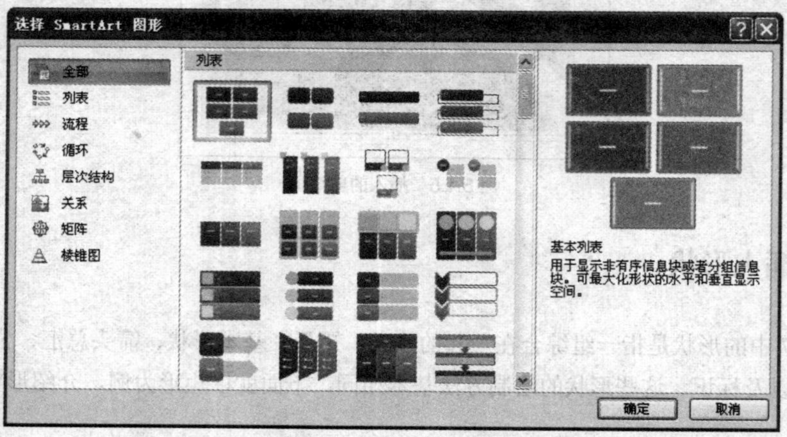


图 5.1.8 “选择 SmartArt 图形”对话框

（2）在对话框最左侧的选项卡中选择 SmartArt 图形的名称，并在“列表”列表框中选择要插入图形的样式，单击 确定 按钮，即可在工作表中插入一个 SmartArt 图形，如图 5.1.9 所示。

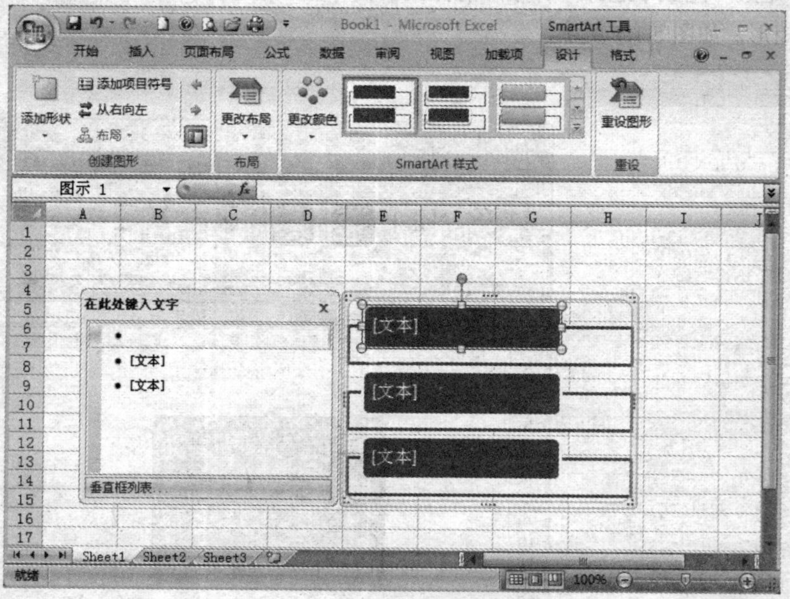


图 5.1.9 插入 SmartArt 图形

（3）单击 SmartArt 图形中的一个形状，然后输入文本，或单击“文本”窗格中的“[文本]”，然后输入或粘贴文字，如图 5.1.10 所示。

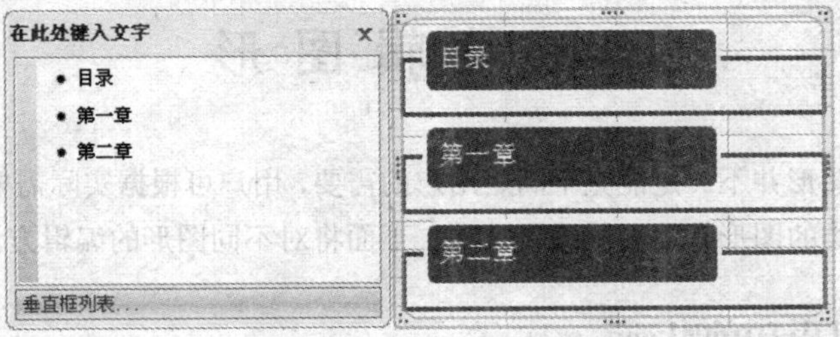


图 5.1.10　输入文本

（4）此时，该 SmartArt 图形即可创建完成，如图 5.1.11 所示。

## 5.1.5　插入艺术字

艺术字是一组自定义样式的文字，它能美化工作表，增强视觉效果。在工作表中插入艺术字的具体操作步骤如下：

（1）在“插入”选项卡中的“文本”选项区中单击按钮，弹出其下拉列表框，如图 5.1.12 所示。

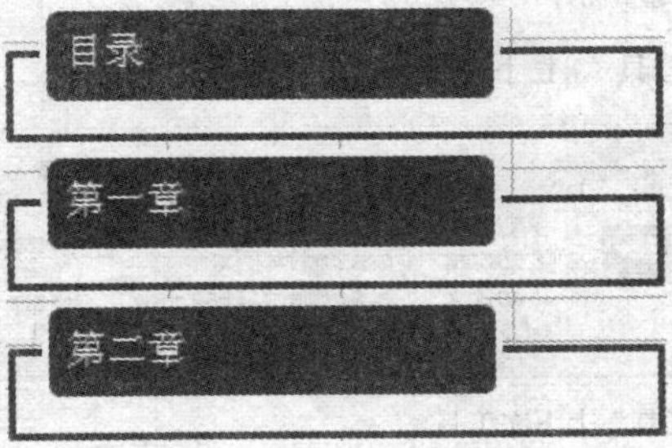


图 5.1.11　创建好的 SmartArt 图形

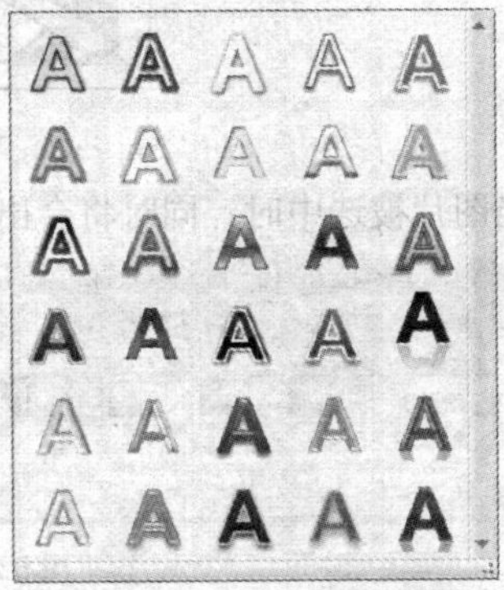

图 5.1.12　艺术字下拉列表框

（2）在该列表框中选择一种样式，即可在工作表中显示如图 5.1.13 所示的文本框。用户在该文本框中输入艺术字的内容即可，如图 5.1.14 所示。

图 5.1.13　输入艺术字文本框

图 5.1.14　创建的艺术字

# 5.2 编辑图形

用户最初创建的图形并不一定能完全满足用户的需要，用户可根据实际需要，对创建的各种图形进行编辑，且不同种类的图形有不同的编辑方法。下面将对不同图形的编辑方法进行详细介绍。

## 5.2.1 编辑图片和剪贴画

图片和剪贴画的编辑方法相同，下面以图片文件为例介绍其编辑方法，具体操作步骤如下：

（1）选中要编辑的图片，此时，图片周围将出现 8 个控制点，如图 5.2.1 所示。

图 5.2.1　选中图片

（2）当图片被选中时，同时将会出现“图片工具”上下文工具，如图 5.2.2 所示。

图 5.2.2　“图片工具”上下文工具

（3）在“调整”选项区中可对图片的亮度、对比度、大小等进行调整。例如，单击 重新着色 按钮，弹出其下拉列表框，如图 5.2.3 所示。

（4）用户可在该列表框中选择一种系统预置的色彩样式为图片着色，如图 5.2.4 所示为重新着色后的图片。

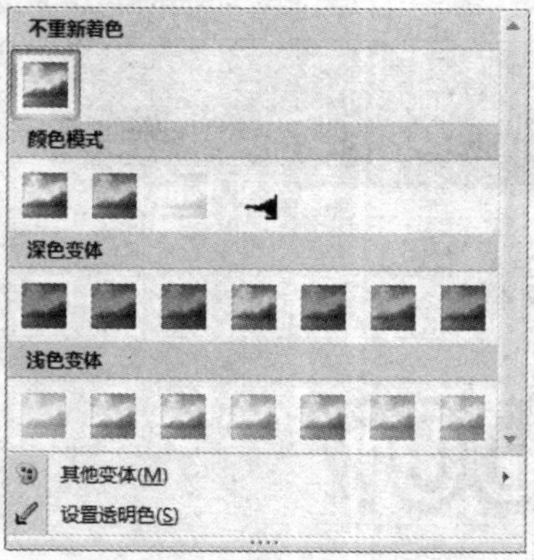


图 5.2.3　重新着色下拉列表框

图 5.2.4　重新着色后的图片

（5）在“图片样式”选项区中可为图片添加各种不同样式的边框，如图 5.2.5 所示为选择“双框架、黑色”后的图片效果。

（6）单击[图片形状]按钮，弹出图片形状下拉列表框，如图 5.2.6 所示。

图 5.2.5　应用图片样式后的效果

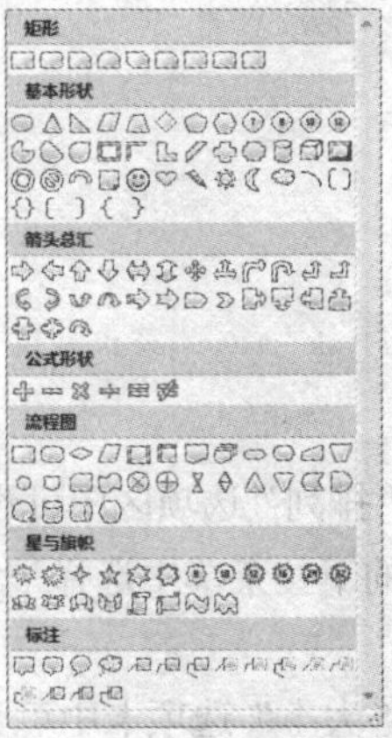

图 5.2.6　图片形状下拉列表框

（7）在该列表框中选择一种形状，可将当前选中的图片更改为该形状，如图 5.2.7 所示为选择“笑脸”形状时的效果。

（8）单击[图片边框]按钮，弹出图片边框下拉列表框，如图 5.2.8 所示。

图 5.2.7　更改图片的形状

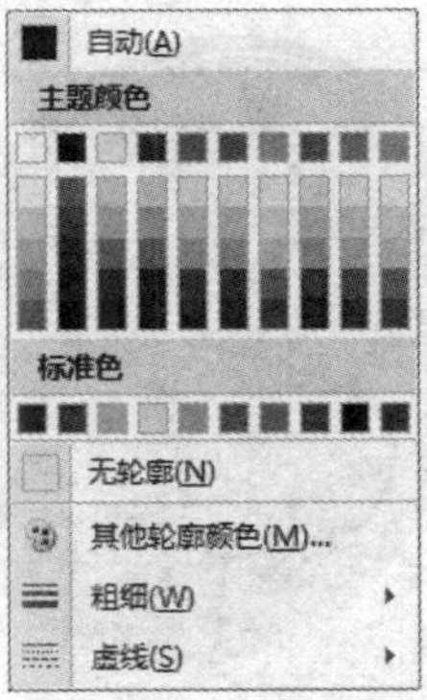

图 5.2.8　图片边框下拉列表框

（9）在该列表框中选择一种颜色，可改变图片轮廓的颜色，如图 5.2.9 所示。

（10）单击[图片效果]按钮，弹出图片效果下拉列表框，如图 5.2.10 所示。

图 5.2.9　更改图片轮廓颜色

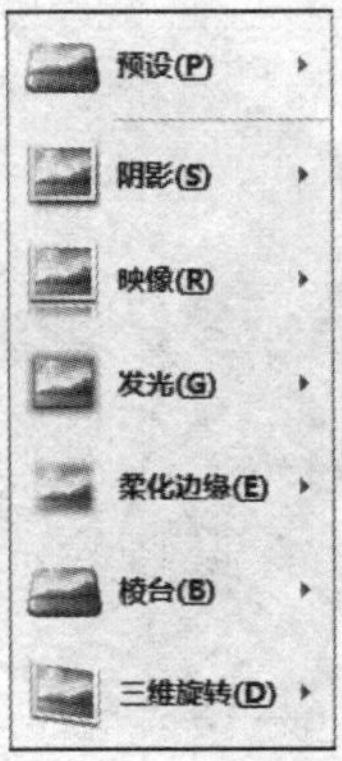

图 5.2.10　图片效果下拉列表框

（11）用户可在该列表框中选择一种效果来为图片设置特殊效果，如图 5.2.11 所示

图 5.2.11　为图片设置的特殊效果

（12）在“排列”选项区中可设置图片的叠放顺序、旋转角度、对齐方式等。例如，单击 旋转 按钮，从弹出的下拉菜单中选择 向右旋转 90°(R) 命令，可设置图片顺时针旋转 90°，如图 5.2.12 所示。

（13）在“大小”选项卡中可设置图片的大小。用户可直接在“宽度”和“高度”文本框中输入数值设置图片的大小，也可以单击 裁剪 按钮，拖动鼠标进行裁剪。

1）选中需要裁剪的图片，单击 裁剪 按钮，图片周围将出现裁剪框，如图 5.2.13 所示。

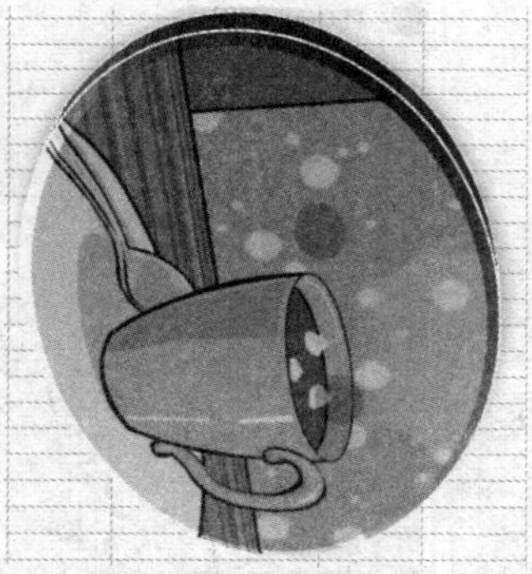

图 5.2.12　顺时针旋转图片

图 5.2.13　裁剪框

2）当用户将鼠标置于裁剪框中的任意一个裁剪点处时，鼠标指针将变成┏形状，单击并拖动鼠标，如图 5.2.14 所示。释放鼠标左键后，即可裁剪好图片，如图 5.2.15 所示。

图 5.2.14　拖动鼠标时的状态

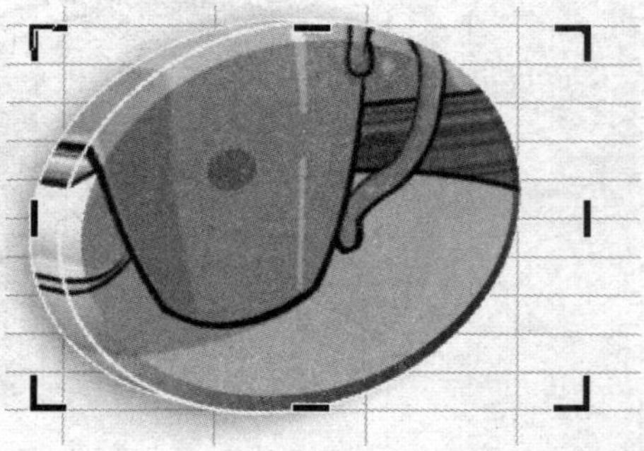

图 5.2.15　裁剪好的图片

## 5.2.2　编辑形状

在工作表中插入形状后，可按照以下操作步骤对其进行编辑：

（1）在工作表中选中插入的形状，即可出现“绘图工具”上下文工具，如图 5.2.16 所示。

（2）在“插入形状”选项区中的“形状”列表框中选择一种形状，在工作表中单击并拖动鼠标，即可绘制该形状。

（3）在“插入形状”选项区中单击“编辑形状”按钮，弹出其下拉菜单，如图 5.2.17 所示。

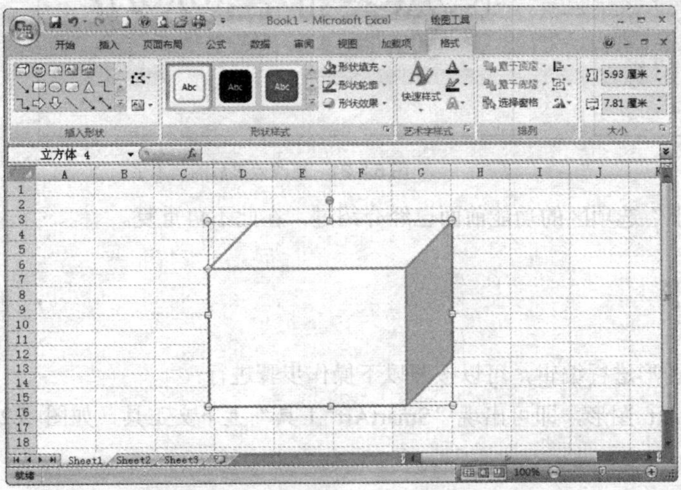


图 5.2.16　“绘图工具”上下文工具

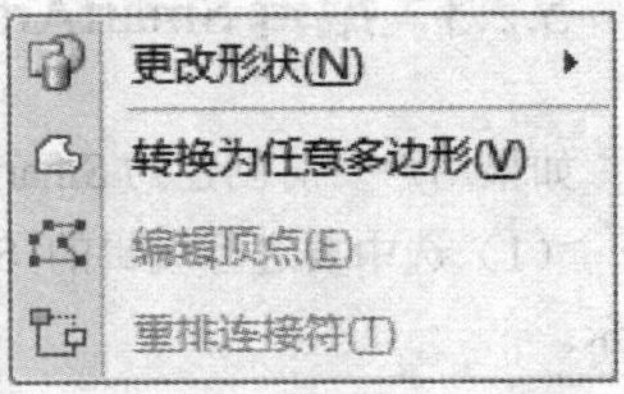


图 5.2.17　编辑形状下拉菜单

（4）选择 更改形状(N) 命令，弹出其下拉菜单，用户可在该菜单中选择相应的形状来改为当前选中对象的形状，如图 5.2.18 所示为更改后的形状。

（5）在编辑形状下拉菜单中选择 转换为任意多边形(V) 命令，可将形状转换为任意多边形。且执行该命令后，编辑形状下拉菜单中的 编辑顶点(E) 命令由灰色变为可用状态，选择该命令，可任意对多边形的顶点进行编辑，如图 5.2.19 所示为对顶点重新编辑后的形状。

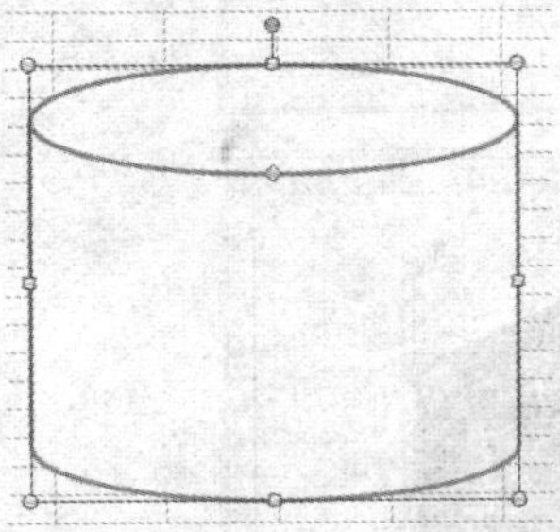

图 5.2.18　更改后的形状

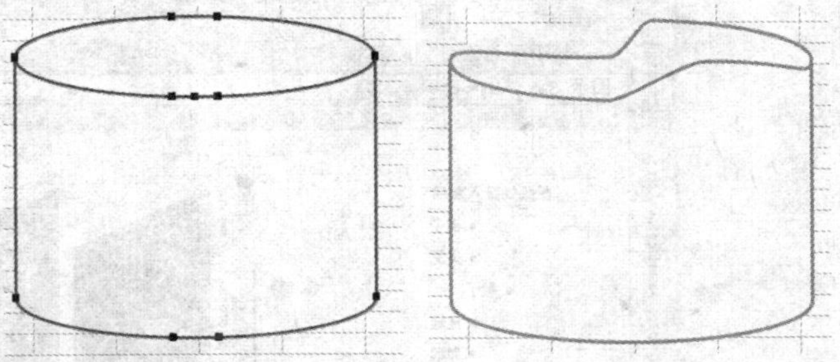

图 5.2.19　编辑顶点后的效果

（6）单击按钮，可在绘制的形状上添加文本框，用户可在该文本框中直接输入文字。

（7）在“形状样式”选项卡中可以设置形状的边框色、填充色以及特殊效果。用户既可以直接在左侧的样式列表区中选择系统预设的样式，也可以通过单击 形状填充、形状轮廓、形状效果 按钮重新进行设置，如图 5.2.20 所示为用户为形状重新设置样式后的效果。

（8）在“艺术字样式”选项区中可以对艺术字的样式进行设置。用户既可以直接在左侧的样式列表框中选择系统预设的样式，也可以通过单击“文本填充”按钮、“文本轮廓”按钮、“文本效果”按钮自定义艺术字的样式，如图 5.2.21 所示为更改效果后的艺术字。

图 5.2.20　自定义样式效果

图 5.2.21　更改效果后的艺术字

（9）“排列”选项区以及“大小”选项区的功能前面已经介绍过，在此不再重复。

### 5.2.3　编辑 SmartArt 图形

如果用户要对创建的 SmartArt 图形进行编辑，可以按照以下操作步骤进行：

（1）选中要进行编辑的 SmartArt 图形，即可出现“SmartArt 工具”上下文工具，如图 5.2.22 所示。

（2）在“创建图形”选项区中可以在现有的 SmartArt 图形上添加图形。单击添加形状按钮，在弹出的下拉菜单中选择相应的命令，即可添加一个新的图形，如图 5.2.23 所示。

（3）单击从右向左按钮，可更改 SmartArt 图形的方向，如图 5.2.24 所示为更改方向后的效果。

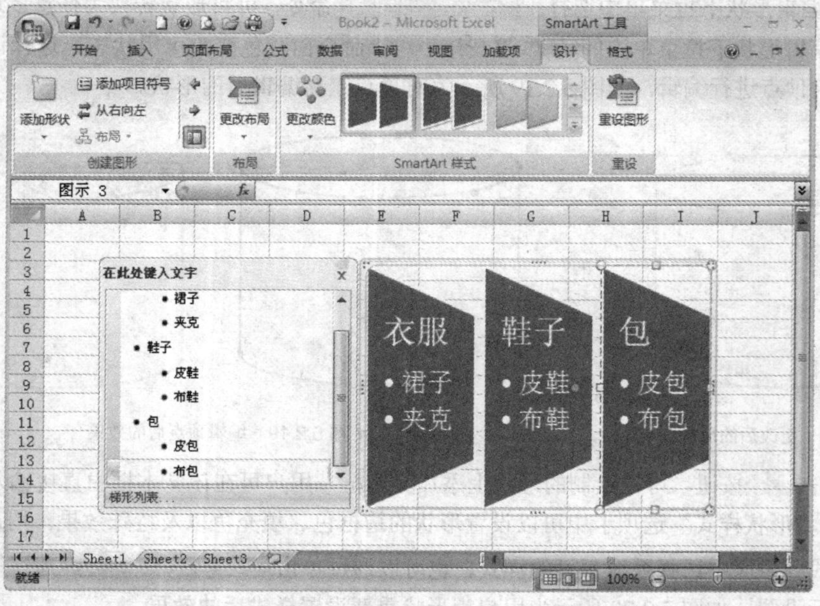


图 5.2.22　“SmartArt 工具”上下文工具

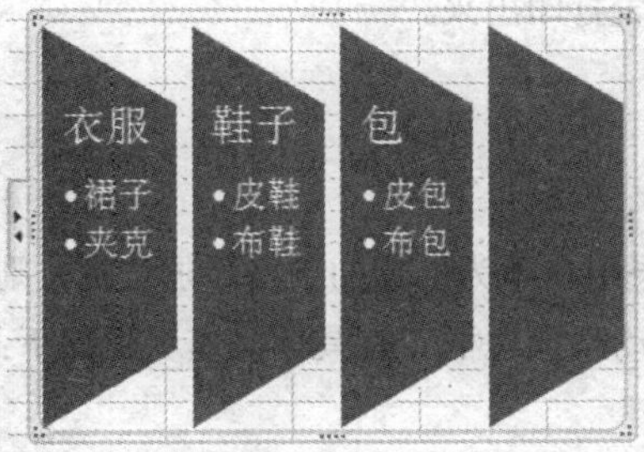


图 5.2.23　新创建的图形

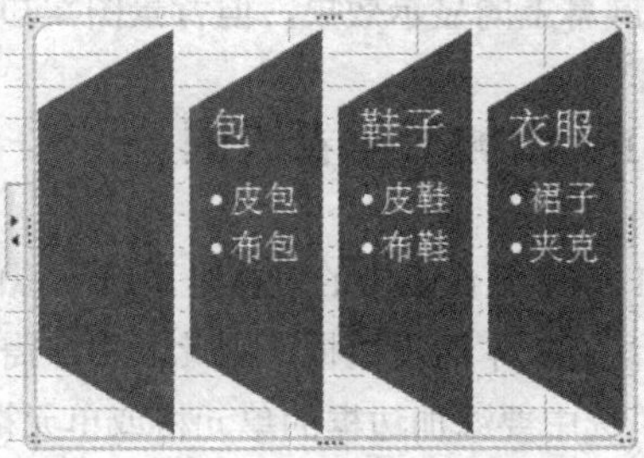


图 5.2.24　更改方向后的效果

（4）在“布局”选项区中可以更改 SmartArt 图形的布局，如图 5.2.25 所示为更改布局后的 SmartArt 图形。

（5）在“SmartArt 样式”选项区中可以更改 SmartArt 图形的样式及颜色。单击  按钮，弹出其下拉列表框，如图 5.2.26 所示。

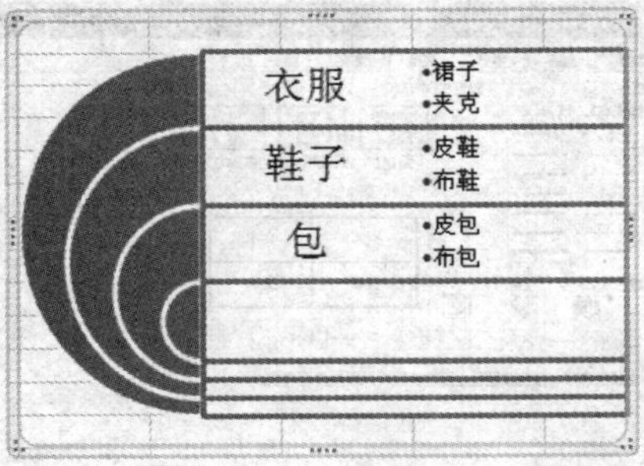


图 5.2.25　更改布局后的 SmartArt 图形

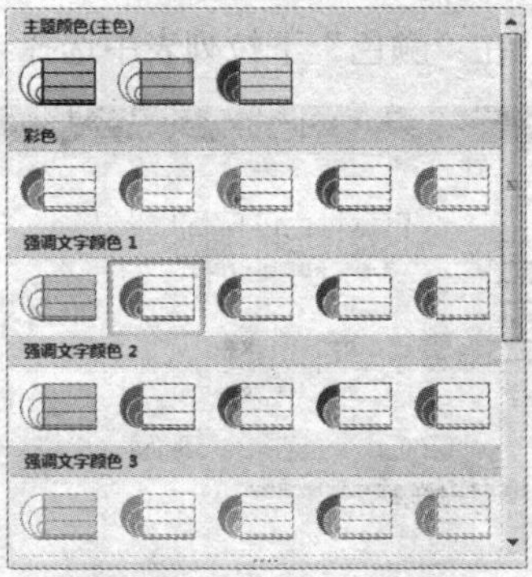


图 5.2.26　更改颜色下拉列表框

（6）在该列表框选择要使用的样式，即可将当前选中图形的颜色更换，如图 5.2.27 所示。

（7）在“SmartArt 样式”选项区中可以设置 SmartArt 图形的样式，如图 5.2.28 所示为在更改样式后的 SmartArt 图形。

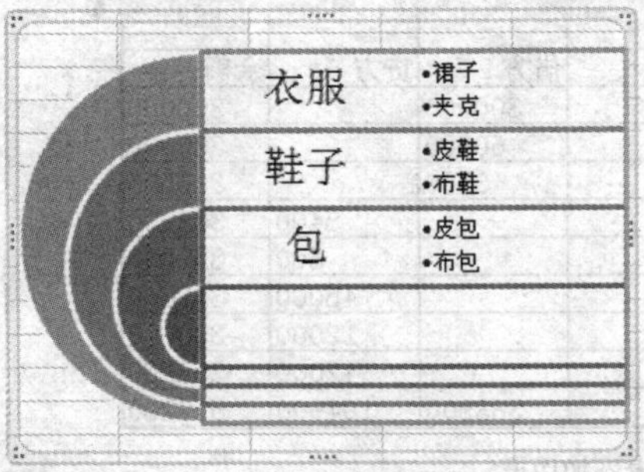


图 5.2.27　更改图形的颜色

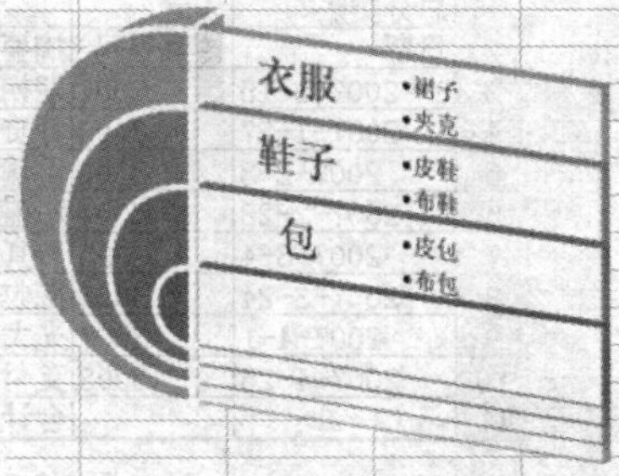


图 5.2.28　更改样式

## 5.3　设置边框与背景

用户可以给工作表设置背景图案，让工作表具有像 Windows 墙纸一样的效果。虽然这样增加了工作表在屏幕上的显示效果，但背景图案却不能随工作表打印出来。

### 5.3.1 添加工作表边框

Excel 2007 工作表中的表格是系统虚拟的表格，如果用户不为创建的表格添加边框，则打印出来的表格将只有文本而没边框，因此，用户需要为表格手动添加边框。其具体操作步骤如下：

（1）选中要添加边框的单元格或单元格区域。

（2）在“开始”选项卡中的“单元格”选项区中单击 格式 按钮，在弹出的下拉菜单中选择 设置单元格格式(E)... 命令，弹出“设置单元格格式”对话框。

（3）单击 边框 按钮，打开“边框”选项卡，如图 5.3.1 所示。

（4）在“预置”选项区中选择相应的选项，设置单元格或单元格区域的内边框和外边框。

（5）在“边框”选项区中选择相应的单元格应用边框，也可以在“边框”选区的预览框内需要添加边框处单击鼠标。

（6）在“线条”选项区中选择一种线型。

（7）在“颜色”下拉列表中选择一种边框颜色，以上参数设置如图 5.3.2 所示。

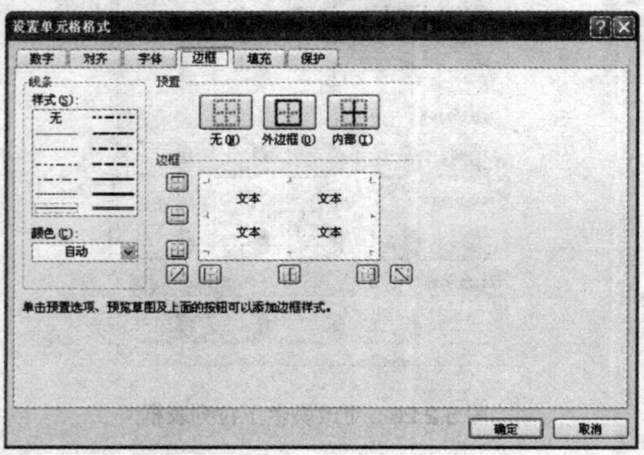


图 5.3.1 “边框”选项卡

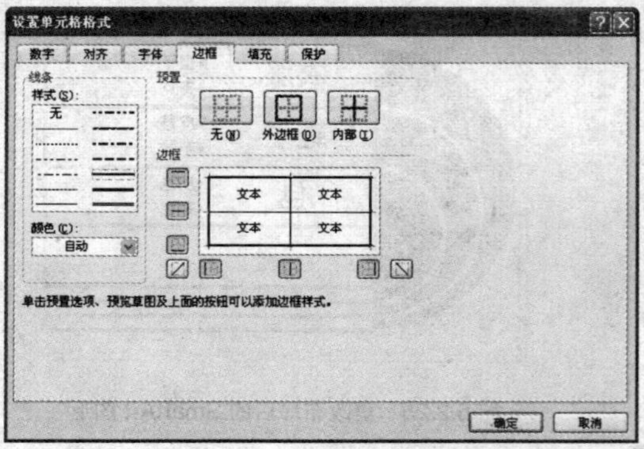


图 5.3.2 设置边框参数

（8）单击 确定 按钮，效果如图 5.3.3 所示。

| | A | B | C | D | E | F |
|---|---|---|---|---|---|---|
| 1 | 总分类账 | | | | | |
| 2 | 日期 | 传票号码 | 摘要 | 借方 | 贷方 | 余额 |
| 3 | 2007-1-15 | 3001 | 期初余额 | 300000 | | 300000 |
| 4 | 2007-1-27 | 3002 | 订货款 | 60000 | | 360000 |
| 5 | 2007-2-3 | 3003 | 运输费 | 3500 | | 363500 |
| 6 | 2007-2-28 | 3004 | 华盛集团 | | 5400 | 358100 |
| 7 | 2007-3-4 | 3005 | 传真机 | | 500 | 357600 |
| 8 | 2007-3-24 | 3006 | 应收货款 | | 45000 | 312600 |
| 9 | 2007-4-1 | 3007 | 光大公司 | | 12000 | 300600 |
| 10 | 2007-4-25 | 3008 | 支付费用 | | 42000 | 258600 |
| 11 | | | 合计 | 363500 | 104900 | 517200 |

图 5.3.3 为工作表添加边框

### 5.3.2 添加底纹

给工作表的单元格添加底纹，可以改善工作表的视觉效果，添加底纹的具体操作步骤如下：

（1）选定要添加底纹的单元格或单元格区域。

（2）在“开始”选项卡中的“单元格”选项区中单击 格式 按钮，在弹出的下拉菜单中选择 设置单元格格式(E)... 命令，弹出“设置单元格格式”对话框。

（3）单击 填充 标签，打开“填充”选项卡，如图 5.3.4 所示。

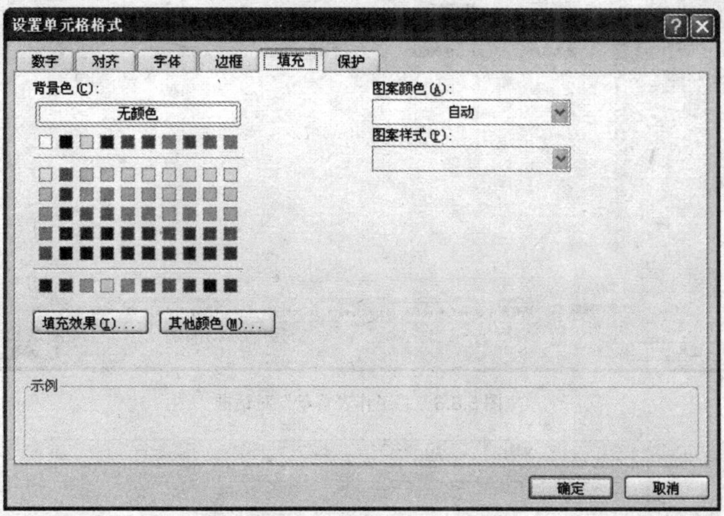


图 5.3.4　“填充”选项卡

（4）在“背景色”列表框中选择一种颜色作为工作表的底纹，也可以在“图案颜色”下拉列表框中选择一种图案作为工作表的底纹，如图 5.3.5 所示为使用颜色和图案作为工作表底纹时的效果。

| 传票号码 | 摘要 | 借方 | 贷方 | 余额 |
|---|---|---|---|---|
| 3001 | 期初余额 | 300000 | | 300000 |
| 3002 | 订货款 | 60000 | | 360000 |
| 3003 | 运输费 | 3500 | | 363500 |
| 3004 | 华盛集团 | | 5400 | 358100 |
| 3005 | 传真机 | | 500 | 357600 |
| 3006 | 应收货款 | | 45000 | 312600 |
| 3007 | 光大公司 | | 12000 | 300600 |
| 3008 | 支付费用 | | 42000 | 258600 |
| | 合计 | 363500 | 104900 | 517200 |

| 传票号码 | 摘要 | 借方 | 贷方 | 余额 |
|---|---|---|---|---|
| 3001 | 期初余额 | 300000 | | 300000 |
| 3002 | 订货款 | 60000 | | 360000 |
| 3003 | 运输费 | 3500 | | 363500 |
| 3004 | 华盛集团 | | 5400 | 358100 |
| 3005 | 传真机 | | 500 | 357600 |
| 3006 | 应收货款 | | 45000 | 312600 |
| 3007 | 光大公司 | | 12000 | 300600 |
| 3008 | 支付费用 | | 42000 | 258600 |
| | 合计 | 363500 | 104900 | 517200 |

图 5.3.5　添加工作表底纹

### 5.3.3　添加背景图案

在 Excel 2007 中，用户可以为工作表区域添加背景图案，以美化整个工作表。其具体操作步骤如下：

（1）在“页面布局”选项卡中的“页面设置”选项区中单击 背景 按钮，弹出“工作表背景”对话框，如图 5.3.6 所示。

（2）在该对话框中选择要作为背景图案的图片，单击 插入(S) 按钮，即可将选中的图片作为背景插入到工作表中，如图 5.3.7 所示。

（3）如果用户要更换工作表的背景图案，可在“页面布局”选项卡中的“页面设置”选项区中单击 删除背景 按钮，即可将工作表的背景删除。

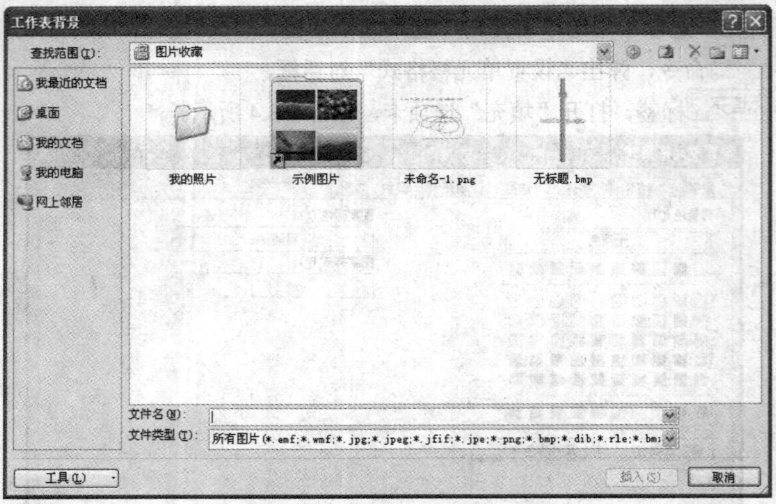


图 5.3.6 “工作表背景”对话框

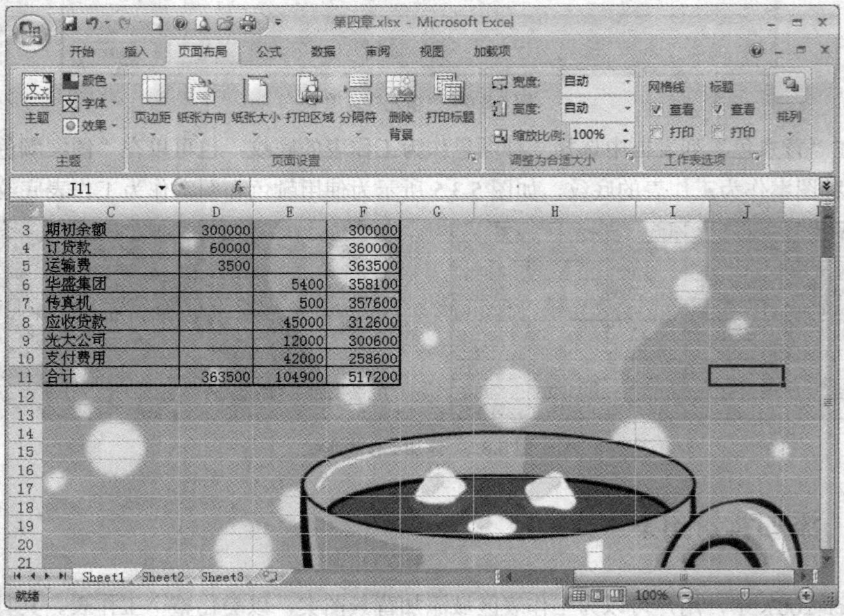


图 5.3.7 插入的背景

## 5.3.4 设置工作表标签颜色

默认情况下，Excel 2007 中工作表标签的颜色为白色，用户可根据需要，重新设置工作表标签的颜色，以突出显示某个工作表。设置工作表标签颜色的具体操作步骤如下：

（1）选中要设置标签颜色的工作表。

（2）单击鼠标右键，从弹出的快捷菜单中选择 工作表标签颜色(T) 命令，弹出其下拉列表框，如图 5.3.8 所示。

（3）在该列表框中选择一种颜色，即可更改当前工作表标签的颜色，如图 5.3.9 所示。

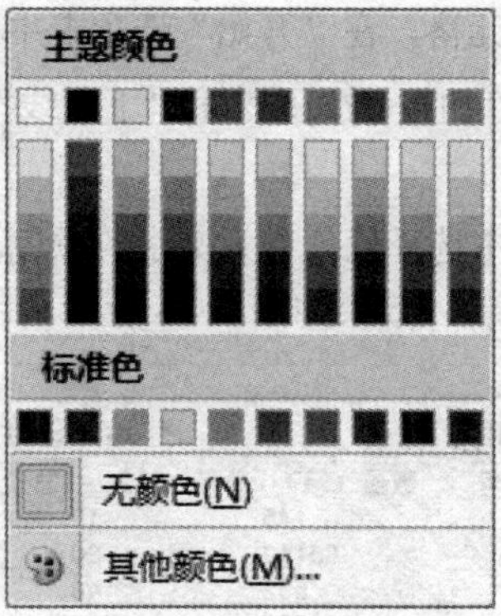


图 5.3.8　颜色列表框

图 5.3.9　更改颜色后的标签

## 5.4　典型实例——制作销售报告

通过本章的学习，利用 Excel 2007 制作销售报告，效果如图 5.4.1 所示。

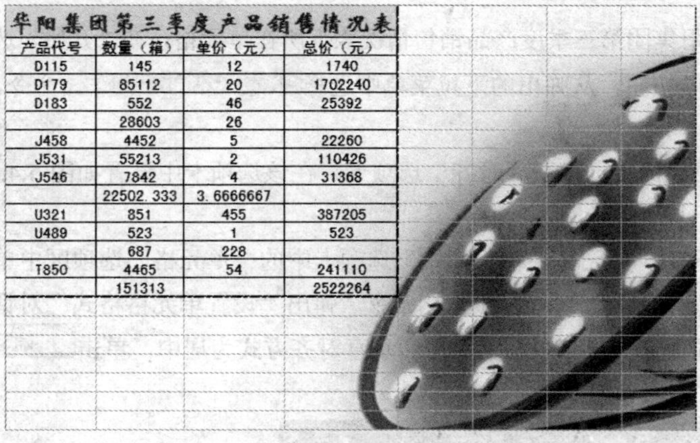

| 华阳集团第三季度产品销售情况表 | | | |
|---|---|---|---|
| 产品代号 | 数量（箱） | 单价（元） | 总价（元） |
| D115 | 145 | 12 | 1740 |
| D179 | 85112 | 20 | 1702240 |
| D183 | 552 | 46 | 25392 |
| | 28603 | 26 | |
| J458 | 4452 | 5 | 22260 |
| J531 | 55213 | 2 | 110426 |
| J546 | 7842 | 4 | 31368 |
| | 22502.333 | 3.6666667 | |
| U321 | 851 | 455 | 387205 |
| U489 | 523 | 1 | 523 |
| | 687 | 228 | |
| T850 | 4465 | 54 | 241110 |
| | 151313 | | 2522264 |

图 5.4.1　效果图

**创作步骤**

（1）启动 Excel 2007 应用程序，新建一个工作簿。

（2）在工作表中输入如图 5.4.2 所示的内容。

| | A | B | C | D |
|---|---|---|---|---|
| 1 | 华阳集团第三季度产品销售情况表 | | | |
| 2 | 产品代号 | 数量（箱） | 单价（元） | 总价（元） |
| 3 | D115 | 145 | 12 | 1740 |
| 4 | D179 | 85112 | 20 | 1702240 |
| 5 | D183 | 552 | 46 | 25392 |
| 6 | | 28603 | 26 | |
| 7 | J458 | 4452 | 5 | 22260 |
| 8 | J531 | 55213 | 2 | 110426 |
| 9 | J546 | 7842 | 4 | 31368 |
| 10 | | 22502.33 | 3.666667 | |
| 11 | U321 | 851 | 455 | 387205 |
| 12 | U489 | 523 | 1 | 523 |
| 13 | | 687 | 228 | |
| 14 | T850 | 4465 | 54 | 241110 |
| 15 | | 151313 | | 2522264 |

图 5.4.2　输入工作表内容

（3）选中“华阳集团第三季度产品销售情况表”所在单元格，在“开始”选项卡中的“字体”选项区中设置“字体”为“华文新魏”，“字号”为“18”，单击“加粗”按钮 B 和“下画线”按钮 U，效果如图 5.4.3 所示。

（4）单击“字体颜色”按钮 A，在弹出的颜色列表框中选择蓝色作为文字的颜色。

（5）选中其余文字，设置字体为“黑体”，字号为“11 磅”，效果如图 5.4.4 所示。

| | A | B | C | D |
|---|---|---|---|---|
| 1 | 华阳集团第三季度产品销售情况表 | | | |
| 2 | 产品代号 | 数量（箱） | 单价（元） | 总价（元） |
| 3 | D115 | 145 | 12 | 1740 |
| 4 | D179 | 85112 | 20 | 1702240 |
| 5 | D183 | 552 | 46 | 25392 |
| 6 | | 28603 | 26 | |
| 7 | J458 | 4452 | 5 | 22260 |
| 8 | J531 | 55213 | 2 | 110426 |
| 9 | J546 | 7842 | 4 | 31368 |
| 10 | | 22502.333 | 3.6666667 | |
| 11 | U321 | 851 | 455 | 387205 |
| 12 | U489 | 523 | 1 | 523 |
| 13 | | 687 | 228 | |
| 14 | T850 | 4465 | 54 | 241110 |
| 15 | | 151313 | | 2522264 |

图 5.4.3 设置文字效果

| | A | B | C | D |
|---|---|---|---|---|
| 1 | 华阳集团第三季度产品销售情况表 | | | |
| 2 | 产品代号 | 数量（箱） | 单价（元） | 总价（元） |
| 3 | D115 | 145 | 12 | 1740 |
| 4 | D179 | 85112 | 20 | 1702240 |
| 5 | D183 | 552 | 46 | 25392 |
| 6 | | 28603 | 26 | |
| 7 | J458 | 4452 | 5 | 22260 |
| 8 | J531 | 55213 | 2 | 110426 |
| 9 | J546 | 7842 | 4 | 31368 |
| 10 | | 22502.333 | 3.6666667 | |
| 11 | U321 | 851 | 455 | 387205 |
| 12 | U489 | 523 | 1 | 523 |
| 13 | | 687 | 228 | |
| 14 | T850 | 4465 | 54 | 241110 |
| 15 | | 151313 | | 2522264 |

图 5.4.4 设置表中内容格式

（6）选中“华阳集团第三季度产品销售情况表”所在单元格，在“开始”选项卡中的“单元格”选项区中单击 格式 按钮，从弹出的下拉菜单中选择 设置单元格格式(E)... 命令，弹出“设置单元格格式”对话框。

（7）单击 对齐 标签，打开“对齐”选项卡，在该选项卡中设置如图 5.4.5 所示的参数，单击 确定 按钮即可。

（8）选中 A2～D15 单元格，在“开始”选项卡中的“单元格”选项区中单击 格式 按钮，从弹出的下拉菜单中选择 设置单元格格式(E)... 命令，弹出“设置单元格格式”对话框。单击 对齐 标签，打开“对齐”选项卡，在其中设置水平和垂直对齐方式为居中，单击 确定 按钮，效果如图 5.4.6 所示。

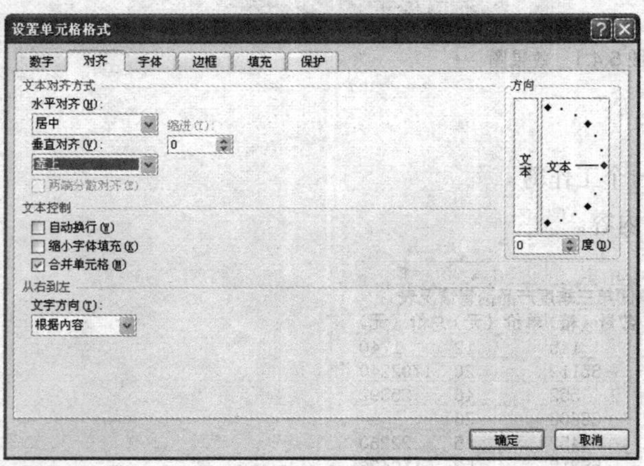


图 5.4.5 设置对齐方式

| 华阳集团第三季度产品销售情况表 | | | |
|---|---|---|---|
| 产品代号 | 数量（箱） | 单价（元） | 总价（元） |
| D115 | 145 | 12 | 1740 |
| D179 | 85112 | 20 | 1702240 |
| D183 | 552 | 46 | 25392 |
| | 28603 | 26 | |
| J458 | 4452 | 5 | 22260 |
| J531 | 55213 | 2 | 110426 |
| J546 | 7842 | 4 | 31368 |
| | 22502.333 | 3.6666667 | |
| U321 | 851 | 455 | 387205 |
| U489 | 523 | 1 | 523 |
| | 687 | 228 | |
| T850 | 4465 | 54 | 241110 |
| | 151313 | | 2522264 |

图 5.4.6 调整文字对齐方式

（9）选中单元格 A1～D15，在“开始”选项卡中的“单元格”选项区中单击 格式 按钮，从弹出的下拉菜单中选择 设置单元格格式(E)... 命令，弹出“设置单元格格式”对话框。单击 边框 标签，打开“边框”选项卡，设置如图 5.4.7 所示的参数。

（10）选中 A1 单元格，在“开始”选项卡中的“单元格”选项区中单击 填充 标签，在打开的“填充”选项卡中设置底纹为浅红色。

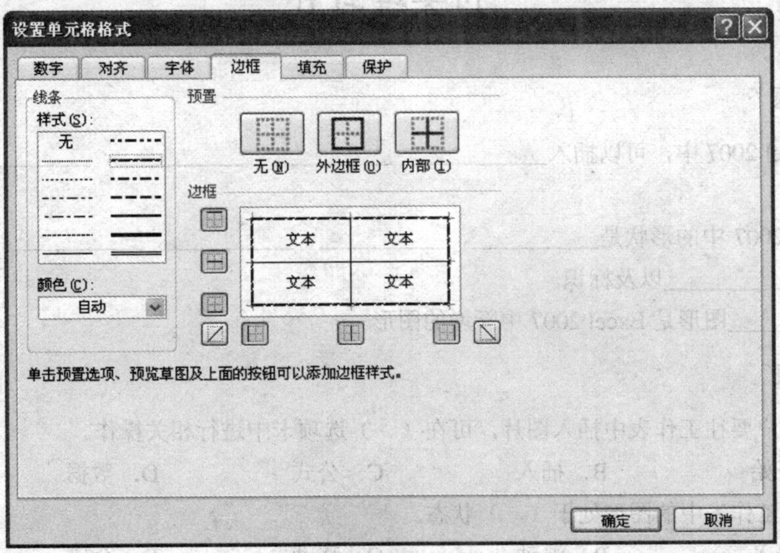


图 5.4.7　添加边框

（11）在“页面布局”选项卡中的“页面设置”选项区中单击背景按钮，弹出“工作表背景”对话框，如图 5.4.8 所示。

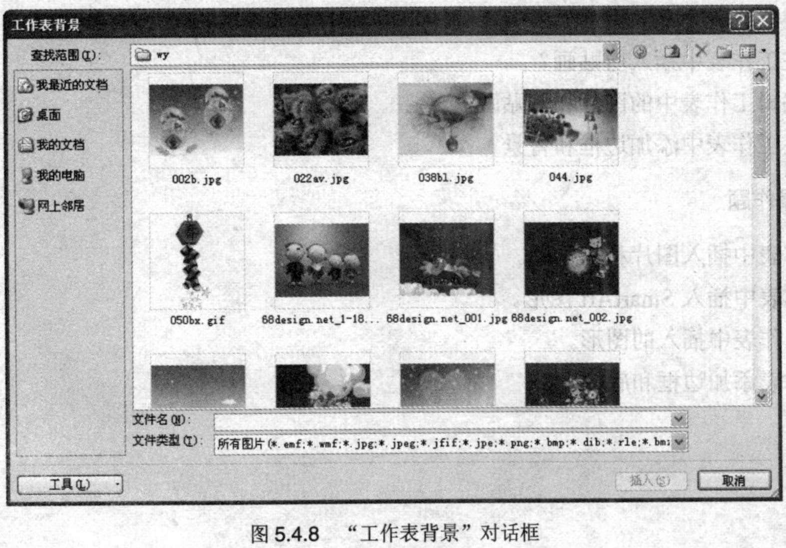


图 5.4.8　“工作表背景”对话框

（12）在该对话框中选择一幅图片，单击插入(S)按钮，即可将选中的图片插入到工作表中。至此，该销售报告已制作完成，最终效果如图 5.4.1 所示。

## 小　　结

本章主要讲解了美化工作表的相关操作，其中主要包括插入图形、编辑图表、设置边框与背景等。通过本章的学习，用户应能对创建的工作表进行美化设计。

# 过关练习五

## 一、填空题

1. 在 Excel 2007 中，可以插入__________、__________、__________、__________和艺术字等图形。

2. Excel 2007 中的形状是__________、__________、__________、__________、__________、__________、__________以及标识。

3. __________图形是 Excel 2007 中新增的图形。

## 二、选择题

1. 如果用户要往工作表中插入图片，可在（ ）选项卡中进行相关操作。

A．开始　B．插入　C．公式　D．数据

2. 插入到工作表中的图形处于（ ）状态。

A．嵌入　B．浮动　C．移动　D．全错

3. 默认情况下，Excel 2007 中工作表标签的颜色为（ ）。

A．白色　B．黑色　C．红色　D．蓝色

## 三、问答题

1. 如何在工作表中插入图片？
2. 如何在工作表中插入剪贴画？
3. 如何编辑工作表中的图片和剪贴画？
4. 如何在工作表中添加边框和背景？

## 四、上机操作题

1. 在工作表中插入图片和剪贴画。
2. 在工作表中插入 SmartArt 图形。
3. 编辑工作表中插入的图形。
4. 为工作表添加边框和底纹。

# 第6章 管理数据

Excel 2007 在数据的排序、筛选和汇总等方面有着非常强大的功能。它不仅可以通过记录单来管理数据，还可以对数据清单进行排序、筛选和汇总，以及对来源不同的数据进行合并计算。

**本章重点**

（1）数据清单。
（2）排序数据。
（3）筛选数据。
（4）分类汇总数据。

## 6.1 数据清单

所谓数据清单，就是包含有关数据的一系列工作表数据行。它具备数据库的多种管理功能，是Excel 中常用的工具。数据清单中的行相当于数据库中的记录，行标题相当于记录名。数据清单中的列相当于数据库中的字段，列标题相当于数据库中的字段名称。

### 6.1.1 数据清单的准则

在工作表中创建数据清单时，应遵守以下准则。

**1．数据清单的大小位置**

（1）要避免在一个工作表中建立多个数据清单，因为数据清单的某些处理功能（如筛选等），一次只能在同一工作表的一个数据清单中使用。

（2）在工作表的数据清单与其他数据间至少留出一个空白列和一个空白行。这将有利于 Excel 2007 在执行排序、筛选或插入自动汇总等操作时检测和选定数据清单。

（3）为了使 Excel 更容易检测和选定数据清单，则要避免在数据清单中放置空白行和列。

（4）避免将关键数据放到数据清单的左右两侧，因为这些数据在筛选数据清单时可能会被隐藏。

**2．列标志**

（1）在数据清单的第一行里创建列标志。Excel 2007 使用这些标志创建报表，并且查找和组织数据。

（2）列标志使用的字体、对齐方式、格式、图案、边框或大小写样式，应当与数据清单中其他数据的格式相区别。

（3）如果要将标志和其他数据分开，应使用单元格边框（而不是空格或短画线），在标志行下插入一条直线。

### 3. 行和列内容

（1）在设计数据清单时，应使用同一列中的各行有近似的数据项。

（2）在单元格的开始处不要插入多余的空格，因为多余的空格影响排序和查找。

（3）不要使用空白行将列标题和第一行数据分开。

## 6.1.2 建立数据清单

数据清单至少要有一行文字作为标题行，在标题选择行的下面是连续的表格数据区，这是数据清单与普通表格的不同之处。使用数据清单，可以方便地实现数据添加、删除、排序、筛选、分类汇总以及一些分析操作，如图 6.1.1 所示为一个典型的数据清单。其中，数据清单的第一行为字段名称，每一列均为字段，而每一行均为记录。

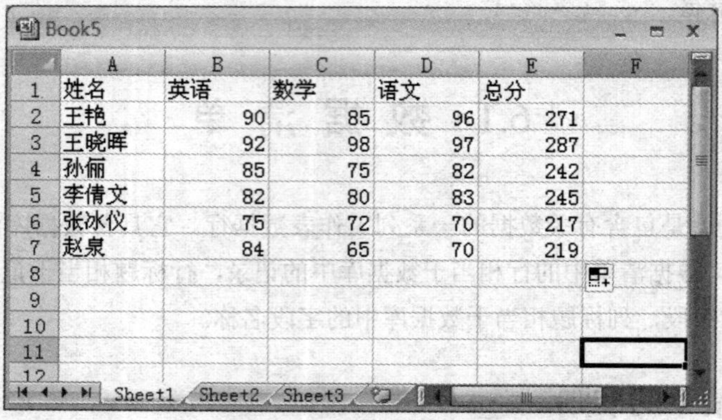


图 6.1.1 数据清单

在工作表中创建数据清单，其具体操作步骤如下：

（1）选定当前工作簿中的某个工作表用于创建数据清单。

（2）在要创建数据清单的单元格区域的第一行，输入各行的标题名，例如“姓名”、“英语”、“语文”、“总分”等。

（3）在各行标题下方的单元格区域中输入数据内容，例如学生姓名、英语、语文和数学成绩等。

（4）设置标题名称和字段名称的表格边框、字体格式等，然后保存数据清单。

# 6.2 排序数据

数据排序是按照一定的规则对数据进行整理和重新排列，从而为数据的进一步处理做好准备。Excel 2007 为用户提供多种数据清单的排序方法，下面只介绍最常用的几种排序方法。

## 6.2.1 对文本进行排序

如果用户要按照文本进行排序，可按照以下操作步骤进行。

（1）选择单元格区域中的一列字母数字数据，或者确保活动单元格在包含字母数字数据的表列中。

（2）在“开始”选项卡中的“编辑”选项区中单击 排序和筛选 按钮，弹出其下拉菜单，如图 6.2.1 所示。

（3）如果要按照字母 A～Z 的顺序升序排序，可在该菜单中选择 升序(S) 命令。

（4）如果要按照字母 Z～A 的顺序降序排序，可在该菜单中选择 降序(O) 命令。

（5）当用户选择 升序(S) 或 降序(O) 命令，将会弹出如图 6.2.2 所示的提示框，提示用户是否调整选中字母列对应的数据。

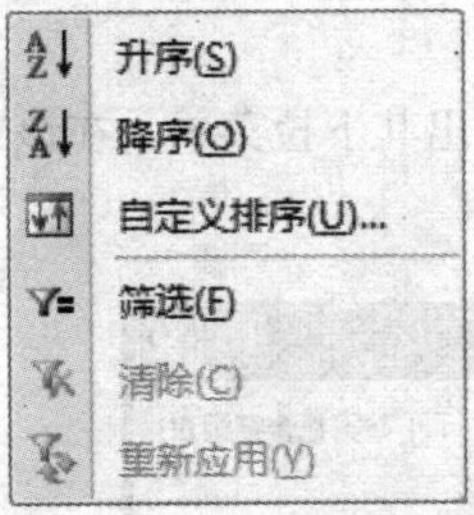


图 6.2.1　排序和筛选下拉菜单

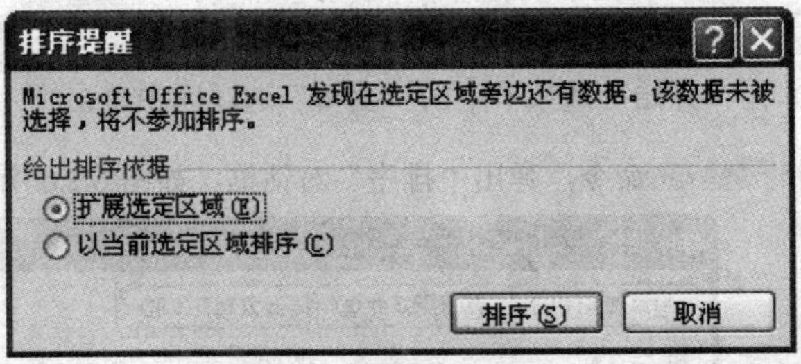


图 6.2.2　提示框

（6）单击 排序(S) 按钮，则可按照所选排序方式进行排序。如图 6.2.3 所示为按字母 Z～A 的顺序降序排序后的效果。

| | A | B | C | D | E |
|---|---|---|---|---|---|
| 1 | 姓名 | 英语 | 数学 | 语文 | 总分 |
| 2 | 赵泉 | 84 | 65 | 70 | 219 |
| 3 | 张冰仪 | 75 | 72 | 70 | 217 |
| 4 | 王艳 | 90 | 85 | 96 | 271 |
| 5 | 王晓晖 | 92 | 98 | 97 | 287 |
| 6 | 孙俪 | 85 | 75 | 82 | 242 |
| 7 | 李倩文 | 82 | 80 | 83 | 245 |

图 6.2.3　按字母降序排序

## 6.2.2　对数字、日期和时间进行排序

如果用户要对工作表中的数字、日期和时间进行排序，可按照以下操作步骤进行：

（1）选择单元格区域中的一列数值数据，或者确保活动单元格在包含数值数据的表列中。

（2）在“开始”选项卡中的“编辑”选项区中单击 排序和筛选 按钮，弹出其下拉菜单，如图 6.2.4 所示。

（3）如果要进行升序排序，可选择 升序(S) 命令；如果要进行降序排序，可选择 降序(O) 命令，如图 6.2.5 所示为按降序方式进行排序后的效果。

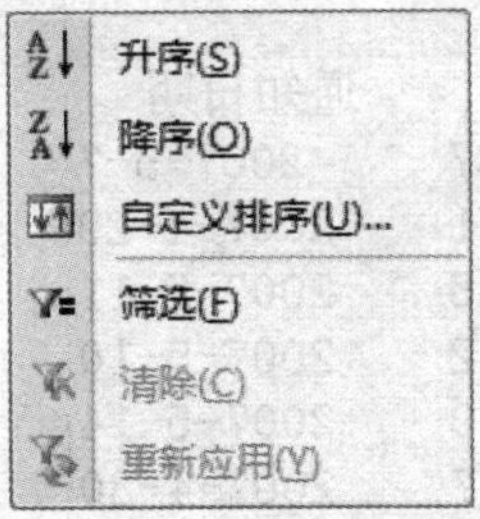


图 6.2.4　下拉菜单

| | A | B | C | D | E |
|---|---|---|---|---|---|
| 1 | 姓名 | 英语 | 数学 | 语文 | 总分 |
| 2 | 王晓晖 | 92 | 98 | 97 | 287 |
| 3 | 王艳 | 90 | 85 | 96 | 271 |
| 4 | 李倩文 | 82 | 80 | 83 | 245 |
| 5 | 孙俪 | 85 | 75 | 82 | 242 |
| 6 | 赵泉 | 84 | 65 | 70 | 219 |
| 7 | 张冰仪 | 75 | 72 | 70 | 217 |

图 6.2.5　按数字降序排序

### 6.2.3　按单元格颜色、字体颜色或图标进行排序

如果用户按单元格颜色或字体颜色手动或有条件地设置了单元格区域或表列的格式，那么，也可以按这些颜色进行排序。此外，用户还可以按某个图标集进行排序，这个图标集是通过条件格式创建的。其具体操作步骤如下：

（1）选择单元格区域中的一列数据，或者确保活动单元格在表列中。

（2）在“开始”选项卡中的“编辑”选项区中单击 排序和筛选 按钮，弹出其下拉菜单。在该菜单中选择 自定义排序(U)... 命令，弹出“排序”对话框，如图 6.2.6 所示。

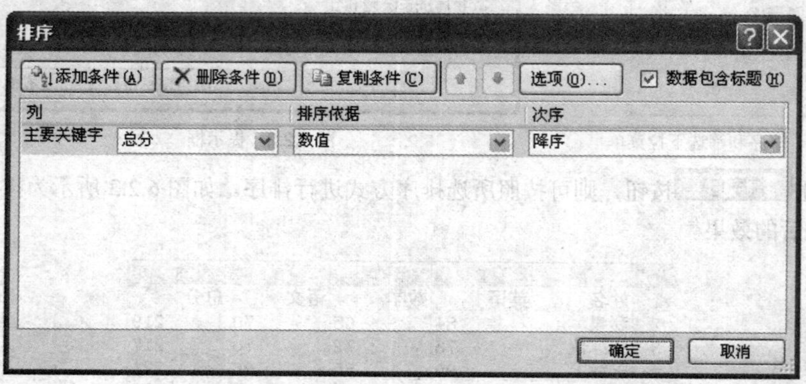


图 6.2.6　“排序”对话框

（3）在“列”选项区中设置排序关键字，在“排序依据”选项区中选择排序类型。用户可以选择以下几种类型。

1）如果要按单元格颜色排序，可以选择“单元格颜色”选项。

2）若要按字体颜色排序，可以选择“字体颜色”选项。

3）若要按图标集排序，可以选择“单元格图标”选项。

（4）在“次序”下拉列表框中选择排序方式，用户可选择以下几种次序。

1）若要将单元格颜色、字体颜色或图标移到顶部或左侧，对列进行排序，可选择“在顶端”；对行进行排序，可选择“在左侧”。

2）若要将单元格颜色、字体颜色或图标移到底部或右侧，对列进行排序，可选择“在底端”；对行进行排序，可选择“在右侧”。如图 6.2.7 所示为按总分所在单元格区域、按颜色进行排序后的效果。

| | A | B | C | D | E | F |
|---|---|---|---|---|---|---|
| 1 | 姓名 | 英语 | 数学 | 语文 | 总分 | 通知日期 |
| 2 | 王晓辉 | 92 | 98 | 97 | 287 | 2007-5-7 |
| 3 | 王艳 | 90 | 85 | 96 | 271 | 2007-4-29 |
| 4 | 李倩文 | 82 | 80 | 83 | 245 | 2007-5-11 |
| 5 | 孙丽 | 85 | 75 | 82 | 242 | 2007-5-10 |
| 6 | 赵泉 | 84 | 65 | 70 | 219 | 2007-5-14 |
| 7 | 张冰仪 | 75 | 72 | 70 | 217 | 2007-4-30 |

图 6.2.7　按单元格颜色排序后的效果

# 6.3　筛选数据

创建数据清单后，就要从中查找和分析具备特定条件的记录，筛选是一种用于查找和处理数据清单区域中的数据子集的快捷方法。使用筛选后的数据清单只显示包含指定条件的数据行，供用户浏览和分析数据。

## 6.3.1　自动筛选

自动筛选是按照选定的内容进行筛选，适用于简单条件。它为用户提供在大量数据记录的数据清单中快速查找符合条件记录的功能。自动筛选一次只能对工作表中的一个区域应用筛选。如果用户要在其他数据清单中使用筛选，则需要删除本次筛选，然后才可以在其他数据清单中重新进行筛选。

**1. 筛选文本**

如果用户要对工作表中的文本进行筛选，可按照以下操作步骤进行：

（1）选择包含字母数据的单元格区域。

（2）在“开始”选项卡中的“编辑”选项区中单击 排序和筛选 按钮，在弹出的下拉菜单中选择 筛选(F) 命令，此时，被选定数据区域标题栏下方将显示箭头，如图 6.3.1 所示。

（3）单击箭头，弹出其下拉菜单，如图 6.3.2 所示。

| | A | B | C | D | E |
|---|---|---|---|---|---|
| 1 | 姓名 | 英语 | 数学 | 语文 | 总分 |
| 2 | 王晓晖 | 92 | 98 | 97 | 287 |
| 3 | 王艳 | 90 | 85 | 96 | 271 |
| 4 | 李倩文 | 82 | 80 | 83 | 245 |
| 5 | 孙俪 | 85 | 75 | 82 | 242 |
| 6 | 赵泉 | 84 | 65 | 70 | 219 |
| 7 | 张冰仪 | 75 | 72 | 70 | 217 |

图 6.3.1　显示下拉箭头

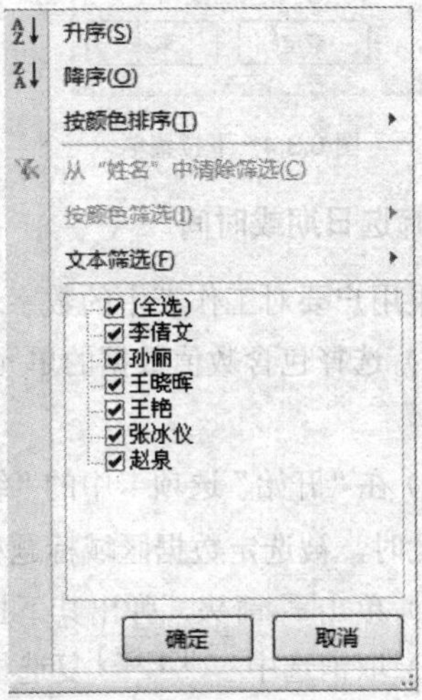


图 6.3.2　下拉菜单

（4）取消选中 (全选) 复选框，然后选择要作为筛选依据的特定文本值。

（5）设置好后，单击 确定 按钮，效果如图 6.3.3 所示。

| | A | B | C | D | E | F |
|---|---|---|---|---|---|---|
| 1 | 姓名 | 英语 | 数学 | 语文 | 总分 | 通知日期 |
| 3 | 王艳 | 90 | 85 | 96 | 271 | 2007-4-29 |
| 8 | | | | | | |
| 9 | | | | | | |

图 6.3.3　筛选结果

### 2．筛选数字

如果用户要对工作表中的数字进行筛选，可按照以下操作步骤进行：

（1）选择包含数值数据的单元格区域。

（2）在“开始”选项卡中的“编辑”选项区中单击排序和筛选按钮，在弹出的下拉菜单中选择筛选(F)命令，此时，被选定数据区域标题栏下方将显示箭头。

（3）单击箭头，弹出其下拉菜单，如图 6.3.4 所示。

（4）取消选中(全选)复选框，然后选择要作为筛选依据的数字。

（5）设置好后，单击确定按钮，效果如图 6.3.5 所示。

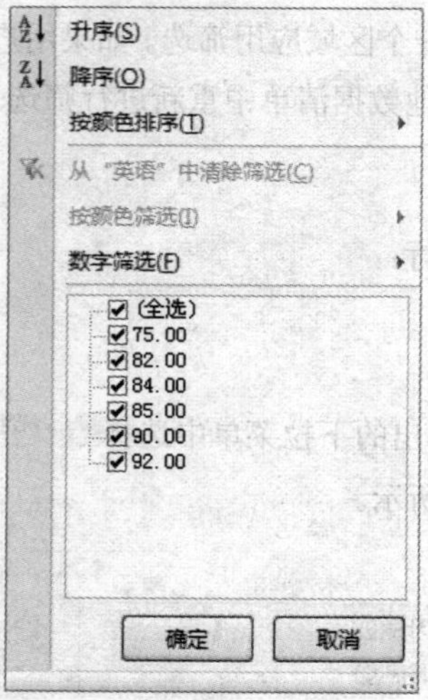


图 6.3.4　下拉菜单

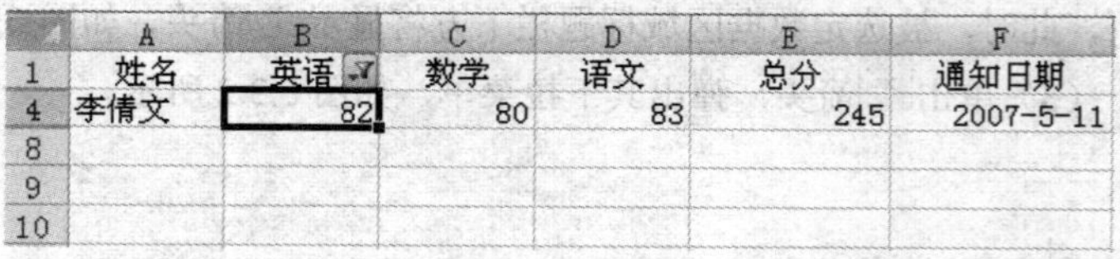

| | A | B | C | D | E | F |
|---|---|---|---|---|---|---|
| 1 | 姓名 | 英语 | 数学 | 语文 | 总分 | 通知日期 |
| 4 | 李倩文 | 82 | 80 | 83 | 245 | 2007-5-11 |
| 8 | | | | | | |
| 9 | | | | | | |
| 10 | | | | | | |

图 6.3.5　筛选结果

### 3．筛选日期或时间

如果用户要对工作表中的数字进行筛选，可按照以下操作步骤进行：

（1）选择包含数值数据的单元格区域。

（2）在“开始”选项卡中的“编辑”选项区中单击排序和筛选按钮，在弹出的下拉菜单中选择筛选(F)命令，此时，被选定数据区域标题栏下方将显示箭头。

（3）单击箭头，弹出其下拉菜单，如图 6.3.6 所示。

（4）取消选中(全选)复选框，然后选择要作为筛选依据的日期或时间。

（5）设置好后，单击确定按钮，效果如图 6.3.7 所示。

### 4．筛选顶部或底部数字

如果用户要对工作表顶部或底部的数字进行筛选，可按照以下操作步骤进行：

（1）选择包含数值数据的单元格区域。

（2）在“开始”选项卡中的“编辑”选项区中单击排序和筛选按钮，在弹出的下拉菜单中选择筛选(F)命令，此时，被选定数据区域标题栏下方将显示箭头。

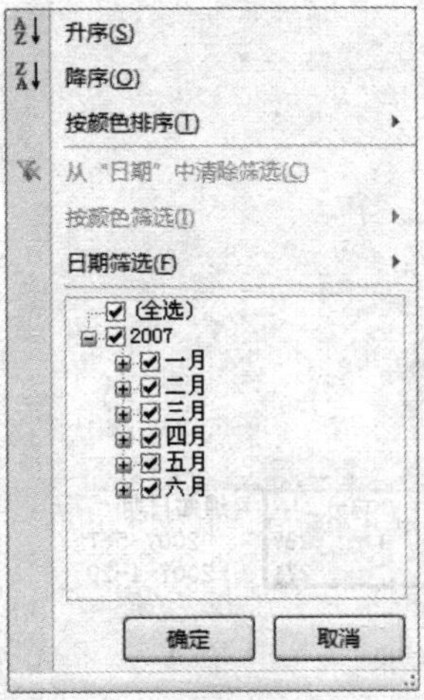


图 6.3.6 下拉菜单

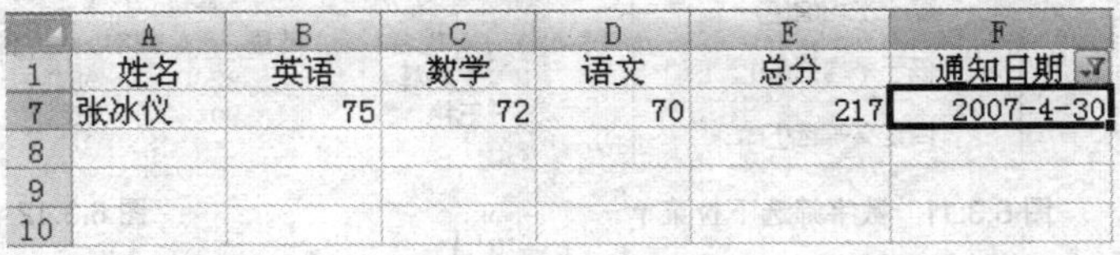

| | A | B | C | D | E | F |
|---|---|---|---|---|---|---|
| 1 | 姓名 | 英语 | 数学 | 语文 | 总分 | 通知日期 |
| 7 | 张冰仪 | 75 | 72 | 70 | 217 | 2007-4-30 |
| 8 | | | | | | |
| 9 | | | | | | |
| 10 | | | | | | |

图 6.3.7 筛选结果

（3）单击[▼]箭头，弹出其下拉菜单（见图 6.3.4）。选择[数字筛选(F)]命令，在其下拉菜单中选择[10 个最大的值(T)...]命令，弹出“自动筛选前 10 个”对话框，如图 6.3.8 所示。

（4）在该对话框中设置如图 6.3.9 所示的参数。

图 6.3.8 “自动筛选前 10 个”对话框

图 6.3.9 设置参数

（5）单击[确定]按钮，即可根据用户的要求筛选出结果，如图 6.3.10 所示。

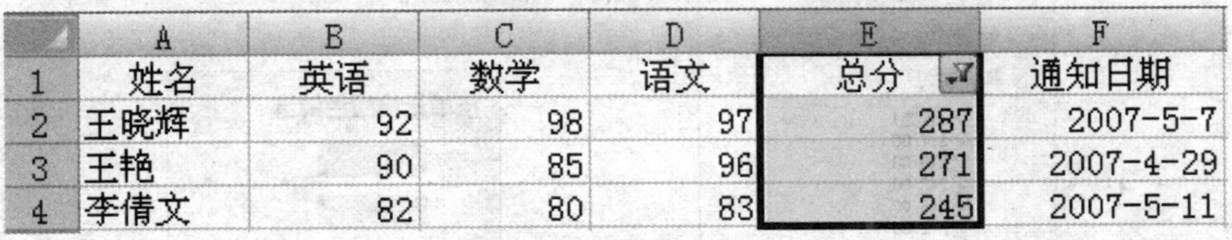

| | A | B | C | D | E | F |
|---|---|---|---|---|---|---|
| 1 | 姓名 | 英语 | 数学 | 语文 | 总分 | 通知日期 |
| 2 | 王晓辉 | 92 | 98 | 97 | 287 | 2007-5-7 |
| 3 | 王艳 | 90 | 85 | 96 | 271 | 2007-4-29 |
| 4 | 李倩文 | 82 | 80 | 83 | 245 | 2007-5-11 |

图 6.3.10 筛选结果

**5. 筛选平均数以上或以下的数字**

如果用户要筛选平均数以上或以下的数字，可按照以下操作步骤进行：

（1）选择包含数值数据的单元格区域。

（2）在“开始”选项卡中的“编辑”选项区中单击[排序和筛选]按钮，在弹出的下拉菜单中选择[筛选(F)]命令，此时，被选定数据区域标题栏下方将显示[▼]箭头。

（3）单击[▼]箭头，弹出其下拉菜单（见图 6.3.4）。选择[数字筛选(F)]命令，弹出其下拉菜单，如图 6.3.11 所示。

（4）如果要按平均值以上的数字进行筛选，可在该下拉菜单中选择[高于平均值(A)]命令；如果要按平均值以下的数字进行筛选，可选择[低于平均值(O)]命令，如图 6.3.12 所示为按高于平均值筛选后的结果。

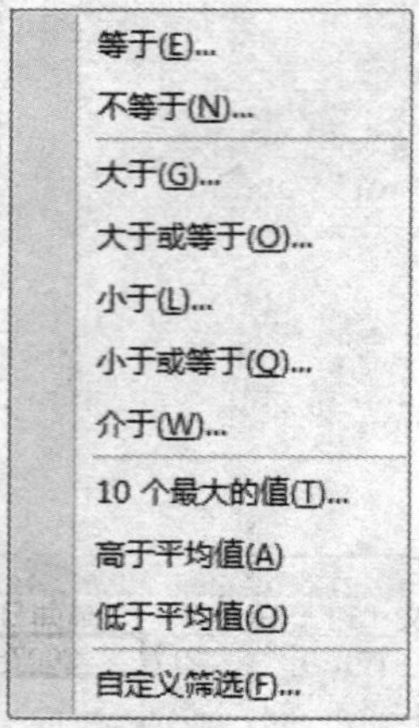


图 6.3.11　数字筛选下拉菜单

| | A | B | C | D | E | F |
|---|---|---|---|---|---|---|
| 1 | 姓名 | 英语 | 数学 | 语文 | 总分 | 通知日期 |
| 2 | 王晓辉 | 92 | 98 | 97 | 287 | 2007-5-7 |
| 3 | 王艳 | 90 | 85 | 96 | 271 | 2007-4-29 |
| 8 | | | | | | |

图 6.3.12　筛选结果

## 6. 按单元格颜色、字体颜色或图标集进行筛选

如果要按单元格颜色、字体颜色或图标集进行筛选，可按照以下操作步骤进行：

（1）选择一个包含按单元格颜色、字体颜色或图标集设置格式的单元格区域。

（2）在“开始”选项卡中的“编辑”选项区中单击 排序和筛选 按钮，在弹出的下拉菜单中选择 筛选(F) 命令，此时，被选定数据区域标题栏下方将显示 ▼ 箭头。

（3）单击 ▼ 箭头，弹出其下拉菜单，如图 6.3.13 所示。

（4）选择 按颜色筛选(I) 命令，弹出其下拉菜单，如图 6.3.14 所示。

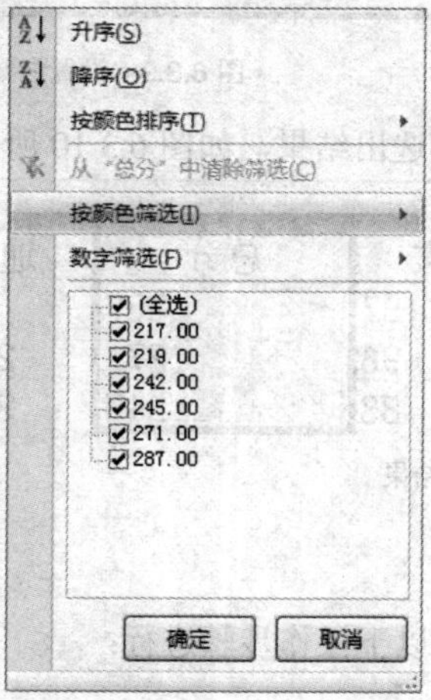


图 6.3.13　下拉菜单

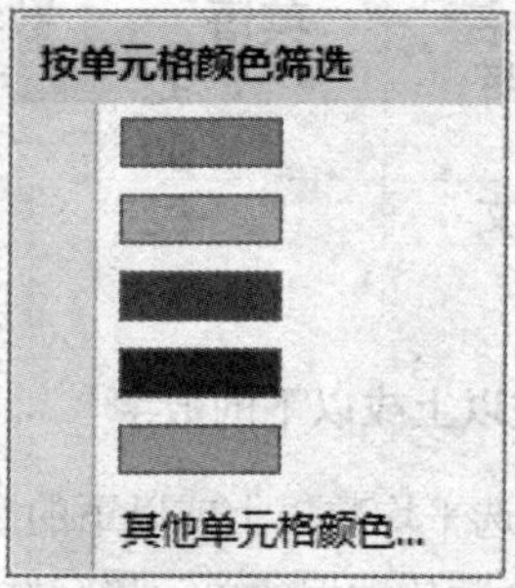


图 6.3.14　按颜色筛选下拉菜单

（5）在该菜单中选择筛选时要依据的颜色，即可按照该颜色进行筛选，如图 6.3.15 所示。

| | A | B | C | D | E | F |
|---|---|---|---|---|---|---|
| 1 | 姓名 | 英语 | 数学 | 语文 | 总分 | 通知日期 |
| 2 | 赵泉 | 84 | 65 | 70 | 219 | 2007-5-14 |
| 8 | | | | | | |
| 9 | | | | | | |
| 10 | | | | | | |
| 11 | | | | | | |
| 12 | | | | | | |

图 6.3.15　按颜色进行筛选

### 6.3.2　高级筛选

如果数据清单中的字段比较多，筛选条件也比较多，此时需要使用高级筛选功能来处理。在使用高级筛选功能之前，必须先建立一个条件区域，指定筛选的数据所满足的条件。

使用高级筛选的具体操作步骤如下：

（1）在数据清单所在的工作表中选定条件区域，输入筛选条件。

（2）单击需要筛选的数据清单中的单元格。

（3）在“数据”选项卡中的“排序和筛选”选项区中单击 高级 按钮，弹出“高级筛选”对话框，如图 6.3.16 所示。

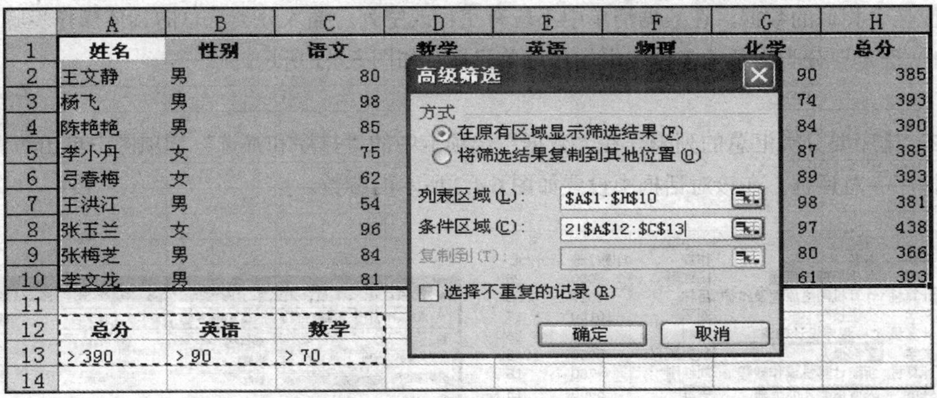


图 6.3.16　“高级筛选”对话框

（4）在“方式”选区中确定筛选结果的显示位置。如选中 在原有区域显示筛选结果(F) 单选按钮。

（5）在“列表区域”文本框中输入筛选的数据区域或用鼠标在工作表中选定数据区域；在“条件区域”文本框中输入筛选条件单元格区域。

（6）单击 确定 按钮，数据记录按设定的筛选条件进行筛选并显示在工作表中，效果如图 6.3.17 所示。

| | A | B | C | D | E | F | G | H |
|---|---|---|---|---|---|---|---|---|
| 1 | 姓名 | 性别 | 语文 | 数学 | 英语 | 物理 | 化学 | 总分 |
| 6 | 弓春梅 | 女 | 62 | 71 | 96 | 75 | 89 | 393 |
| 8 | 张玉兰 | 女 | 96 | 75 | 95 | 75 | 97 | 438 |
| 11 | | | | | | | | |
| 12 | 总分 | 英语 | 数学 | | | | | |
| 13 | >380 | >90 | >70 | | | | | |

图 6.3.17　使用高级筛选后的结果

**注意**

（1）条件区域和数据清单不能连接，必须用一空白行将其隔开。

（2）取消筛选显示效果，选择 数据(D) → 筛选(F) → 全部显示(S) 命令即可，还原到原始的数据清单。

# 6.4 分类汇总数据

分类汇总是指对数据库中的某列数据做求和、求平均值等计算。它是对数据清单进行数据分析的一种方法，对数据库中指定的字段进行分类，然后统计同一记录的相关信息，如果要对数据进行分类汇总，首先要对其进行排序。

## 6.4.1 简单分类汇总

在插入分类汇总前要确保分类汇总的数据为数据清单的格式：第一行的每一列都有标志，并且同一列中应包含相似的数据，在数据清单中不应有空行或空列。插入分类汇总的具体操作步骤如下：

（1）选定要分类汇总的工作表中的任意单元格，如图 6.4.1 所示。

（2）排序要分类汇总的列表。在“数据”选项卡中的“排序和筛选”选项区中单击排序...按钮，弹出“排序”对话框，在该对话框中设置如图 6.4.2 所示的参数。

| | A | B | C | D | E | F |
|---|---|---|---|---|---|---|
| 1 | 序号 | 类别 | 书名 | 作者 | 印数/册 | 定价/元 |
| 2 | 1 | 哲学 | 邓小平理论原理 | 杨红雨 | 5000 | 28 |
| 3 | 2 | 计算机 | 计算机网络原理及维护 | 吕林 | 4020 | 32.5 |
| 4 | 3 | 文学 | 小说技巧 | 刘军 | 10100 | 17 |
| 5 | 4 | 计算机 | C++程序设计精通 | 刘利 | 2000 | 36 |
| 6 | 5 | 文学 | 雾都孤儿 | 狄更斯(英) | 5000 | 19.8 |
| 7 | 6 | 计算机 | 新编计算机操作教程 | 刘红刚 | 760 | 16 |
| 8 | 7 | 英语 | 英语语法无敌宝典 | 李慧 | 6005 | 18 |
| 9 | 8 | 文学 | 跟我学应用写作 | 秦言 | 4000 | 28 |
| 10 | 9 | 英语 | 电子商务专业英语 | 李小月 | 2500 | 23.5 |
| 11 | 10 | 计算机 | 计算机公共基础 | 张瑶 | 1500 | 22 |
| 12 | 11 | 英语 | 计算机专业英语 | 马勇 | 4000 | 24 |
| 13 | 12 | 英语 | 英语导游手册 | 王家卫 | 4500 | 31 |
| 14 | 13 | 哲学 | 马克思主义哲学 | 赵家常 | 4500 | 16 |

图 6.4.1 单击分类汇总工作表单元格

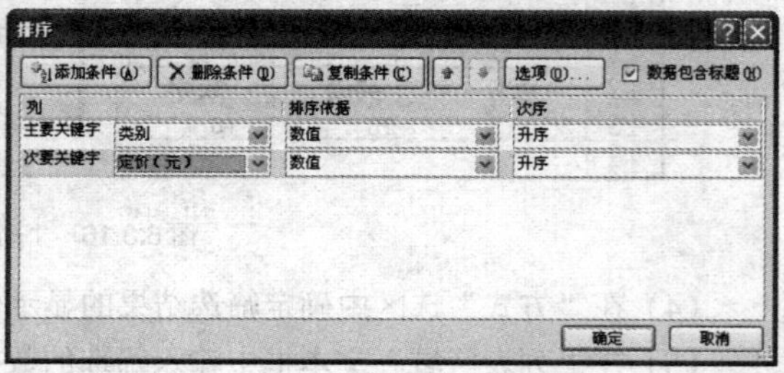


图 6.4.2 设置排序参数

（3）单击确定按钮，排序后的列表如图 6.4.3 所示。

| | A | B | C | D | E | F |
|---|---|---|---|---|---|---|
| 1 | 序号 | 类别 | 书名 | 作者 | 印数/册 | 定价/元 |
| 2 | 6 | 计算机 | 新编计算机操作教程 | 刘红刚 | 760 | 16 |
| 3 | 10 | 计算机 | 计算机公共基础 | 张瑶 | 1500 | 22 |
| 4 | 2 | 计算机 | 计算机网络原理及维护 | 吕林 | 4020 | 32.5 |
| 5 | 4 | 计算机 | C++程序设计精通 | 刘利 | 2000 | 36 |
| 6 | 3 | 文学 | 小说技巧 | 刘军 | 10100 | 17 |
| 7 | 5 | 文学 | 雾都孤儿 | 狄更斯(英) | 5000 | 19.8 |
| 8 | 8 | 文学 | 跟我学应用写作 | 秦言 | 4000 | 28 |
| 9 | 7 | 英语 | 英语语法无敌宝典 | 李慧 | 6005 | 18 |
| 10 | 9 | 英语 | 电子商务专业英语 | 李小月 | 2500 | 23.5 |
| 11 | 11 | 英语 | 计算机专业英语 | 马勇 | 4000 | 24 |
| 12 | 12 | 英语 | 英语导游手册 | 王家卫 | 4500 | 31 |
| 13 | 13 | 哲学 | 马克思主义哲学 | 赵家常 | 4500 | 16 |
| 14 | 1 | 哲学 | 邓小平理论原理 | 杨红雨 | 5000 | 28 |

图 6.4.3 排序后的列表

（4）在“数据”选项卡中的“分级显示”选项区中单击分类汇总按钮，弹出“分类汇总”对话框，在该对话框中设置如图 6.4.4 所示的参数。

（5）单击确定按钮，分类汇总后的表格如图 6.4.5 所示。

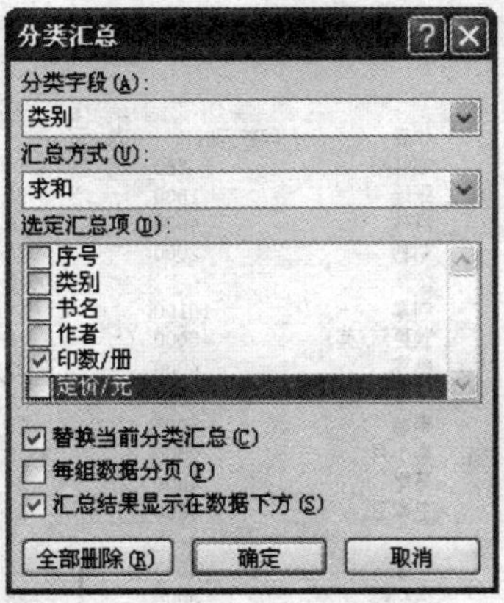


图 6.4.4　设置后的“分类汇总”对话框

| | A | B | C | D | E | F |
|---|---|---|---|---|---|---|
| 1 | 序号 | 类别 | 书名 | 作者 | 印数/册 | 定价/元 |
| 2 | 6 | 计算机 | 新编计算机操作教程 | 刘红刚 | 760 | 16 |
| 3 | 10 | 计算机 | 计算机公共基础 | 张瑶 | 1500 | 22 |
| 4 | 2 | 计算机 | 计算机网络原理及维护 | 吕林 | 4020 | 32.5 |
| 5 | 4 | 计算机 | C++程序设计精通 | 刘利 | 2000 | 36 |
| 6 | | 计算机 汇总 | | | 8280 | |
| 7 | 3 | 文学 | 小说技巧 | 刘军 | 10100 | 17 |
| 8 | 5 | 文学 | 雾都孤儿 | 狄更斯(英) | 5000 | 19.8 |
| 9 | 8 | 文学 | 跟我学应用写作 | 萧言 | 4000 | 28 |
| 10 | | 文学 汇总 | | | 19100 | |
| 11 | 7 | 英语 | 英语语法无敌宝典 | 李慧 | 6005 | 18 |
| 12 | 9 | 英语 | 电子商务专业英语 | 李小月 | 2500 | 23.5 |
| 13 | 11 | 英语 | 计算机专业英语 | 马勇 | 4000 | 24 |
| 14 | 12 | 英语 | 英语导游手册 | 王家卫 | 4500 | 31 |
| 15 | | 英语 汇总 | | | 17005 | |
| 16 | 13 | 哲学 | 马克思主义哲学 | 赵家常 | 4500 | 16 |
| 17 | 1 | 哲学 | 邓小平理论原理 | 杨红雨 | 5000 | 28 |
| 18 | | 哲学 汇总 | | | 9500 | |
| 19 | | 总计 | | | 53885 | |

图 6.4.5　分类汇总后的表格

**提示** 如果在每个分类汇总后有一个自动分页符，则选中 ☑ 每组数据分页(P) 复选框；如果希望分类汇总结果出现在分类汇总行的上方，而不是在行的下方，则取消 ☐ 汇总结果显示在数据下方(S) 复选框的选中状态。

为数据清单添加自动分类汇总时，Excel 自动将数据清单分级显示（如工作表左侧的分级显示符号 1 2 3），以便用户根据需要查看其结构。例如，只显示分类汇总和总计的汇总，可单击行数值旁的分级显示符号 1 2 3 中的符号 2，如图 6.4.6 所示。或者单击 + 和 − 符号来显示或隐藏单个分类汇总的明细数据行。

| | A | B | C | D | E | F |
|---|---|---|---|---|---|---|
| 1 | 序号 | 类别 | 书名 | 作者 | 印数/册 | 定价/元 |
| 6 | | 计算机 汇总 | | | 8280 | |
| 10 | | 文学 汇总 | | | 19100 | |
| 15 | | 英语 汇总 | | | 17005 | |
| 18 | | 哲学 汇总 | | | 9500 | |
| 19 | | 总计 | | | 53885 | |

图 6.4.6　显示分类汇总和总计汇总

## 6.4.2　多级分类汇总

所谓嵌套分类汇总，是指将更小分组的分类汇总插入到现有的分类汇总组中，其具体操作步骤如下：

（1）打开一个数据清单，单击数据清单中的任意单元格。

（2）在“数据”选项卡中的“排序和筛选”选项区中单击 分类汇总 按钮，弹出“分类汇总”对话框。在“分类字段”下拉列表中选择要分类汇总的列，这里选择“类别”选项；在“汇总方式”下拉列表中选择所需的用于计算分类汇总的汇总函数，这里选择“求和”选项；在“选定汇总项”下拉列表中选中进行分类汇总的复选框，这里选中“定价”复选框。

（3）在插入嵌套分类汇总时，为防止覆盖已存在的分类汇总，可取消选中 ☐ 替换当前分类汇总(C) 复选框，如图 6.4.7 所示。

（4）设置完成后，单击 确定 按钮，效果如图 6.4.8 所示。

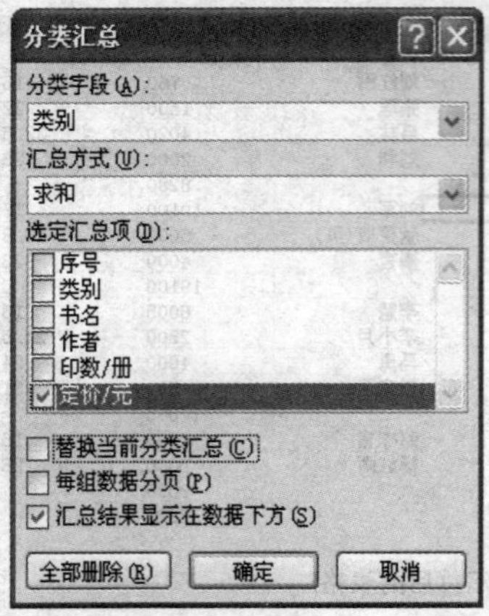


图 6.4.7　设置后的“分类汇总”对话框

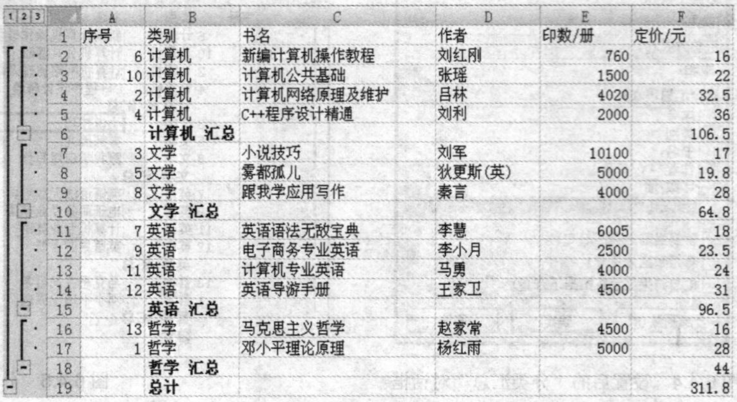

| | A | B | C | D | E | F |
|---|---|---|---|---|---|---|
| 1 | 序号 | 类别 | 书名 | 作者 | 印数/册 | 定价/元 |
| 2 | 6 | 计算机 | 新编计算机操作教程 | 刘红刚 | 760 | 16 |
| 3 | 10 | 计算机 | 计算机公共基础 | 张瑶 | 1500 | 22 |
| 4 | 2 | 计算机 | 计算机网络原理及维护 | 吕林 | 4020 | 32.5 |
| 5 | 4 | 计算机 | C++程序设计精通 | 刘利 | 2000 | 36 |
| 6 | | 计算机 汇总 | | | | 106.5 |
| 7 | 3 | 文学 | 小说技巧 | 刘军 | 10100 | 17 |
| 8 | 5 | 文学 | 雾都孤儿 | 狄更斯(英) | 5000 | 19.8 |
| 9 | 8 | 文学 | 跟我学应用写作 | 秦言 | 4000 | 28 |
| 10 | | 文学 汇总 | | | | 64.8 |
| 11 | 7 | 英语 | 英语语法无敌宝典 | 李慧 | 6005 | 18 |
| 12 | 9 | 英语 | 电子商务专业英语 | 李小月 | 2500 | 23.5 |
| 13 | 11 | 英语 | 计算机专业英语 | 马勇 | 4000 | 24 |
| 14 | 12 | 英语 | 英语导游手册 | 王家卫 | 4500 | 31 |
| 15 | | 英语 汇总 | | | | 96.5 |
| 16 | 13 | 哲学 | 马克思主义哲学 | 赵家常 | 4500 | 16 |
| 17 | 1 | 哲学 | 邓小平理论原理 | 杨红雨 | 5000 | 28 |
| 18 | | 哲学 汇总 | | | | 44 |
| 19 | | 总计 | | | | 311.8 |

图 6.4.8　嵌套分类汇总

## 6.4.3　清除分类汇总

进行分类汇总后，要恢复到汇总之前的状态，具体操作步骤如下：

（1）选中要取消分类汇总数据清单中的任意单元格。

（2）在“数据”选项卡中的“排序和筛选”选项区中单击 分类汇总 按钮，弹出“分类汇总”对话框。

（3）在“分类汇总”对话框中，单击 全部删除(R) 按钮即可。

# 6.5　典型实例——制作销售报告

通过本章的学习，利用 Excel 2007 制作销售报告，效果如图 6.5.1 所示。

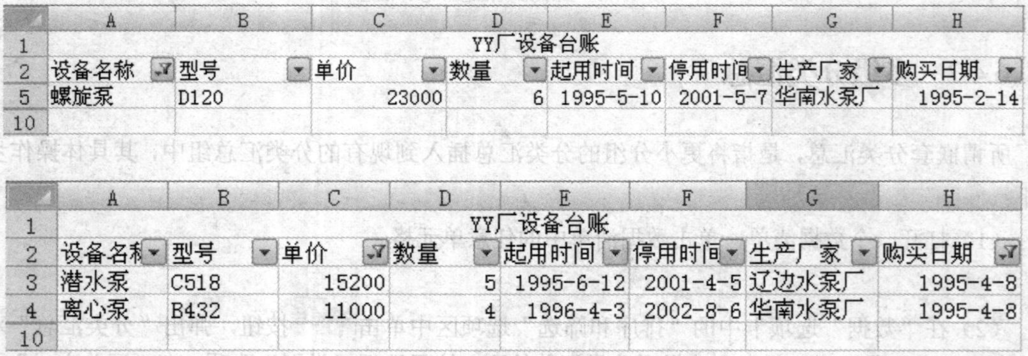

| | A | B | C | D | E | F | G | H |
|---|---|---|---|---|---|---|---|---|
| 1 | YY厂设备台账 | | | | | | | |
| 2 | 设备名称 | 型号 | 单价 | 数量 | 起用时间 | 停用时间 | 生产厂家 | 购买日期 |
| 5 | 螺旋泵 | D120 | 23000 | 6 | 1995-5-10 | 2001-5-7 | 华南水泵厂 | 1995-2-14 |
| 10 | | | | | | | | |

| | A | B | C | D | E | F | G | H |
|---|---|---|---|---|---|---|---|---|
| 1 | YY厂设备台账 | | | | | | | |
| 2 | 设备名称 | 型号 | 单价 | 数量 | 起用时间 | 停用时间 | 生产厂家 | 购买日期 |
| 3 | 潜水泵 | C518 | 15200 | 5 | 1995-6-12 | 2001-4-5 | 辽边水泵厂 | 1995-4-8 |
| 4 | 离心泵 | B432 | 11000 | 4 | 1996-4-3 | 2002-8-6 | 华南水泵厂 | 1995-4-8 |
| 10 | | | | | | | | |

图 6.5.1　效果图

**创作步骤**

（1）启动 Excel 2007 应用程序，打开“固定资产台账”工作簿，如图 6.5.2 所示。

| | A | B | C | D | E | F | G | H |
|---|---|---|---|---|---|---|---|---|
| 1 | YY厂设备台账 | | | | | | | |
| 2 | 设备名称 | 型号 | 单价 | 数量 | 起用时间 | 停用时间 | 生产厂家 | 购买日期 |
| 3 | 潜水泵 | C518 | 15200 | 5 | 1995-6-12 | 2001-4-5 | 辽边水泵厂 | 1995-4-8 |
| 4 | 离心泵 | B432 | 11000 | 4 | 1996-4-3 | 2002-8-6 | 华南水泵厂 | 1995-4-8 |
| 5 | 螺旋泵 | D120 | 23000 | 6 | 1995-5-10 | 2001-5-7 | 华南水泵厂 | 1995-2-14 |
| 6 | 流量针 | J771 | 6200 | 2 | 1995-6-15 | | 新阳机械 | 1995-4-11 |
| 7 | 吊车 | LD | 150000 | 1 | 1994-8-20 | | 上海5汽 | 1992-11-12 |
| 8 | 阀门 | D5S6 | 800 | 5 | 1995-6-17 | | 新阳机械 | 1995-4-13 |
| 9 | 电动阀 | D5S8 | 4800 | 12 | 1998-1-8 | | 新阳机械 | 1995-4-13 |

图 6.5.2 “固定资产台账”工作簿

（2）选中数据区域内的任意单元格，在“数据”选项卡中的“排序和筛选”选项区中单击筛选按钮，效果如图 6.5.3 所示。

| | A | B | C | D | E | F | G | H |
|---|---|---|---|---|---|---|---|---|
| 1 | YY厂设备台账 | | | | | | | |
| 2 | 设备名称 | 型号 | 单价 | 数量 | 起用时间 | 停用时间 | 生产厂家 | 购买日期 |
| 3 | 潜水泵 | C518 | 15200 | 5 | 1995-6-12 | 2001-4-5 | 辽边水泵厂 | 1995-4-8 |
| 4 | 离心泵 | B432 | 11000 | 4 | 1996-4-3 | 2002-8-6 | 华南水泵厂 | 1995-4-8 |
| 5 | 螺旋泵 | D120 | 23000 | 6 | 1995-5-10 | 2001-5-7 | 华南水泵厂 | 1995-2-14 |
| 6 | 流量针 | J771 | 6200 | 2 | 1995-6-15 | | 新阳机械 | 1995-4-11 |
| 7 | 吊车 | LD | 150000 | 1 | 1994-8-20 | | 上海5汽 | 1992-11-12 |
| 8 | 阀门 | D5S6 | 800 | 5 | 1995-6-17 | | 新阳机械 | 1995-4-13 |
| 9 | 电动阀 | D5S8 | 4800 | 12 | 1998-1-8 | | 新阳机械 | 1995-4-13 |

图 6.5.3 自动筛选结果

（3）单击“购买日期”字段名右侧的下拉箭头，弹出其下拉列表，如图 6.5.4 所示。

（4）在该菜单中选择日期筛选(F)命令，在其下拉菜单中选择自定义筛选(F)...命令，弹出“自定义自动筛选方式”对话框，在该对话框中设置如图 6.5.5 所示的参数。

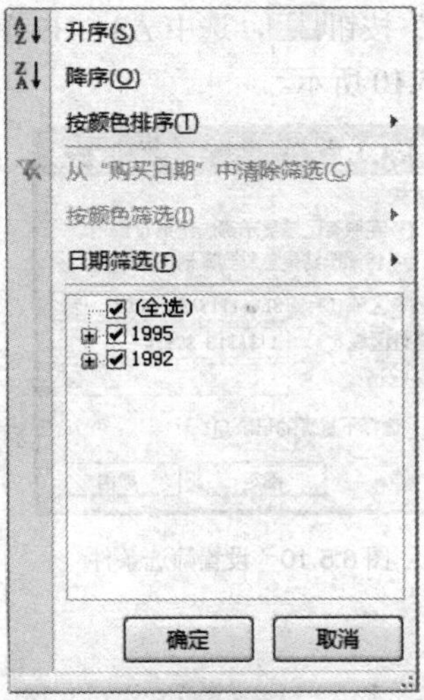


图 6.5.4 下拉菜单

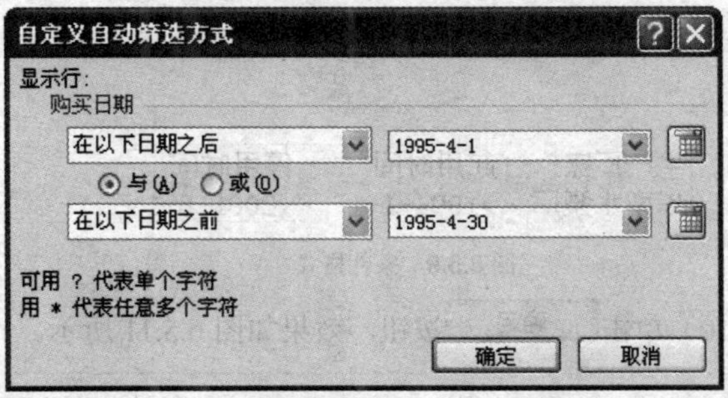


图 6.5.5 “自定义自动筛选方式”对话框

（5）单击确定按钮，结果如图 6.5.6 所示，这时工作表中只显示 1995 年 4 月份的记录。

（6）单击“单价”字段名右侧的下拉箭头，在弹出的下拉菜单中选择数字筛选(F)命令，在其下拉菜单中选择自定义筛选(F)...命令，弹出“自定义自动筛选方式”对话框，并设置如图 6.5.7 所示的参数。

| | A | B | C | D | E | F | G | H |
|---|---|---|---|---|---|---|---|---|
| 1 | YY厂设备台账 | | | | | | | |
| 2 | 设备名称 | 型号 | 单价 | 数量 | 起用时间 | 停用时间 | 生产厂家 | 购买日期 |
| 3 | 潜水泵 | C518 | 15200 | 5 | 1995-6-12 | 2001-4-5 | 辽边水泵厂 | 1995-4-8 |
| 4 | 离心泵 | B432 | 11000 | 4 | 1996-4-3 | 2002-8-6 | 华南水泵厂 | 1995-4-8 |
| 6 | 流量针 | J771 | 6200 | 2 | 1995-6-15 | | 新阳机械 | 1995-4-11 |
| 8 | 阀门 | D5S6 | 800 | 5 | 1995-6-17 | | 新阳机械 | 1995-4-13 |
| 9 | 电动阀 | D5S8 | 4800 | 12 | 1998-1-8 | | 新阳机械 | 1995-4-13 |

图 6.5.6　1995 年 4 月份记录

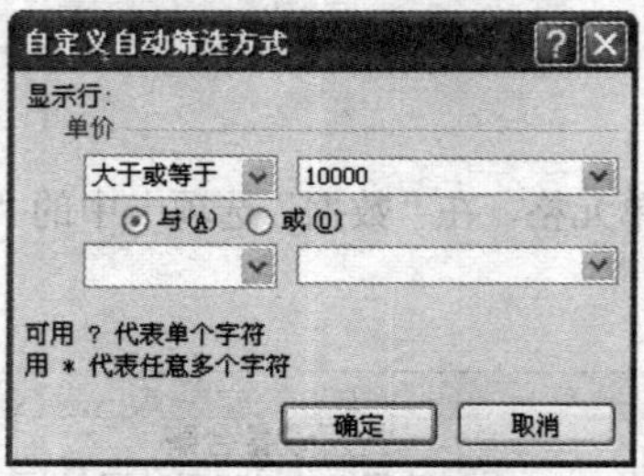


图 6.5.7　“自定义自动筛选方式”对话框

（7）单击确定按钮，效果如图 6.5.8 所示，这时工作表只显示单价高于 10000 元的记录。

| | A | B | C | D | E | F | G | H |
|---|---|---|---|---|---|---|---|---|
| 1 | YY厂设备台账 | | | | | | | |
| 2 | 设备名称 | 型号 | 单价 | 数量 | 起用时间 | 停用时间 | 生产厂家 | 购买日期 |
| 3 | 潜水泵 | C518 | 15200 | 5 | 1995-6-12 | 2001-4-5 | 辽边水泵厂 | 1995-4-8 |
| 4 | 离心泵 | B432 | 11000 | 4 | 1996-4-3 | 2002-8-6 | 华南水泵厂 | 1995-4-8 |
| 10 | | | | | | | | |

图 6.5.8　单价高于 10000 元的记录

（8）在表格的空白处创建条件区域，如图 6.5.9 所示。

（9）选中整个数据区域，在“数据”选项卡中的“排序和筛选”选项区中单击高级按钮，弹出“高级筛选”对话框。单击“列表区域”右侧的“缩小对话框”按钮，选中 A3～H9 单元格。用同样的方法在“条件区域”中选择 A13～C14 单元格，如图 6.5.10 所示。

| 生产厂家 | 起用时间 | 停用时间 |
|---|---|---|
| 华南水泵厂 | >1994-1-1 | <2001-6-1 |

图 6.5.9　条件格式

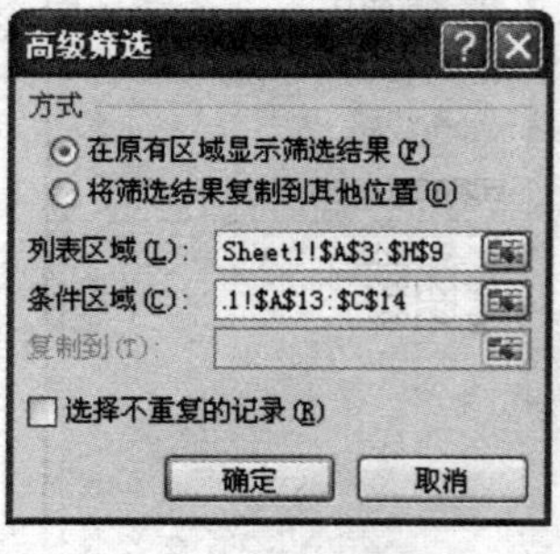


图 6.5.10　设置筛选条件

（10）单击确定按钮，效果如图 6.5.11 所示。

| | A | B | C | D | E | F | G | H |
|---|---|---|---|---|---|---|---|---|
| 1 | YY厂设备台账 | | | | | | | |
| 2 | 设备名称 | 型号 | 单价 | 数量 | 起用时间 | 停用时间 | 生产厂家 | 购买日期 |
| 3 | 潜水泵 | C518 | 15200 | 5 | 1995-6-12 | 2001-4-5 | 辽边水泵厂 | 1995-4-8 |

图 6.5.11　筛选结果

（11）至此，该实例制作完成，最终效果如图 6.5.1 所示。

# 小　结

本章主要讲解了中文 Excel 2007 中数据的管理，其中主要包括数据清单、排序数据、筛选数据以及分类汇总数据等。通过本章的学习，用户应学会管理 Excel 2007 工作表中的数据，熟练掌握数据的排序和筛选操作。

# 过关练习六

## 一、填空题

1．在 Excel 2007 中，数据清单是指________________________________，在对数据清单进行管理时，可以把数据清单看成是一个___________。

2．在 Excel 2007 中，一个工作表中一次可以使用_____个数据清单。

3．在 Excel 2007 中，可以按照_______或_______排序方式进行排序，用户也可以根据需要自定义普通排序方式。

4．如果要对数据库中指定的字段进行分类，并统计同一类记录的相关信息，可以使用 Excel 提供的_____________功能。

## 二、选择题

1．在 Excel 2007 中，用户不可以按照（　）进行排序。

A．文本　　B．数字　　C．日期和时间　　D．单元格

2．下面（　）选项不是 Excel 2007 中的筛选功能。

A．筛选文本　　B．筛选数字　　C．筛选日期和时间　　D．全错

## 三、问答题

1．如何排序工作表中的数据？

2．如何按颜色筛选工作表中的数据？

## 四、上机操作题

利用 Excel 2007 提供的数据记录单的功能，在工作表中输入如题图 6.1 所示的内容。

| | A | B | C | D | E | F | G | H |
|---|---|---|---|---|---|---|---|---|
| 1 | 光大公司二月份工资发放表 | | | | | | | |
| 2 | 姓名 | 基本工资 | 奖金 | 补贴 | 扣款 | 应发工资 | | |
| 3 | 张军 | 1550 | 2500 | 150 | 100 | 4100 | | |
| 4 | 陈志明 | 780 | 1654 | 200 | 145 | 2489 | | |
| 5 | 杨健君 | 670 | 2300 | 250 | 120.5 | 3099.5 | | |
| 6 | 李桂莲 | 1150 | 3500 | 130 | 40 | 4740 | | |
| 7 | 黄忠诚 | 1200 | 650 | 100 | 30 | 1920 | | |
| 8 | 李志 | 870 | 540 | 140 | 60 | 1490 | | |
| 9 | 张志鸿 | 1700 | 754 | 150 | 55 | 2549 | | |
| 10 | 李越 | 1500 | 458 | 160 | 45 | 2073 | | |
| 11 | 陈志鹏 | 750 | 3200 | 120 | 66 | 4004 | | |
| 12 | | | | | | | | |

Sheet1 / Sheet2 / Sheet3

题图 6.1

# 第 7 章　数 据 分 析

用户创建的数据清单可能只是一个典型的流水账，阅读起来很不方便，可以根据需要，将该工作表生成能够显示分类概要信息的数据透视表。通过透视表用户可以发现数据间的内在联系，挖掘更有用的数据。

**本章重点**

（1）数据透视表。

（2）编辑数据透视表。

（3）数据透视图。

## 7.1　数据透视表

数据透视表是一个数据分析工具，是一种对大量数据进行快速汇总和建立交叉列表的交互式表格。如果要分析相关的汇总值，尤其是在要合计较大的列表并对每个数字进行多种比较时，可以使用数据透视表。在数据透视表中，源数据中的列或字段可以变成汇总多行信息的数据透视表字段。使用此工具还可以旋转其行和列以看到源数据的不同汇总，而且还可以只显示需要的数据清单。

### 7.1.1　数据透视表的组成

如图 7.1.1 所示为一个典型的数据透视表，其中标出了数据透视表的组成。

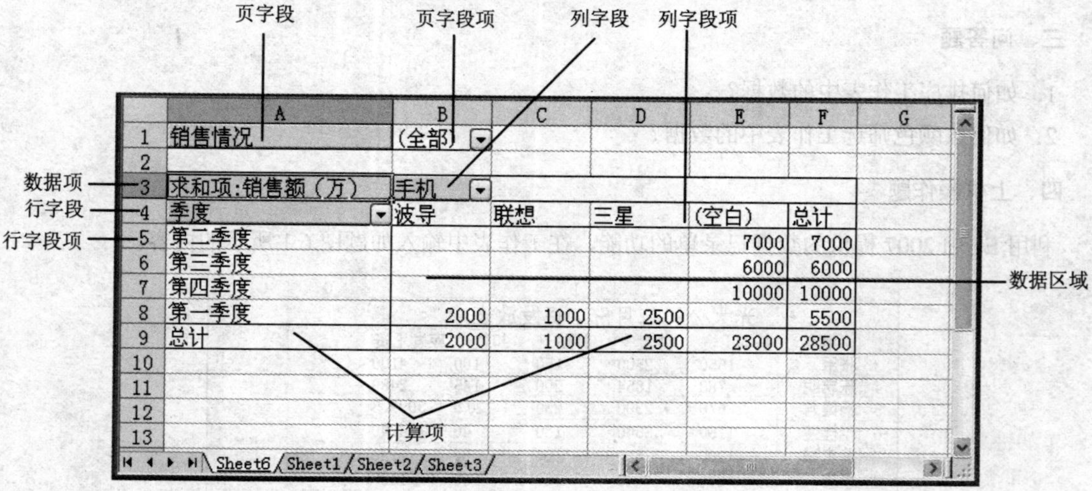


图 7.1.1　数据透视表

下面介绍一些与数据透视表有关的术语。

（1）源数据：为数据透视表提供数据的基础行或数据库记录。

（2）字段：从源列表或数据库中的字段衍生的数据分类。

（3）项：字段的子分类或成员。项表示原数据中字段的唯一条目。

（4）行字段：数据透视表中按行显示的字段。与行字段相关的项显示为行标志。

（5）列字段：数据透视表中按列显示的字段。与列字段相关的项显示为列标志。

（6）页字段：在数据透视表或数据透视图报表中指定为页方向的字段。在页字段中，既可以显示所有项的汇总，也可以一次显示一个项，而筛选掉所有其他项的数据。

（7）页字段项：源数据库或表格中的每个字段、列条目或数据都成为页字段列表中的一项。

（8）数据项：数据透视表中的各个数据。

（9）数据区域：含有汇总数据的数据透视表中的一部分。

（10）计算项：数据透视表字段或数据透视图字段中的项，该项用于创建的公式。计算项使用数据透视表或数据透视图报表中相同字段的其他项的内容进行计算。

## 7.1.2　创建数据透视表

在有了大量原始数据以后，就可以建立数据透视表了。当然这些原始数据可以是一个 Excel 工作表，也可以是数据库等。利用“数据透视表向导”创建数据透视表可以按下述操作步骤进行：

（1）如果要用数据清单创建数据透视表，则选中数据清单中的任意一个单元格，如图 7.1.2 所示。

| | A | B | C | D | E | F |
|---|---|---|---|---|---|---|
| 1 | 序号 | 类别 | 书名 | 作者 | 印数/册 | 定价/元 |
| 2 | 6 | 计算机 | 新编计算机操作教程 | 刘红刚 | 760 | 16 |
| 3 | 10 | 计算机 | 计算机公共基础 | 张瑶 | 1500 | 22 |
| 4 | 2 | 计算机 | 计算机网络原理及维护 | 吕林 | 4020 | 32.5 |
| 5 | 4 | 计算机 | C++程序设计精通 | 刘利 | 2000 | 36 |
| 6 | 3 | 文学 | 小说技巧 | 刘军 | 10100 | 17 |
| 7 | 5 | 文学 | 雾都孤儿 | 狄更斯(英) | 5000 | 19.8 |
| 8 | 8 | 文学 | 跟我学应用写作 | 秦言 | 4000 | 28 |
| 9 | 7 | 英语 | 英语语法无敌宝典 | 李慧 | 6005 | 18 |
| 10 | 9 | 英语 | 电子商务专业英语 | 李小月 | 2500 | 23.5 |
| 11 | 11 | 英语 | 计算机专业英语 | 马勇 | 4000 | 24 |
| 12 | 12 | 英语 | 英语导游手册 | 王家卫 | 4500 | 31 |
| 13 | 13 | 哲学 | 马克思主义哲学 | 赵家常 | 4500 | 16 |
| 14 | 1 | 哲学 | 邓小平理论原理 | 杨红雨 | 5000 | 28 |

图 7.1.2　打开数据清单

（2）在“插入”选项卡中的“表”选项区中单击 

按钮，从弹出的下拉菜单中选择 

命令，弹出“创建数据透视表”对话框，如图 7.1.3 所示。

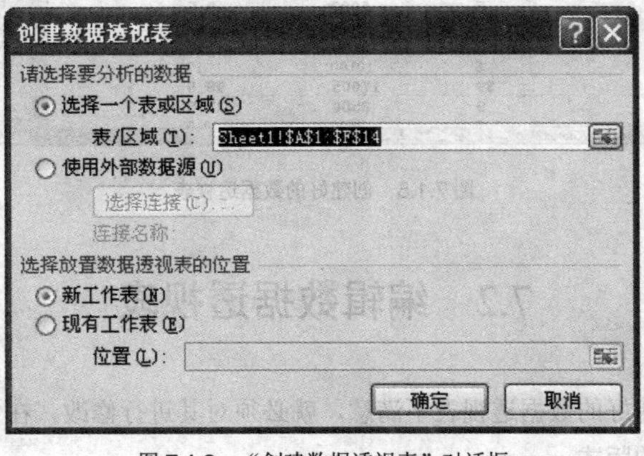


图 7.1.3　“创建数据透视表”对话框

（3）单击按钮，在工作表中选择数据区域。在“选择放置数据透视表的位置”选项区中选中 ⦿ 现有工作表(E) 单选按钮，单击 确定 按钮，即可创建一个空的数据透视表，如图 7.1.4 所示。该数据透视表中显示数据透视表字段列表，以便用户添加字段、创建布局和自定义数据透视表。

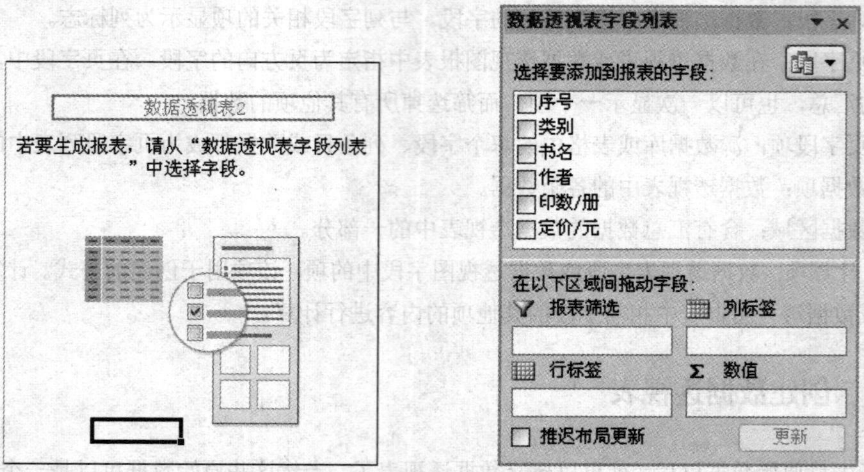


图 7.1.4　空的数据透视表

（4）在字段部分中选中各字段名称旁边的复选框。字段放置在布局部分的默认区域中，且用户可在需要时重新排列这些字段。默认情况下，非数值字段会被添加到“行标签”区域，数值字段会被添加到“值”区域，而 OLAP 日期和时间层次会被添加到“列标签”区域。如图 7.1.5 所示为一个创建好的数据透视表。

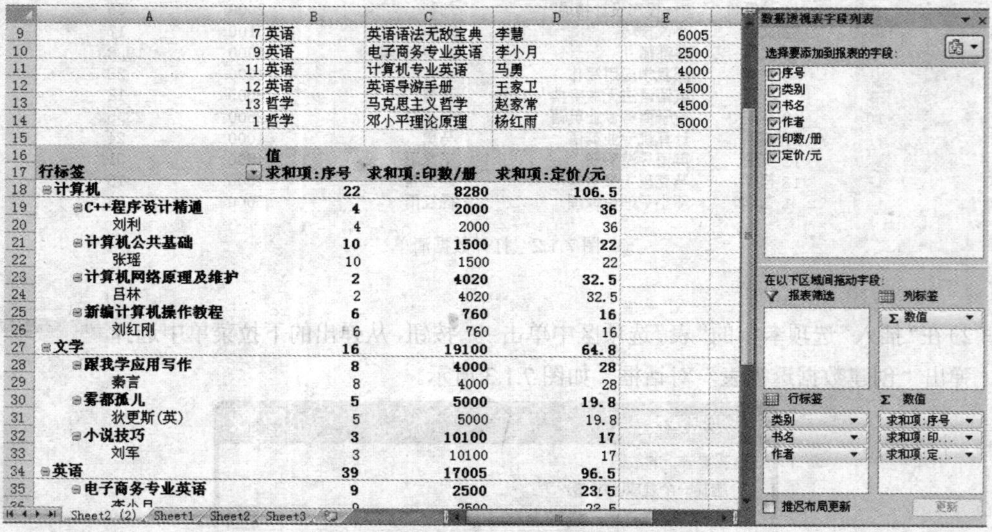


图 7.1.5　创建好的数据透视表

## 7.2　编辑数据透视表

如果用户对已经创建好的数据透视表不满意，就必须对其进行修改，在修改数据记录的过程中，还可以修改数据透视表的版式。

### 7.2.1　重新排列字段

可以通过使用布局部分底部的四个区域之一来重新排列现有字段或重新放置那些字段。要重新排列字段，可单击区域之一中的字段名，然后选择下列命令之一，如表 7.1 所示。

表 7.1　排列字段命令

| 命　令 | 功　能 |
|---|---|
| 上移 | 在区域中将字段上移一个位置 |
| 下移 | 在区域中将字段下移一个位置 |
| 移至开头 | 将字段移到区域的开头 |
| 移至末尾 | 将字段移到区域的末尾 |
| 移动到报表筛选 | 将字段移动到报表筛选区域 |
| 移动到行标签 | 将字段移动到行标签区域 |
| 移动到列标签 | 将字段移动到列标签区域 |
| 移动到值 | 将字段移动到值区域 |

例如，在行标签区域中选择 书名 ▼ 命令，弹出其下拉菜单，如图 7.2.1 所示。在该菜单中选择相应的移动命令，即可移动书名的位置，如图 7.2.2 所示为将其上移后的效果。

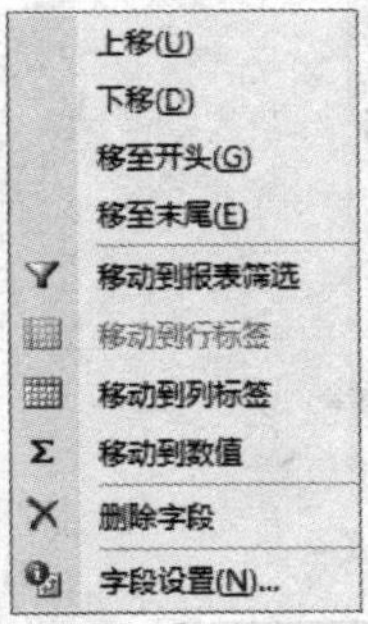


图 7.2.1　下拉菜单

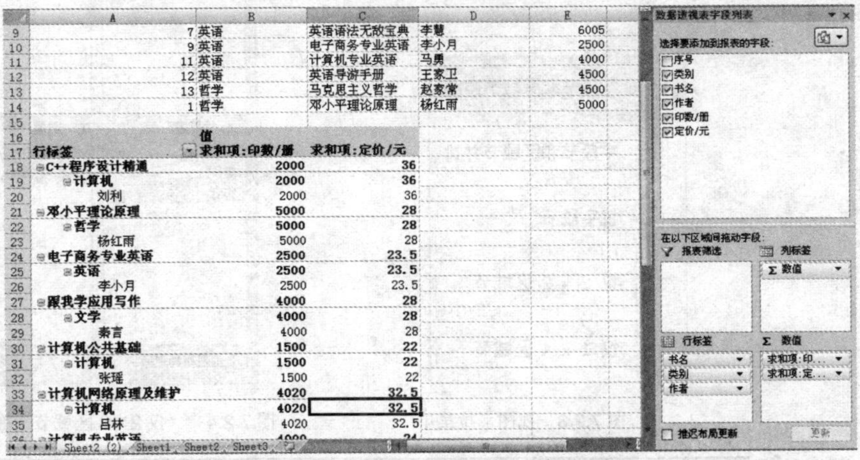


图 7.2.2　移动字段位置

### 7.2.2　删除字段

如果用户要删除数据透视表中的字段，可按照以下两种方法进行：

（1）在“选择要添加到报表的字段”区域中取消选中要删除字段对应的复选框，即可从数据透视表中将该字段删除。

（2）在布局区域之一中单击字段名称，从弹出的下拉菜单中选择 删除字段 命令，即可将选中字段删除。

### 7.2.3　更改数据透视表字段列表视图

数据透视表字段列表有五种不同视图，这些视图是为不同类型的数据透视表任务而设计并优化的。要更改视图，可单击数据透视表字段列表顶部的“视图”按钮，然后选择如表 7.2 所示的选项之一即可。

表 7.2　视图功能

| 视图方式 | 功　能 |
|---|---|
| 字段部分和区域部分堆积 | 这是默认视图，是为少量字段而设计的 |
| 字段部分和区域部分并排 | 该视图是为当用户在各区域中有四个以上字段时添加和删除字段而设计的 |
| 仅字段 | 该视图是为添加和删除多个字段而设计的 |
| 仅 2×2 区域部分 | 该视图只是为重新排列多个字段而设计的 |
| 仅 1×4 区域部分 | 该视图只是为重新排列多个字段而设计的 |

单击数据透视表字段列表顶部的“视图”按钮，弹出其下拉菜单，如图 7.2.3 所示。在该菜单中选择合适的命令，即可改变数据透视表字段列表的视图方式，如图 7.2.4 所示为“仅 2×2 区域节”视图方式。

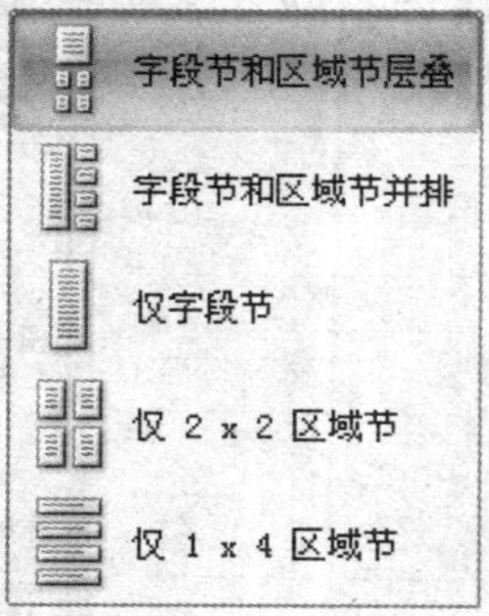


图 7.2.3　视图下拉菜单

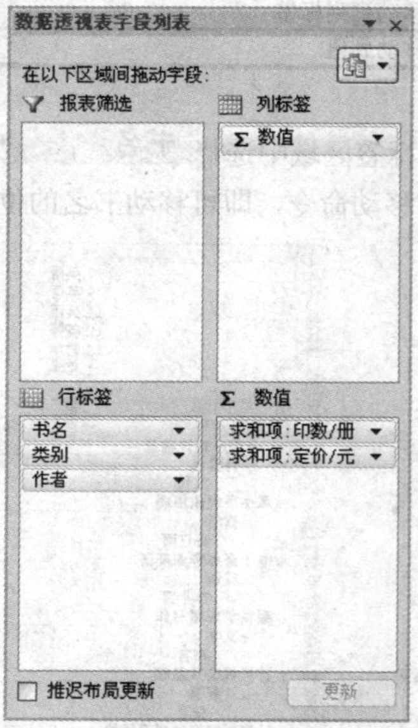


图 7.2.4　“仅 2×2 区域节”视图方式

**提示** 在“字段部分和区域部分堆积”和“字段部分和区域部分并排”视图中，用户可以调整每一部分的宽度和高度，具体方法是：将鼠标指针悬停在部分分隔线上，直到指针变为垂直双箭头↕或水平双箭头⟷时，将双箭头向上下左右拖动到所需位置，然后单击双箭头或按“Enter”键即可。

## 7.3　数据透视图

数据透视图以图形形式表示数据透视表中的数据。与数据透视表一样，用户也可以更改数据透视图的布局和显示的数据。数据透视图常有一个相关联的数据透视表。两个报表中的字段相互对应。如果更改了某一报表的某个字段位置，则另一报表中的相应字段位置也会改变。

数据透视图除具有常规 Microsoft Excel 图表的系列、分类、数据标志和坐标轴外，数据透视图还有一些特殊的元素，如页字段、数据字段、系列字段、项及分类字段等。

## 7.3.1 创建数据透视图

在 Excel 2007 中可以使用数据透视表创建数据透视图，也可以使用数据透视图向导创建数据透视图报表。

### 1. 使用数据透视表创建数据透视图

使用数据透视表创建数据透视图时，首先要确保数据透视表至少有一个行字段可作为数据透视图里的分类字段，有一个列字段可作为数据透视图中的系列字段。其具体操作步骤如下：

（1）打开要创建数据透视图报表的数据透视表，然后隐藏不需要的字段。

（2）单击数据透视表区域中的任意单元格。

（3）在“数据透视表工具”上下文工具中的“选项”选项卡中的“工具”选项区中单击 数据透视图 按钮，弹出“插入图表”对话框，如图 7.3.1 所示。

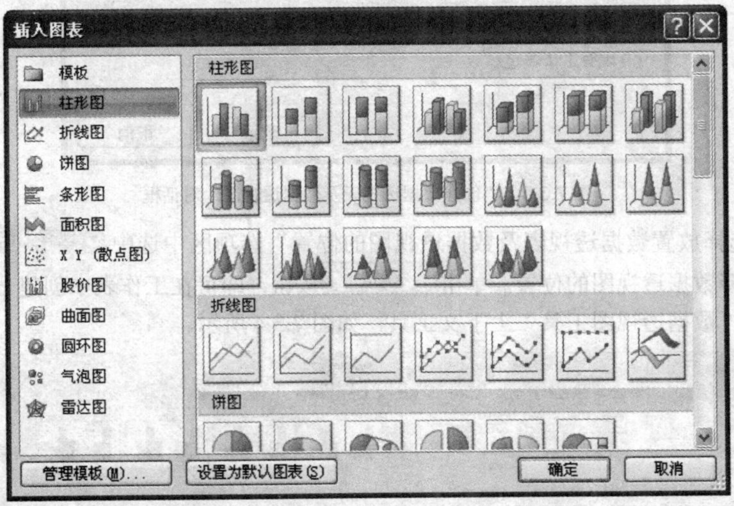


图 7.3.1 “插入图表”对话框

（4）在该对话框中选择合适的图表样式，单击 确定 按钮，即可在该工作表中创建一个数据透视图，如图 7.3.2 所示。

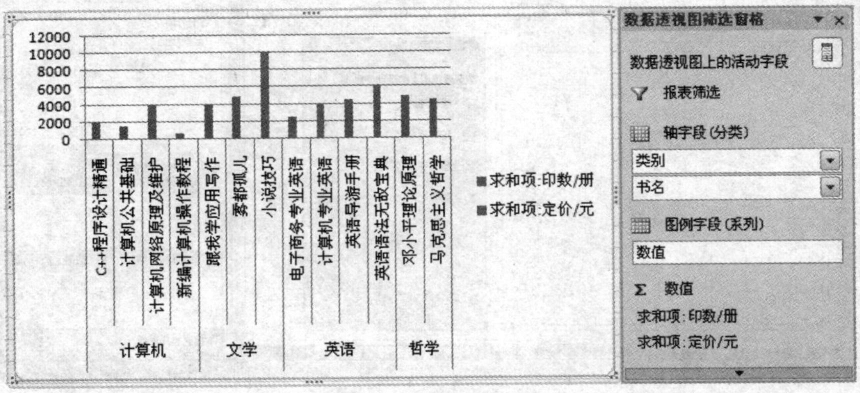


图 7.3.2 创建的数据透视图

### 2. 使用数据透视图向导创建数据透视图

如果用户使用数据透视图向导创建数据透视图，可以按下述操作步骤进行：

（1）打开要创建数据透视图报表的工作表，单击工作表中任意单元格。

（2）在“插入”选项卡中的“表”选项区中单击 数据透视表 按钮，从弹出的下拉菜单中选择 数据透视图(C) 命令，弹出“创建数据透视表及数据透视图”对话框，如图 7.3.3 所示。

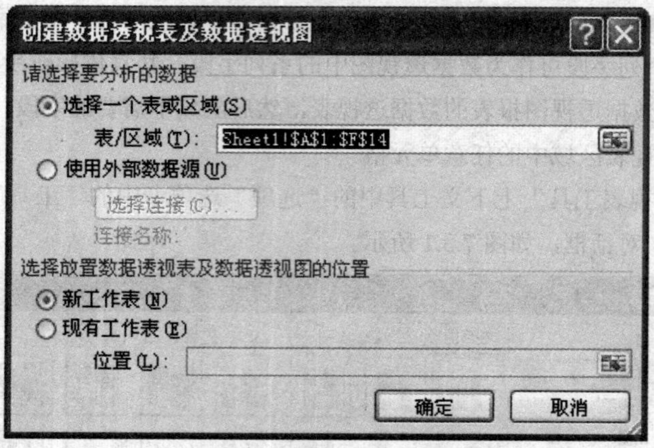


图 7.3.3 “创建数据透视表及数据透视图”对话框

（3）在“选择放置数据透视表及数据透视图的位置”选项区中选中 现有工作表(E) 单选按钮，并在工作表中选择数据透视图的位置。单击 确定 按钮，即可在工作表中创建一个空白数据透视图，且同时打开“数据透视图工具”上下文工具，如图 7.3.4 所示。

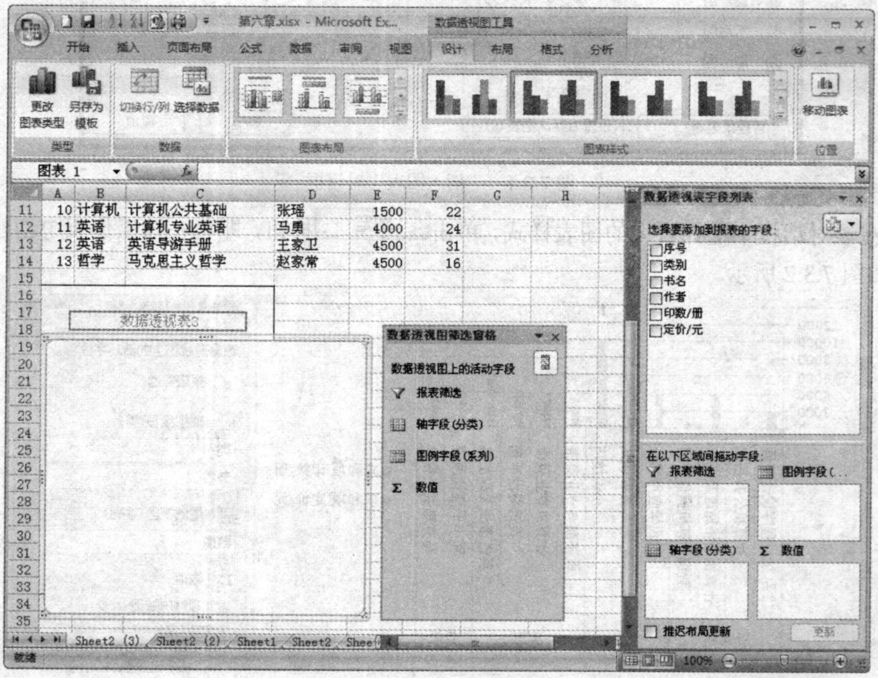


图 7.3.4 创建的空白数据透视图

（4）在“数据透视表字段列表”任务窗格中选中要添加到数据透视图中的字段名，并在“设计”选项卡中的“图表样式”选项区中选择图表的样式，即可在工作表中创建好数据透视图，如图 7.3.5 所示。

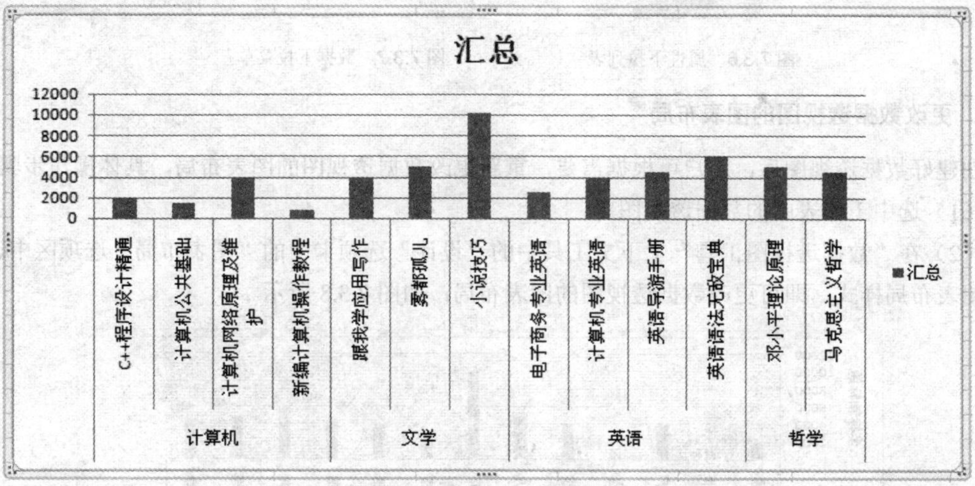


图 7.3.5　创建的数据透视图

## 7.3.2　编辑数据透视图

用户在创建好数据透视图后，还可以根据需要，对数据透视图的名称及其中的内容进行编辑，以使其符合用户的需要。

### 1．重命名数据透视图

在创建数据透视表或数据透视图时，Microsoft Office Excel 会使用以下命名约定为其中每一个对象分配默认名称：数据透视表 1、数据透视表 2，依此类推；以及图表 1、图表 2，依此类推。用户可以更改各对象的名称，以使其更有意义，具体操作步骤如下：

（1）选中数据透视图。

（2）在“数据透视表工具”上下文工具中的“布局”选项卡中单击

按钮，弹出其下拉列表，如图 7.3.6 所示。

（3）在“图表名称”文本框中输入新的图表名称，按“Enter”键确认即可。

### 2．清除数据透视图

如果用户要清除数据透视图中的数据，可按照以下操作步骤进行：

（1）选中数据透视图。

（2）在“数据透视表工具”上下文工具中的“分析”选项卡中的“数据”选项区中单击

按钮，弹出其下拉菜单，如图 7.3.7 所示。

（3）在该菜单中选择

命令，即可将数据透视图中的数据全部删除。

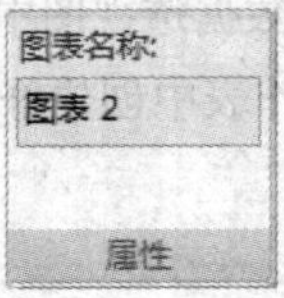


图 7.3.6　属性下拉列表

图 7.3.7　数据下拉菜单

### 3. 更改数据透视图的图表布局

创建好数据透视图后，用户可根据需要，重新更改数据透视图的图表布局，具体操作步骤如下：

（1）选中工作表中的数据透视图。

（2）在“数据透视图工具”上下文工具中的“设计”选项卡中的“图表布局”选项区中选择需要的图表布局样式，即可更改数据透视图的图表布局，如图 7.3.8 所示。

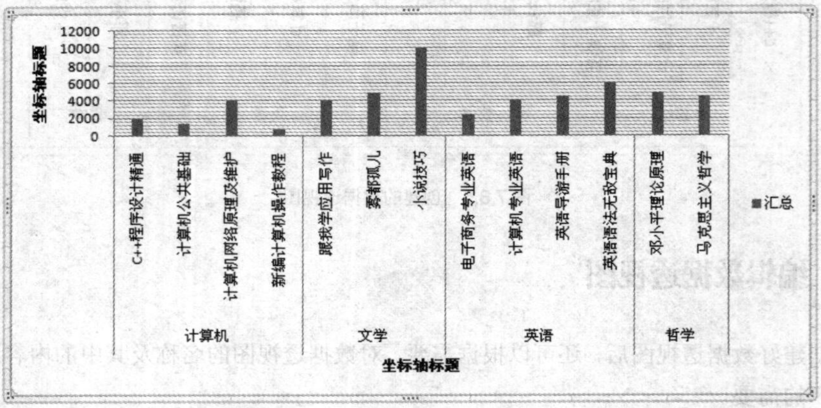


图 7.3.8　更改后的图表布局

### 4. 更改图表类型

创建好数据透视图后，用户可根据需要，重新更改图表的类型，具体操作步骤如下：

（1）选中工作表中的数据透视图。

（2）在“数据透视图工具”上下文工具中的“设计”选项卡中的“类型”选项区中单击  按钮，弹出“更改图表类型”对话框，如图 7.3.9 所示。

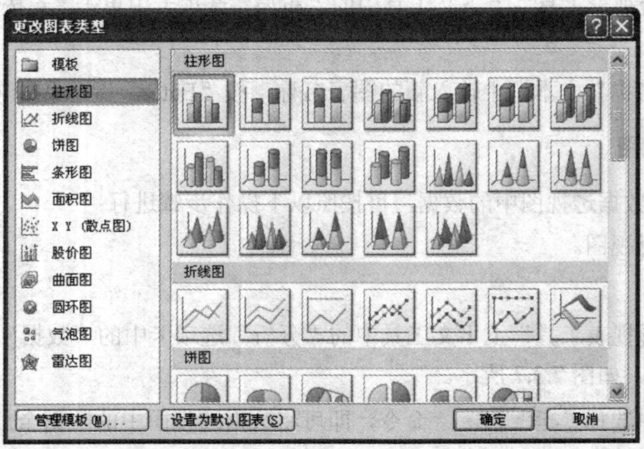


图 7.3.9　“更改图表类型”对话框

（3）在该对话框中选择合适的图表类型，单击 确定 按钮，即可更改图表的类型，效果如图 7.3.10 所示。

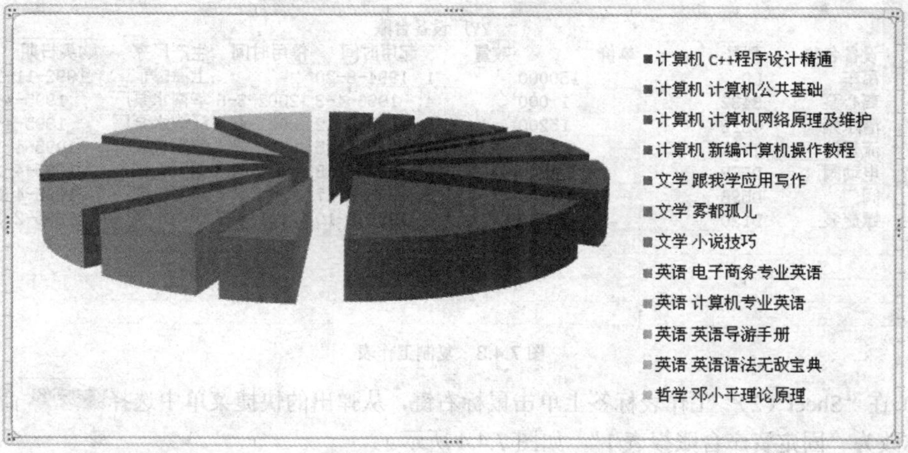


图 7.3.10　更改图表类型后的效果

# 7.4　典型实例——制作固定资产报表

通过本章的学习，利用 Excel 2007 制作固定资产报表，效果如图 7.4.1 所示。

| A | B | C | D | E | F | G | H | I |
|---|---|---|---|---|---|---|---|---|
| 购买日期 | (全部) | | | | | | | |
| | | | | | | | | |
| 求和项:数量 | 列标签 | | | | | | | |
| 行标签 | 800 | 4800 | 6200 | 11000 | 15200 | 23000 | 150000 | 总计 |
| 电动阀 | | 12 | | | | | | 12 |
| 吊车 | | | | | | | 1 | 1 |
| 阀门 | 5 | | | | | | | 5 |
| 离心泵 | | | | 4 | | | | 4 |
| 流量针 | | | 2 | | | | | 2 |
| 螺旋泵 | | | | | | 6 | | 6 |
| 潜水泵 | | | | | 5 | | | 5 |
| **总计** | **5** | **12** | **2** | **4** | **5** | **6** | **1** | **35** |

图 7.4.1　效果图

**创作步骤**

（1）启动 Excel 2007 应用程序，打开“固定资产台账”工作簿，如图 7.4.2 所示。

| | A | B | C | D | E | F | G | H |
|---|---|---|---|---|---|---|---|---|
| 1 | | | | YY厂设备台账 | | | | |
| 2 | 设备名称 | 型号 | 单价 | 数量 | 起用时间 | 停用时间 | 生产厂家 | 购买日期 |
| 3 | 吊车 | LD | 150000 | 1 | 1994-8-20 | | 上海5汽 | 1992-11-12 |
| 4 | 离心泵 | B432 | 11000 | 4 | 1996-4-3 | 2002-8-6 | 华南水泵厂 | 1995-4-8 |
| 5 | 潜水泵 | C518 | 15200 | 5 | 1995-6-12 | 2001-4-5 | 辽边水泵厂 | 1995-4-8 |
| 6 | 流量针 | J771 | 6200 | 2 | 1995-6-15 | | 新阳机械 | 1995-4-11 |
| 7 | 电动阀 | D5S8 | 4800 | 12 | 1998-1-8 | | 新阳机械 | 1995-4-13 |
| 8 | 阀门 | D5S6 | 800 | 5 | 1995-6-17 | | 新阳机械 | 1995-4-13 |
| 9 | 螺旋泵 | D120 | 23000 | 6 | 1995-5-10 | 2001-5-7 | 华南水泵厂 | 1995-2-14 |

图 7.4.2　“固定资产台账”工作簿

（2）按住“Ctrl”键，单击鼠标并向右拖动“Sheet1”标签，复制“固定资产台账”工作表到“Sheet（2）”工作表，如图 7.4.3 所示。

| | A | B | C | D | E | F | G | H |
|---|---|---|---|---|---|---|---|---|
| 1 | YY厂设备台账 | | | | | | | |
| 2 | 设备名称 | 型号 | 单价 | 数量 | 起用时间 | 停用时间 | 生产厂家 | 购买日期 |
| 3 | 吊车 | LD | 150000 | 1 | 1994-8-20 | | 上海5汽 | 1992-11-12 |
| 4 | 离心泵 | B432 | 11000 | 4 | 1996-4-3 | 2002-8-6 | 华南水泵厂 | 1995-4-8 |
| 5 | 潜水泵 | C518 | 15200 | 5 | 1995-6-12 | 2001-4-5 | 辽边水泵厂 | 1995-4-8 |
| 6 | 流量针 | J771 | 6200 | 2 | 1995-6-15 | | 新阳机械 | 1995-4-11 |
| 7 | 电动阀 | D5S8 | 4800 | 12 | 1998-1-8 | | 新阳机械 | 1995-4-13 |
| 8 | 阀门 | D5S6 | 800 | 5 | 1995-6-17 | | 新阳机械 | 1995-4-13 |
| 9 | 螺旋泵 | D120 | 23000 | 6 | 1995-5-10 | 2001-5-7 | 华南水泵厂 | 1995-2-14 |
| 10 | | | | | | | | |
| 11 | | | | | | | | |
| 12 | | | | | | | | |
| 13 | | | | | | | | |

图 7.4.3　复制工作表

（3）在“Sheet（2）”工作表标签上单击鼠标右键，从弹出的快捷菜单中选择 重命名(R) 命令，将工作表名称改为“固定资产台账报表 1”，如图 7.4.4 所示。

图 7.4.4　重命名工作表

（4）选中数据区域中的任意单元格，在“数据”选项卡中的“排序和筛选”选项区中单击 排序... 按钮，弹出“排序”对话框，并设置如图 7.4.5 所示的参数。

图 7.4.5　设置排序参数

（5）单击 确定 按钮，效果如图 7.4.6 所示。

| | A | B | C | D | E | F | G | H |
|---|---|---|---|---|---|---|---|---|
| 1 | YY厂设备台账 | | | | | | | |
| 2 | 设备名称 | 型号 | 单价 | 数量 | 起用时间 | 停用时间 | 生产厂家 | 购买日期 |
| 3 | 电动阀 | D5S8 | 4800 | 12 | 1998-1-8 | | 新阳机械 | 1995-4-13 |
| 4 | 吊车 | LD | 150000 | 1 | 1994-8-20 | | 上海5汽 | 1992-11-12 |
| 5 | 阀门 | D5S6 | 800 | 5 | 1995-6-17 | | 新阳机械 | 1995-4-13 |
| 6 | 离心泵 | B432 | 11000 | 4 | 1996-4-3 | 2002-8-6 | 华南水泵厂 | 1995-4-8 |
| 7 | 流量针 | J771 | 6200 | 2 | 1995-6-15 | | 新阳机械 | 1995-4-11 |
| 8 | 螺旋泵 | D120 | 23000 | 6 | 1995-5-10 | 2001-5-7 | 华南水泵厂 | 1995-2-14 |
| 9 | 潜水泵 | C518 | 15200 | 5 | 1995-6-12 | 2001-4-5 | 辽边水泵厂 | 1995-4-8 |

图 7.4.6　排序结果

（6）选中数据区域中的任意单元格，在“数据”选项卡中的“分级显示”选项区中单击分类汇总按钮，弹出“分类汇总”对话框，在其中设置如图 7.4.7 所示的参数。

（7）单击确定按钮，效果如图 7.4.8 所示。

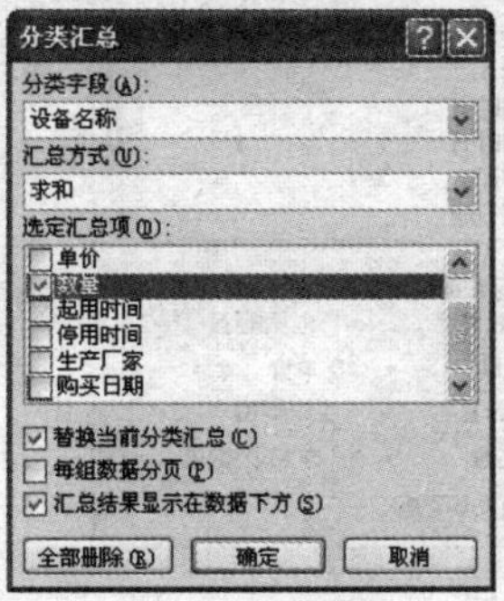


图 7.4.7　设置分类汇总参数

| | A | B | C | D | E | F | G | H |
|---|---|---|---|---|---|---|---|---|
| 1 | | | | YY厂设备台账 | | | | |
| 2 | 设备名称 | 型号 | 单价 | 数量 | 起用时间 | 停用时间 | 生产厂家 | 购买日期 |
| 3 | 电动阀 | D5S8 | 4800 | 12 | 1998-1-8 | | 新阳机械 | 1995-4-13 |
| 4 | **电动阀 汇总** | | | 12 | | | | |
| 5 | 吊车 | LD | 150000 | 1 | 1994-8-20 | | 上海5汽 | 1992-11-12 |
| 6 | **吊车 汇总** | | | 1 | | | | |
| 7 | 阀门 | D5S6 | 800 | 5 | 1995-6-17 | | 新阳机械 | 1995-4-13 |
| 8 | **阀门 汇总** | | | 5 | | | | |
| 9 | 离心泵 | B432 | 11000 | 4 | 1996-4-3 | 2002-8-6 | 华南水泵厂 | 1995-4-8 |
| 10 | **离心泵 汇总** | | | 4 | | | | |
| 11 | 流量针 | J771 | 6200 | 2 | 1995-6-15 | | 新阳机械 | 1995-4-11 |
| 12 | **流量针 汇总** | | | 2 | | | | |
| 13 | 螺旋泵 | D120 | 23000 | 6 | 1995-5-10 | 2001-5-7 | 华南水泵厂 | 1995-2-14 |
| 14 | **螺旋泵 汇总** | | | 6 | | | | |
| 15 | 潜水泵 | C518 | 15200 | 5 | 1995-6-12 | 2001-4-5 | 辽边水泵厂 | 1995-4-8 |
| 16 | **潜水泵 汇总** | | | 5 | | | | |
| 17 | **总计** | | | 35 | | | | |

图 7.4.8　分类汇总效果

（8）单击目录树上方的 2 按钮，可以隐藏不必要的数据，如图 7.4.9 所示。

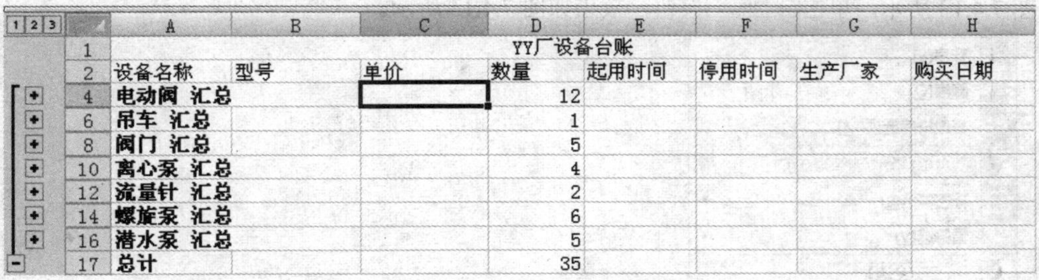

| | A | B | C | D | E | F | G | H |
|---|---|---|---|---|---|---|---|---|
| 1 | | | | YY厂设备台账 | | | | |
| 2 | 设备名称 | 型号 | 单价 | 数量 | 起用时间 | 停用时间 | 生产厂家 | 购买日期 |
| 4 | **电动阀 汇总** | | | 12 | | | | |
| 6 | **吊车 汇总** | | | 1 | | | | |
| 8 | **阀门 汇总** | | | 5 | | | | |
| 10 | **离心泵 汇总** | | | 4 | | | | |
| 12 | **流量针 汇总** | | | 2 | | | | |
| 14 | **螺旋泵 汇总** | | | 6 | | | | |
| 16 | **潜水泵 汇总** | | | 5 | | | | |
| 17 | **总计** | | | 35 | | | | |

图 7.4.9　隐藏分类汇总中的不必要数据

（9）将工作表切换到“Sheet1”工作表，选中数据区域中的任意单元格，在“插入”选项卡中的“表”选项区中单击数据透视表按钮，在弹出的下拉菜单中选择数据透视表(T)命令，弹出“创建数据透视表”对话框，如图 7.4.10 所示。

（10）单击确定按钮，即可在工作表中创建一个空白数据透视表，如图 7.4.11 所示。

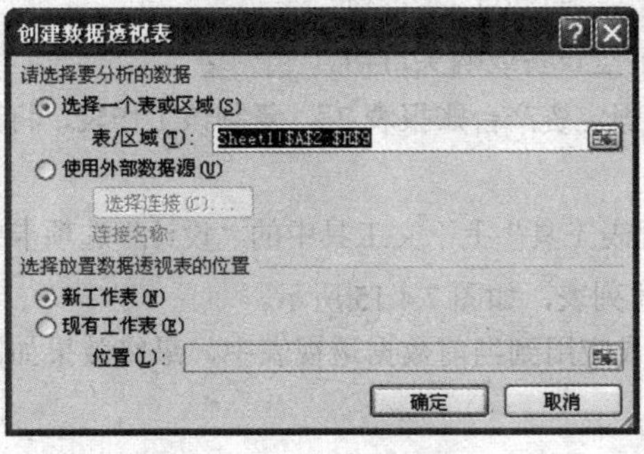


图 7.4.10　“创建数据透视表”对话框

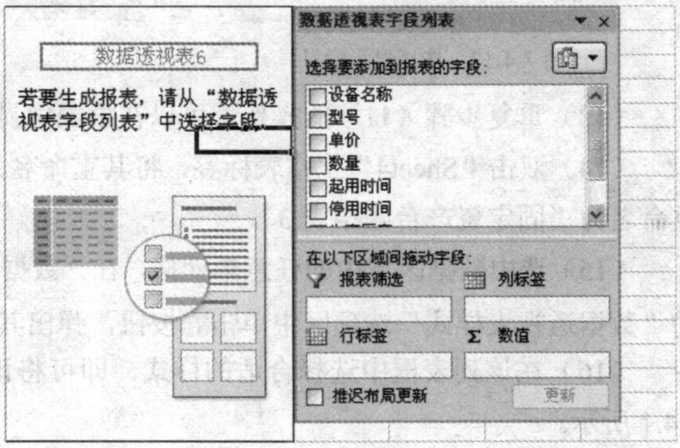


图 7.4.11　空白数据透视表

（11）在“数据透视表字段列表”任务窗格中选中要添加至数据透视表字段对应的复选框，即可创建好数据透视表，如图 7.4.12 所示。

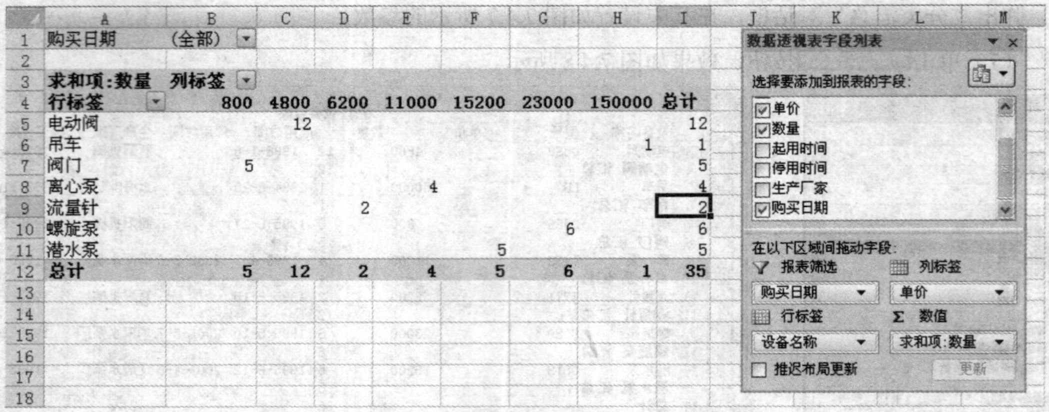

| 购买日期 | (全部) | | | | | | |
|---|---|---|---|---|---|---|---|
| 求和项:数量 | 列标签 | | | | | | |
| 行标签 | 800 | 4800 | 6200 | 11000 | 15200 | 23000 | 150000 | 总计 |
| 电动阀 | | 12 | | | | | | 12 |
| 吊车 | | | | | | | 1 | 1 |
| 阀门 | 5 | | | | | | | 5 |
| 离心泵 | | | | 4 | | | | 4 |
| 流量针 | | | 2 | | | | | 2 |
| 螺旋泵 | | | | | | 6 | | 6 |
| 潜水泵 | | | | | 5 | | | 5 |
| 总计 | 5 | 12 | 2 | 4 | 5 | 6 | 1 | 35 |



图 7.4.12　创建的数据透视表

（12）单击“列标签”右侧的下拉箭头，在弹出的下拉列表中选择大于 10 000 元的选项，效果如图 7.4.13 所示，单击确定按钮，效果如图 7.4.14 所示。

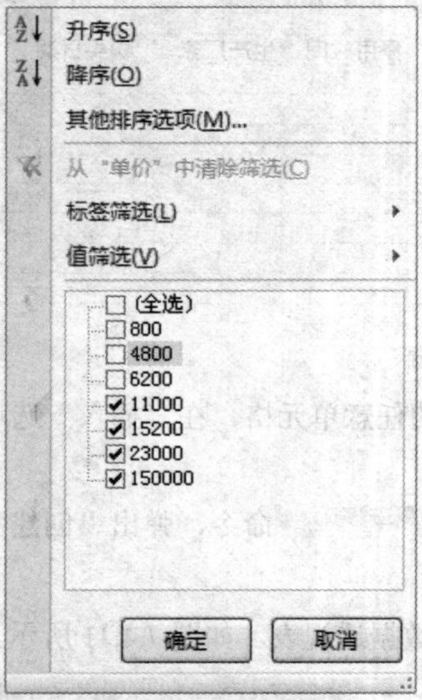


图 7.4.13　选择显示项目

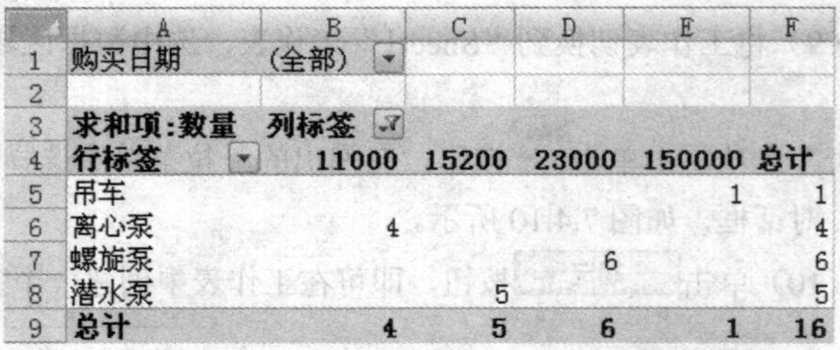

| 购买日期 | (全部) | | | | |
|---|---|---|---|---|---|
| 求和项:数量 | 列标签 | | | | |
| 行标签 | 11000 | 15200 | 23000 | 150000 | 总计 |
| 吊车 | | | | 1 | 1 |
| 离心泵 | 4 | | | | 4 |
| 螺旋泵 | | | 6 | | 6 |
| 潜水泵 | | 5 | | | 5 |
| 总计 | 4 | 5 | 6 | 1 | 16 |

图 7.4.14　显示效果

（13）重复步骤（11）的操作，可以在报表中显示某些设备或购买日期。

（14）双击“Sheet4”工作表标签，将其重命名为“固定资产台账报表 2”，复制该工作表，将其重命名为“固定资产台账报表 3”。

（15）选中数据区域中的任意单元格，在“数据透视表工具”上下文工具中的“设计”选项卡中的“数据透视表样式”选项区中单击按钮，弹出其下拉列表，如图 7.4.15 所示。

（16）在该列表框中选择合适的样式，即可将该样式应用到当前数据透视表中，最终效果如图 7.4.1 所示。

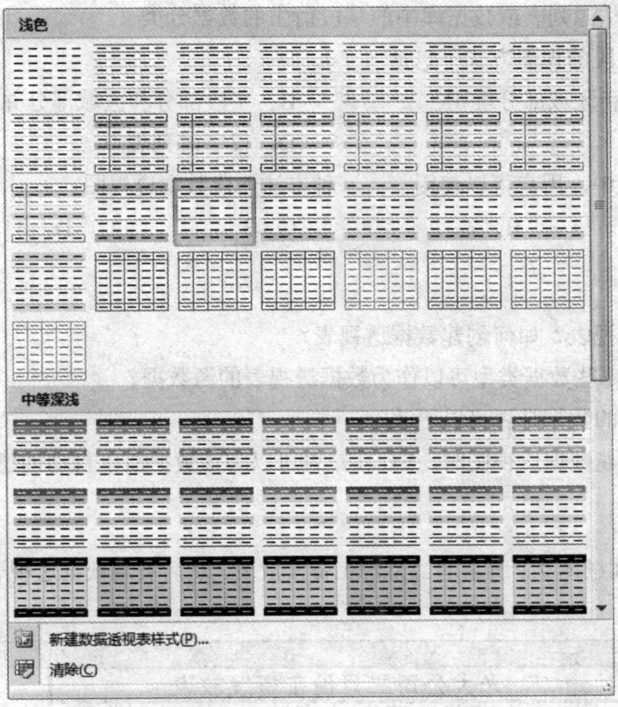


图 7.4.15　数据透视表样式下拉列表

## 小　　结

本章主要讲解了中文 Excel 2007 中的数据分析，其中主要包括数据透视表的组成、编辑数据透视表以及数据透视图的相关操作。通过本章的学习，用户应能够使用数据透视表以及数据透视图对工作表中的数据进行分析。

## 过关练习七

### 一、填空题

1．在数据透视表中，数据源是指______________________________。

2．在数据透视表中，“一月”和“二月”是“月份”字段的____________。

3．如果已知单个公式的预期结果，而用于确定此公式结果的输入值未知，则可使用 Excel 提供的________________功能进行计算。

### 二、选择题

1．下面对数据透视表有关的术语叙述正确的是（　）。

A．源数据是为数据透视表提供数据的基础行或数据库记录

B．行字段是原数据中字段的唯一条目

C．数据项是数据透视表中的各个数据

D．列字段是从源列表或数据库中的字段衍生的数据分类

2．数据透视表字段的视图方式不包括（　）。

A．字段部分和区域部分堆积　　B．字段部分和区域部分并排

C．仅字段　　D．仅字段列表

3．在 Excel 2007 中，用户可以使用（　）种方法创建数据透视图。

A．1　　B．2　　C．3　　D．4

## 三、问答题

1．什么是数据透视表？如何创建数据透视表？

2．在 Excel 中，哪些数据类型可以作为数据透视表的源数据？

3．数据透视表中的数据是否可以更改？

4．为数据清单创建数据透视图时，Excel 是否可以为该数据清单自动创建数据透视表？

## 四、上机操作题

为光大公司创建如题图 7.1 所示的二月份工资发放表，然后利用数据透视表汇总出该公司二月份实际发出的工资金额。

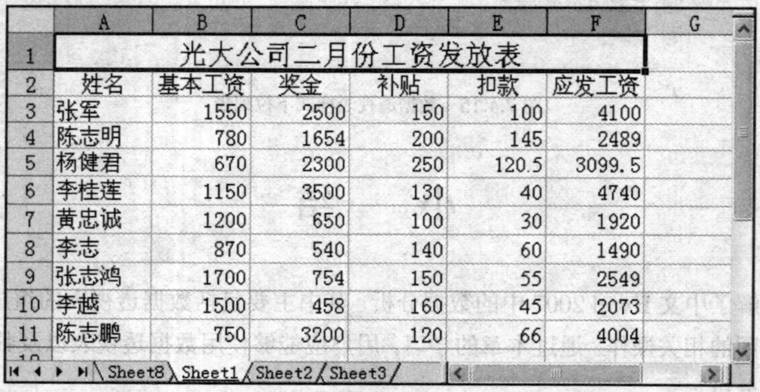

| | A | B | C | D | E | F | G |
|---|---|---|---|---|---|---|---|
| 1 | 光大公司二月份工资发放表 | | | | | | |
| 2 | 姓名 | 基本工资 | 奖金 | 补贴 | 扣款 | 应发工资 | |
| 3 | 张军 | 1550 | 2500 | 150 | 100 | 4100 | |
| 4 | 陈志明 | 780 | 1654 | 200 | 145 | 2489 | |
| 5 | 杨健君 | 670 | 2300 | 250 | 120.5 | 3099.5 | |
| 6 | 李桂莲 | 1150 | 3500 | 130 | 40 | 4740 | |
| 7 | 黄忠诚 | 1200 | 650 | 100 | 30 | 1920 | |
| 8 | 李志 | 870 | 540 | 140 | 60 | 1490 | |
| 9 | 张志鸿 | 1700 | 754 | 150 | 55 | 2549 | |
| 10 | 李越 | 1500 | 458 | 160 | 45 | 2073 | |
| 11 | 陈志鹏 | 750 | 3200 | 120 | 66 | 4004 | |



题图 7.1

# 第 8 章 创 建 图 表

数据图表是观察和分析工作表中数据的重要方法，通过图表可以快速说明工作表数据的大小与变化趋势。Excel 2007 提供了多种样式的图表类型，例如：柱形图、条形图、饼图、折线图、XY（散点）、面积图、圆环图、曲面图、股市图、气泡图、圆锥和圆柱图等图表样式，利用这些图表样式表示工作表中数据的大小和变化趋势，使数据之间的关系和数据的意义更加直观、形象地表现出来。

**本章重点**

（1）图表概述。
（2）创建图表。
（3）编辑图表。
（4）格式化图表。
（5）应用趋势线。
（6）应用误差线。

## 8.1 图 表 概 述

图表是数据的图形化表示。在创建图表前，必须有一些数据。图表本质上是按照工作表中的数据而创建的对象。对象由一个或者多个以图形方式显示的数据系列组成。数据系列的外观取决于选定的图表类型。采用合适的图表类型来显示数据将有助于理解数据。

### 8.1.1 图表的基本概念

Excel 2007 提供了多种样式的图表类型，例如：柱形图、条形图、饼图、折线图、XY（散点）、面积图、圆环图、曲面图、股市图、气泡图、圆锥和圆柱图等基本图表样式。

通过图表可以快速说明工作表数据，图表可以将工作表中的一行行数字变为非常直观的图形格式，然后直观地观察和分析数据的变化趋势。而且图表与生成它们的工作表数据相链接，当更改工作表数据时，图表会自动被更新。

图表不仅可以放在工作表中，也可以放在图表工作表中。直接放在工作表中的图表被称为嵌入图表。工作簿中只包含图表的工作表称为图表工作表。

### 8.1.2 图表的组成

图表的特点就是将数字资料转换为图形，以便更加直观地分析数据。通常情况下，图表包括二维图表和三维图表两种，如图 8.1.1 和图 8.1.2 所示分别为二维图表和三维图表的示例。

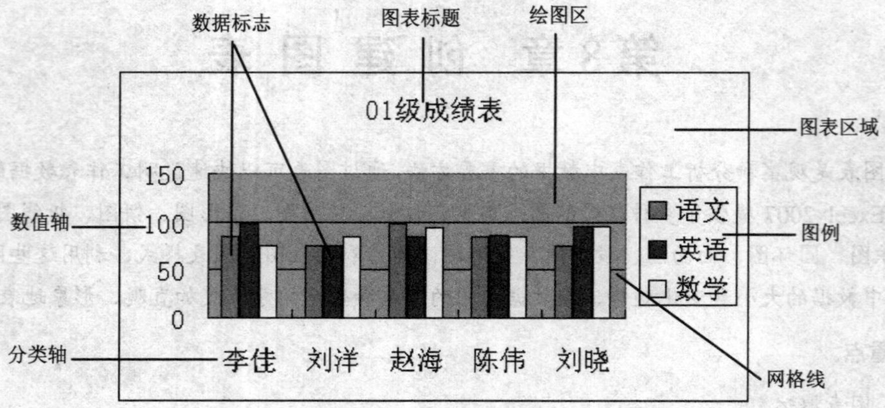


图 8.1.1　二维图表

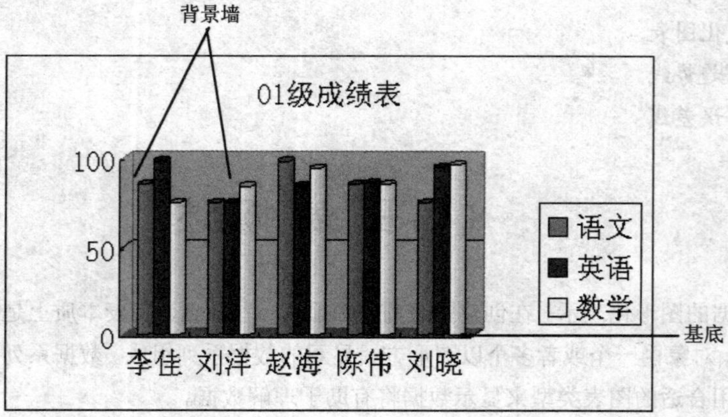


图 8.1.2　三维图表

下面介绍图表中一些常用术语。

数据标志：在数据区域中，同一列数据或同一行数据的集合构成一组数据系列，也就是图表中相关数据点的集合。一个图表中可以有一组或多组数据列，不同的数据列之间通常用不同的颜色、图案或符号来区分，如在图 8.1.1 中，成绩表中的语文、英语和高数成绩分别用不同的颜色来表示。

图例：图例一般为数据清单中的列标题。它包含图例标示和图例项。图例标示，即字段前面不同颜色的小方块，代表数据系列的图案；图例项是与图例标示相对应的数据系列名称，即一种图例项对应一种图例标示，而图例标示的小方块颜色即该图例项在图表中数据列的颜色。

数值轴：数值轴是标识数值大小及分类的水平线和垂直线，上面有标定数据值的标志，即刻度，如图 8.1.1 中的“0，50，100，150”。应该注意的是，有的图表使用了三维立体图表，还包含有 Z 轴，三维图表可以在两个方向上表示分类，而饼图、圆环图等图表不含有数值轴。

网格线：将坐标轴的刻度记号向上对 X 轴或向右对 Y 轴，延伸到整个绘图区的直线。网格线可以使用户更清楚数据点与坐标轴的相对位置，以便更容易估计图表上数据点的实际数值。

图表标题：图表标题分为 3 种，图表标题、分类 X 轴和数值 Y 轴。图表标题为该图表的标题，如“01 级成绩表”。

背景墙和基底：背景墙和基底是三维图表的组成部分，它以 X 轴、Y 轴和 Z 轴所构成的平面为背景墙，以 X 轴和 Y 轴所构成的平面为基底，如图 8.1.2 所示。

# 8.2 创 建 图 表

Excel 2003 提供了多种创建图表的方法，在 Excel 2007 中，用户只须简单的几步操作，即可创建出各种实用的图表。在 Excel 2007 中创建图表的具体操作步骤如下：

（1）在工作表中选中要创建图表的数据区域，如图 8.2.1 所示。

| | A | B | C | D | E | F |
|---|---|---|---|---|---|---|
| 1 | 序号 | 类别 | 书名 | 作者 | 印数/册 | 定价/元 |
| 2 | 1 | 哲学 | 邓小平理论原理 | 杨红雨 | 5000 | 28 |
| 3 | 2 | 计算机 | 计算机网络原理及维护 | 吕林 | 4020 | 32.5 |
| 4 | 3 | 文学 | 小说技巧 | 刘军 | 10100 | 17 |
| 5 | 4 | 计算机 | C++程序设计精通 | 刘利 | 2000 | 36 |
| 6 | 5 | 文学 | 雾都孤儿 | 狄更斯(英) | 5000 | 19.8 |
| 7 | 6 | 计算机 | 新编计算机操作教程 | 刘红刚 | 760 | 16 |
| 8 | 7 | 英语 | 英语语法无敌宝典 | 李慧 | 6005 | 18 |
| 9 | 8 | 文学 | 跟我学应用写作 | 秦言 | 4000 | 28 |
| 10 | 9 | 英语 | 电子商务专业英语 | 李小月 | 2500 | 23.5 |
| 11 | 10 | 计算机 | 计算机公共基础 | 张瑶 | 1500 | 22 |
| 12 | 11 | 英语 | 计算机专业英语 | 马勇 | 4000 | 24 |
| 13 | 12 | 英语 | 英语导游手册 | 王家卫 | 4500 | 31 |
| 14 | 13 | 哲学 | 马克思主义哲学 | 赵家常 | 4500 | 16 |

图 8.2.1 选中数据区域

（2）在“插入”选项卡中的“图表”选项区中单击任意一种图表按钮，如图 8.2.2 所示，即可创建出该种样式的图表，如图 8.2.3 所示。

图 8.2.2 图表选项区

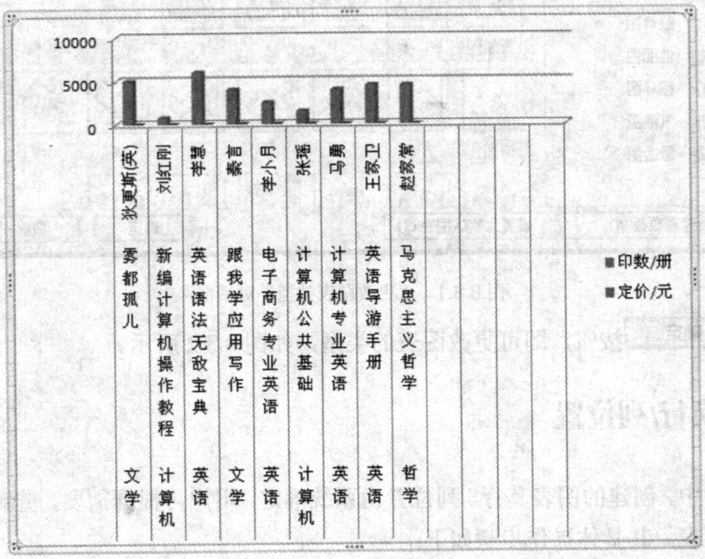


图 8.2.3 创建的图表

# 8.3 编辑图表

创建好图表后，还可以对图表的类型、大小、位置等进行设置，以使图表更加符合用户的需要。下面将对这些编辑操作进行介绍。

## 8.3.1 更改图表类型

对于大多数二维图表，可以更改整个图表的图表类型以赋予其完全不同的外观，也可以为任何单个数据系列（数据系列：在图表中绘制的相关数据点，这些数据源自数据表的行或列。图表中的每个数据系列具有唯一的颜色或图案并且在图表的图例中表示。可以在图表中绘制一个或多个数据系列。饼图只有一个数据系列）选择另一种图表类型，使图表转换为组合图表。对于气泡图和大多数三维图表，只能更改整个图表的图表类型。

下面以更改二维图表的图表类型为例，介绍更改图表类型的方法，具体操作步骤如下：

（1）选中创建的图表。

（2）在“图表工具”上下文工具中的“设计”选项卡中的“类型”选项区中单击

按钮，弹出“更改图表类型”对话框，如图 8.3.1 所示。

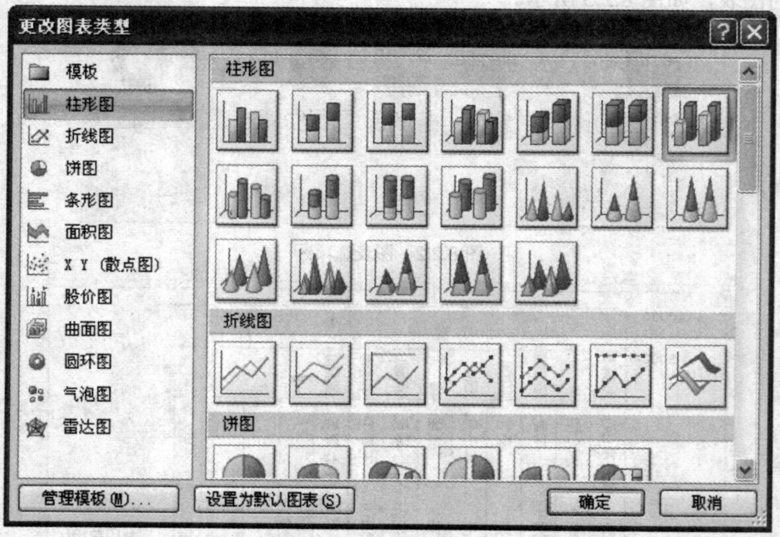


图 8.3.1 “更改图表类型”对话框

（3）单击 确定 按钮，即可更改图表的类型，如图 8.3.2 所示。

## 8.3.2 切换行/列位置

在 Excel 2007 中，创建的图表其行、列位置由系统确定，用户可根据需要，重新更改行列的位置，以便于用户查看图表。其具体操作步骤如下：

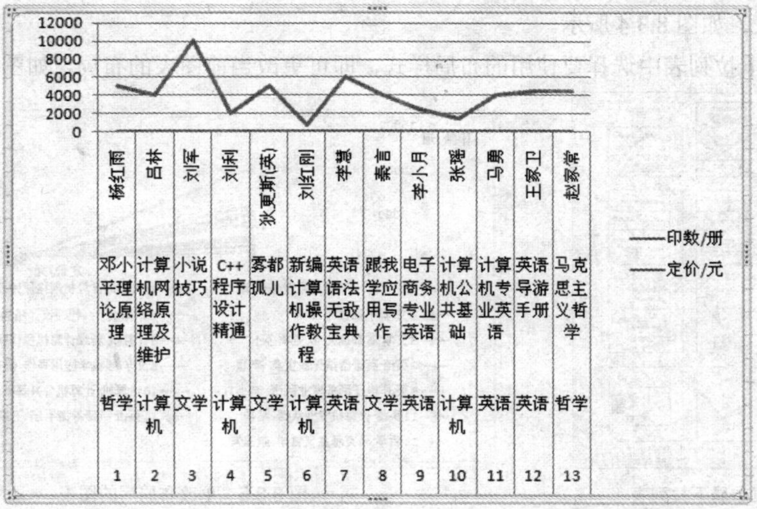


图 8.3.2 更改类型后的图表

（1）选中创建的工作表。

（2）在“图表工具”上下文工具中的“设计”选项卡中的“数据”选项区中单击切换行/列按钮，即可切换图表的行列，如图 8.3.3 所示。

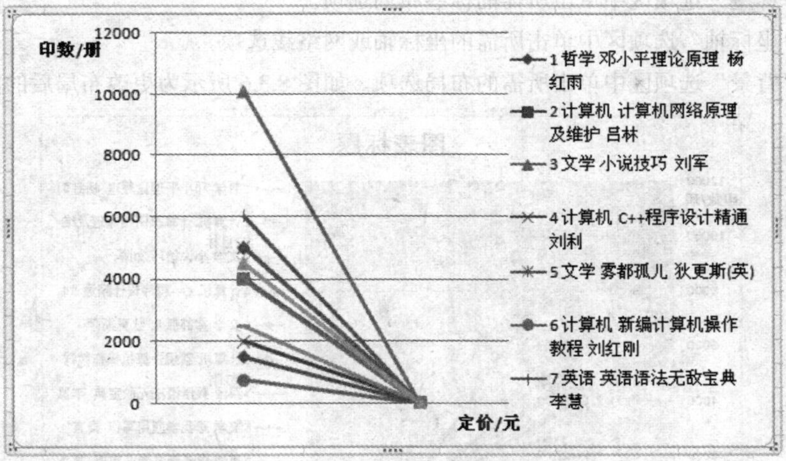


图 8.3.3 切换图表的行列

## 8.3.3 更改图表布局

创建图表后，用户可以立即更改它的外观。可以快速将一个预定义布局应用到图表中，而无须手动添加或更改图表元素。Microsoft Office Excel 提供了多种有用的预定义布局，用户可以直接从中选择；也可以通过手动更改单个图表元素的布局来进一步自定义布局。

### 1. 选择预定义图表布局

使用预定义图表布局更改图表布局的具体操作步骤如下：

（1）选择要设置格式的图表。

（2）在“图表工具”上下文工具中的“设计”选项卡中的“图表布局”选项区中单击按钮，

弹出其下拉列表，如图 8.3.4 所示。

（3）在该下拉列表中选择要使用的布局样式，即可更改当前图表的布局，如图 8.3.5 所示。

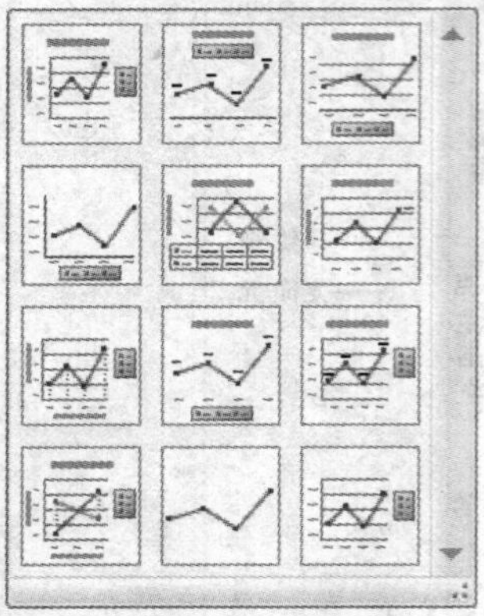

图 8.3.4　图表布局下拉列表

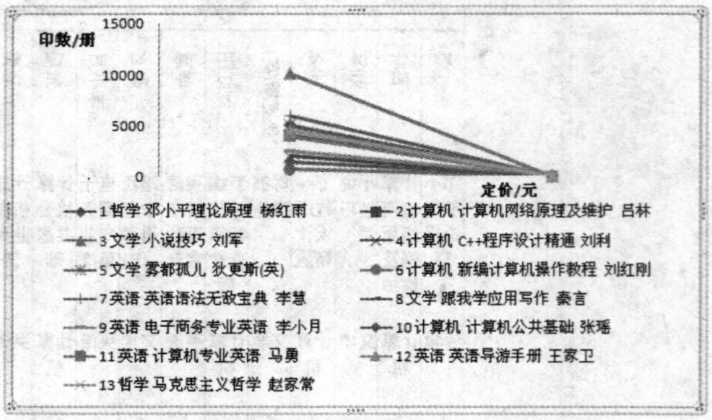


图 8.3.5　更改布局后的图表

## 2．手动更改图表元素的布局

除了可以使用系统预设的布局更改图表布局外，还可以手动更改图表的布局，具体操作步骤如下：

（1）选中图表或选择要为其更改布局的图表元素。

（2）在“标签”选项区中单击所需的标签布局选项。

（3）在“坐标轴”选项区中单击所需的坐标轴或网络线选项。

（4）在“背景”选项区中单击所需的布局选项，如图 8.3.6 所示为更改布局后的图表。

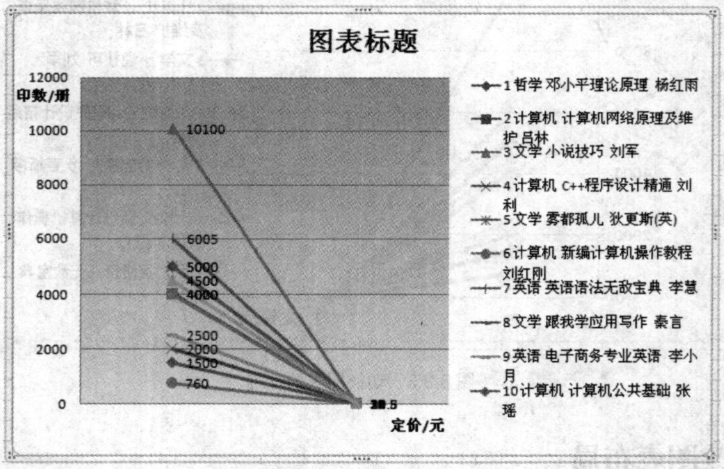


图 8.3.6　更改布局后的图表

# 8.3.4　更换图表样式

图表样式与图表布局相同，都关系到图表的外观，用户可根据需要，对图表的样式进行更换，以使图表符合用户需要。用户既可以选择系统预设的图表样式，也可以手动对图表的样式进行修改，下面分别对这两种方法进行介绍。

## 1．选择预定义图表样式

选择预定义图表样式更换图表样式的具体操作步骤如下：

（1）选中需要设置格式的图表。

（2）在“图表工具”上下文工具中的“设计”选项卡中的“图表样式”选项区中单击按钮，弹出其下拉列表，如图 8.3.7 所示。

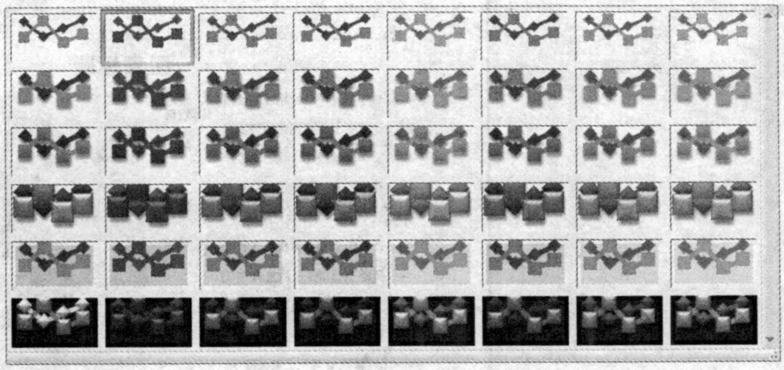

图 8.3.7　图表样式下拉列表

（3）在该列表中选择要使用的样式，即可更改当前选中图表的样式，如图 8.3.8 所示。

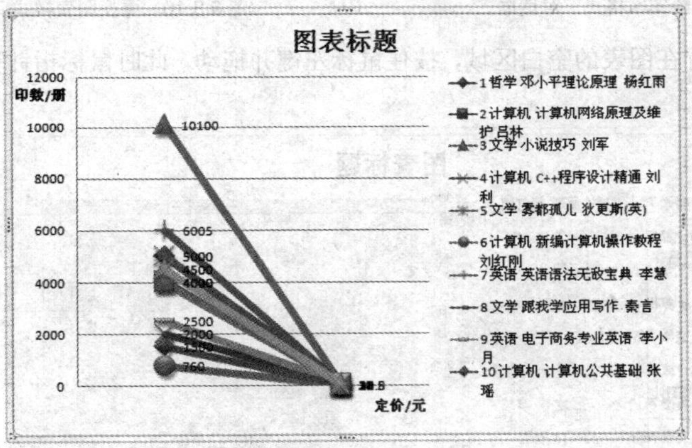


图 8.3.8　更改样式后的图表

**2．手动修改图表样式**

手动修改图表样式的具体操作步骤如下：

（1）单击图表，选中要设置格式的图表元素。

（2）在“图表工具”上下文工具中的“格式”选项卡中的“当前所选内容”选项区中单击 设置所选内容格式 按钮，即可弹出设置该格式对应的对话框，如图 8.3.9 所示为选中绘图区时弹出的“设置绘图区格式”对话框。

（3）在该对话框中设置绘图区的格式，最终效果如图 8.3.10 所示。

## 8.3.5　移动图表及改变图表大小

当图表创建完成后，通常要对图表进行移动、调整其大小及删除等操作。

**1．移动图表**

移动图表，其具体操作步骤如下：

（1）选中需要移动的图表，此时图表的四周会出现 8 个控制柄。

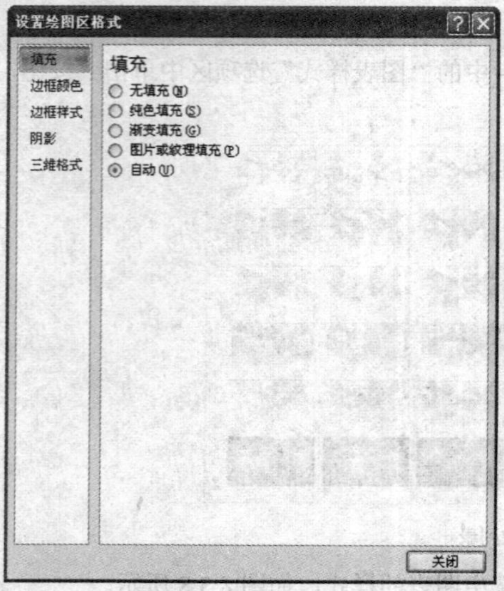

图 8.3.9 “设置绘图区格式”对话框

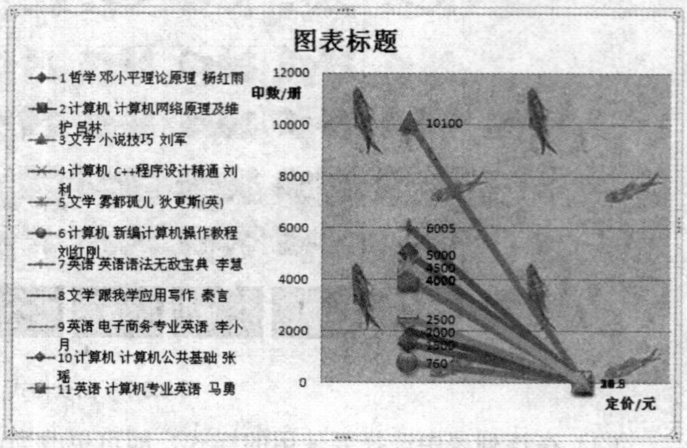

图 8.3.10 更换图表样式后的效果

（2）将鼠标放置在图表的空白区域，按住鼠标左键并拖动，此时鼠标指针变成✥形状，移动图表，如图 8.3.11 所示。

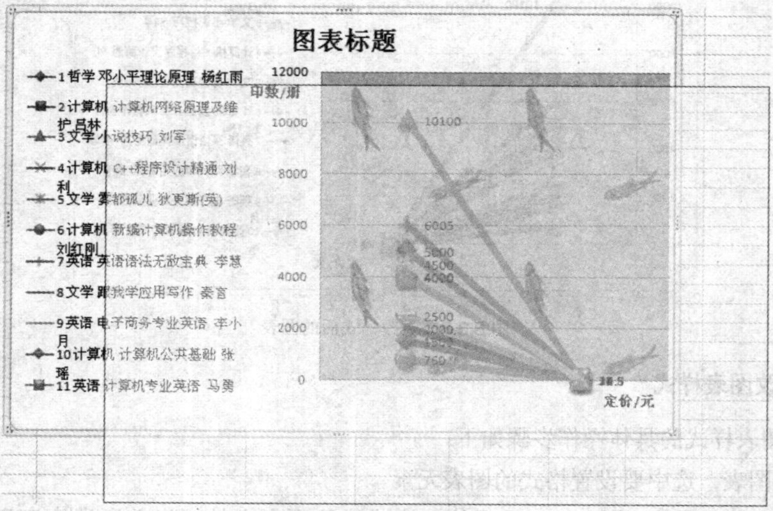

图 8.3.11 移动图表

## 2. 改变图表大小

改变图表大小，其具体操作步骤如下：

（1）选中需要改变大小的图表，此时图表的四周会出现 8 个控制柄。

（2）将鼠标指针放在任意一个控制柄上，当鼠标指针变成↙↗、↘↖或↔形状时，按住鼠标左键并拖动，即可改变图表的大小。

**技巧** 当鼠标指针变成↙↗或↘↖形状时，按住“Shift”键并拖动鼠标，即可等比例缩放图表。

# 8.4　格式化图表

默认情况下，用户刚创建的图表其样式都是由系统设置的，用户可根据需要，对图表的各个组成部分进行重新设置，以使图表更加美观实用。

## 8.4.1　设置图表标题

为使图表更易于理解，可以对任何类型的图表添加标题（图表标题：图表标题是说明性的文本，可以自动与坐标轴对齐或在图表顶部居中），如图表标题和坐标轴标题。坐标轴标题通常用于能够在图表中显示的所有坐标轴，包括三维图表中的竖（系列）坐标轴。有些图表类型（如雷达图）有坐标轴，但不能显示坐标轴标题。没有坐标轴的图表类型（如饼图和圆环图）也不能显示坐标轴标题。

### 1. 应用包含标题的图表布局

用户可直接应用包含标题的图表布局以快速为图表添加标题，具体操作步骤如下：

（1）单击要对其应用图表布局的图表。

（2）在“图表工具”上下文工具中的“设计”选项卡中的“图表布局”选项区中单击包含标题的布局，如图 8.4.1 所示，即可为图表添加标题。

### 2. 手动添加图表标题

用户也可以手动添加图表标题，具体操作步骤如下：

（1）单击要对其添加标题的图表。

（2）在“图表工具”上下文工具中的“布局”选项卡中的“标签”选项区单击

按钮，弹出其下拉列表，如图 8.4.2 所示。

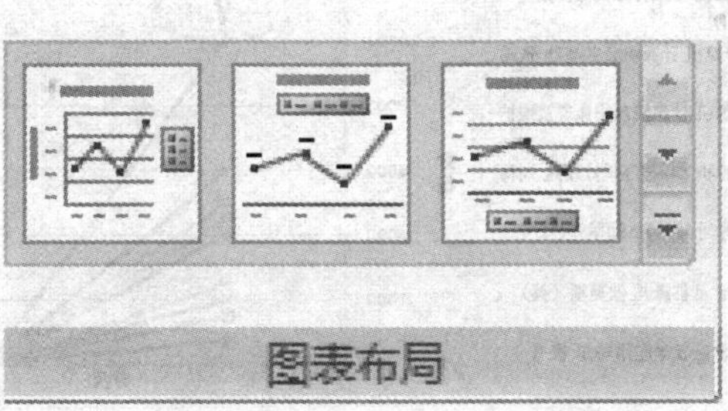


图 8.4.1　添加标题

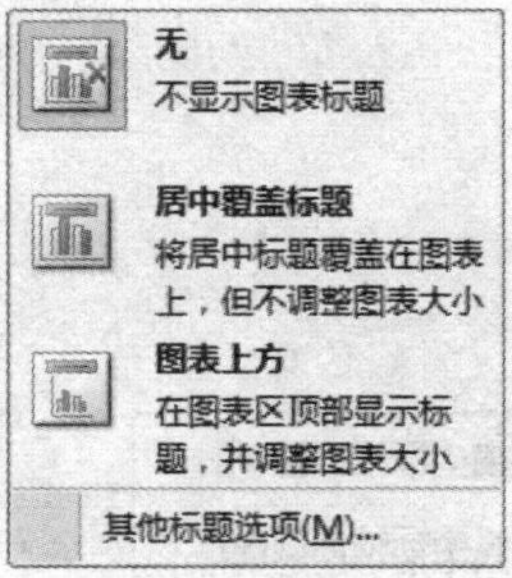


图 8.4.2　图表标题下拉列表

（3）在该下拉列表中选择“居中覆盖标题”或“图表上方”选项，即可在图表中创建一个标题文本框。

（4）在该文本框中输入所需文本，即可设置好图表标题，如图 8.4.3 所示。

### 3. 手动添加坐标轴标题

图表中的坐标轴标题需要手动添加，其具体操作步骤如下：

（1）单击要对其添加坐标轴标题的图表。

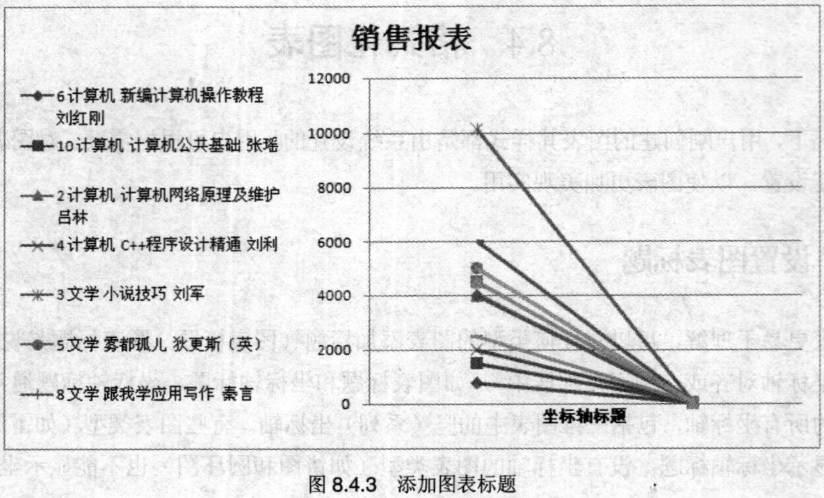


图 8.4.3　添加图表标题

（2）在“图表工具”上下文工具中的“布局”选项卡中的“标签”选项区单击 坐标轴标题 按钮，弹出其下拉列表，如图 8.4.4 所示。

（3）如果要向主要水平（分类）添加标题，可以选择 主要横坐标轴标题(H) 选项，然后在弹出的下拉列表中选择所需选项。

（4）如果要向主要垂直（数值）轴添加标题，可以选择 主要纵坐标轴标题(V) 选项，然后在弹出的下拉列表中选择所需选项。

（5）设置好坐标轴标题后，在各自的文本框中输入所需文本，即可创建好坐标轴标题，如图 8.4.5 所示。

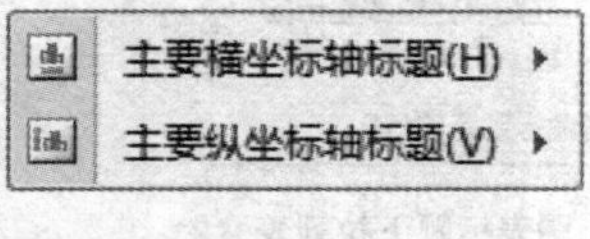


图 8.4.4　坐标轴标题下拉列表

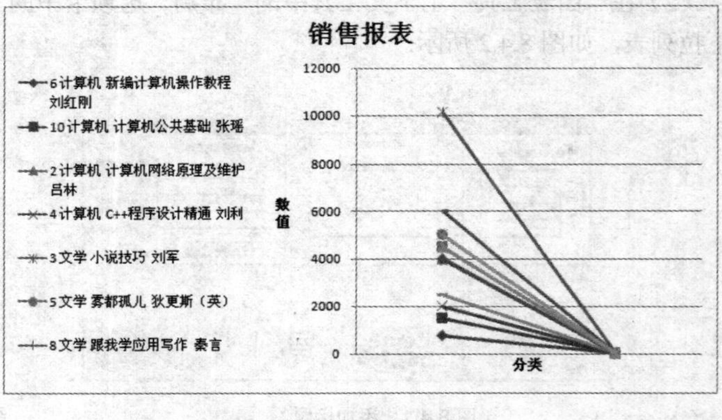


图 8.4.5　添加的坐标轴标题

## 8.4.2　设置图例格式

如果用户要对图表中的图例格式进行设置，可按照以下操作步骤进行：

（1）选中要设置图例格式的图表。

（2）在“图表工具”上下文工具中的“布局”选项卡中的“标签”选项区中单击 图例 按钮，弹出其下拉列表，如图 8.4.6 所示。

（3）在该列表中选择合适的选项，即可设置好图例的位置，如图 8.4.7 所示。

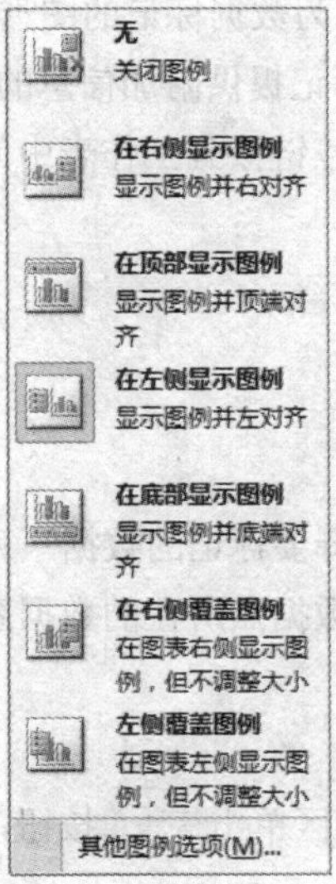


图 8.4.6　图例下拉列表

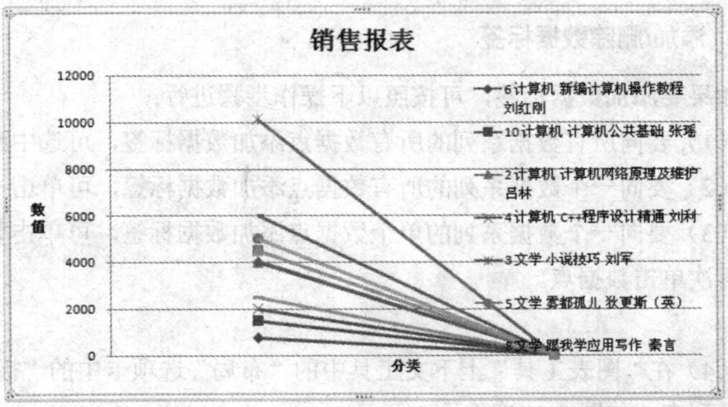


图 8.4.7　更改图例位置

（4）如果用户要对图例中的文字、边框、背景等进行设置，可在“图表工具”上下文工具中的“布局”选项卡中的“当前所选内容”选项区中单击 设置所选内容格式 按钮，弹出“设置图例格式”对话框，如图 8.4.8 所示。

（5）在该对话框中可以设置图例的位置、填充、边框颜色、边框样式以及阴影等效果，最终效果如图 8.4.9 所示。

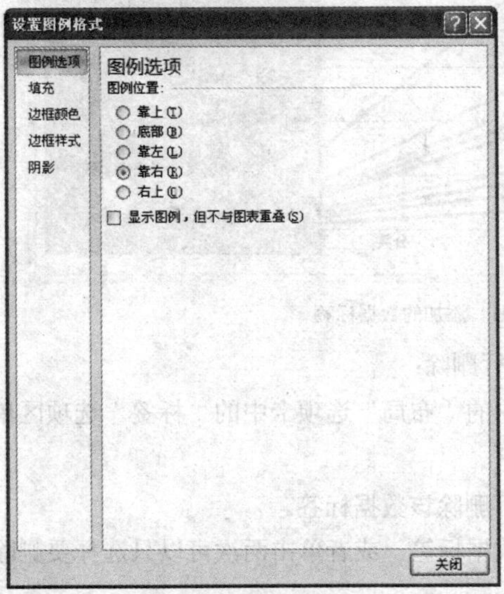


图 8.4.8　“设置图例格式”对话框

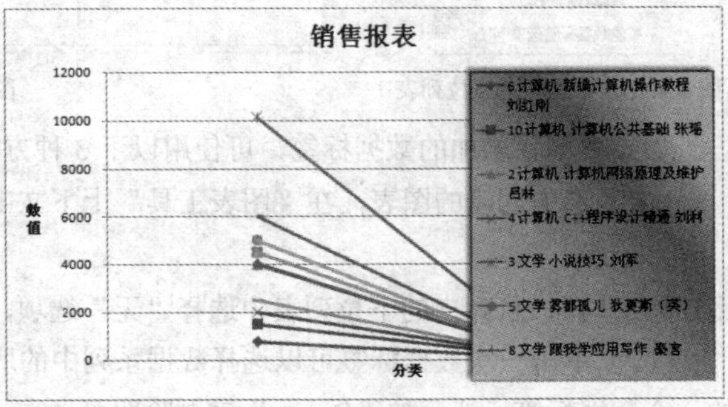


图 8.4.9　设置好的图例

## 8.4.3　设置数据标签

要快速标识图表中的数据系列（数据系列：在图表中绘制的相关数据点，这些数据源自数据表的行或列。图表中的每个数据系列具有唯一的颜色或图案并且在图表的图例中表示，可以在图表中绘制一个或多个数据系列，饼图只有一个数据系列)，可以向图表的数据点（数据点：在图表中绘制的单个值，这些值由条形、柱形、折线、饼图或圆环图的扇面、圆点和其他被称为数据标记的图形表示。相同颜色的数据标记组成一个数据系列）添加数据标签（数据标签：为数据标记提供附加信息的标签，数据标签代表源于数据表单元格的单个数据点或值）。默认情况下，数据标签链接到工作表中的值，在对这些值进行更改时它们会自动更新。

**1．添加/删除数据标签**

如果要添加数据标签，可按照以下操作步骤进行：

（1）要向所有数据系列的所有数据点添加数据标签，可选中整个。

（2）要向一个数据系列的所有数据点添加数据标签，可单击一次以选择要标记的数据系列。

（3）要向一个数据系列的单个数据点添加数据标签，可单击要标记的数据点所在的数据系列，然后再次单击数据点。

（4）在“图表工具”上下文工具中的“布局”选项卡中的“标签”选项区单击数据标签按钮，弹出其下拉列表，如图 8.4.10 所示。

（5）在该下拉列表中选择合适的选项，即可为所选对象添加数据标签，如图 8.4.11 所示为整个图表添加数据标签后的效果。

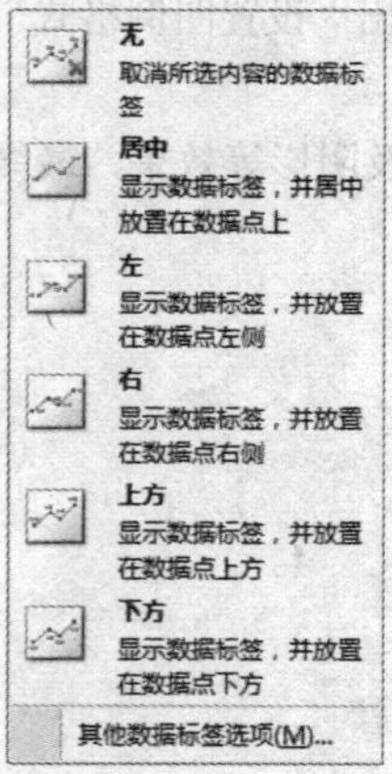


图 8.4.10　数据标签下拉列表

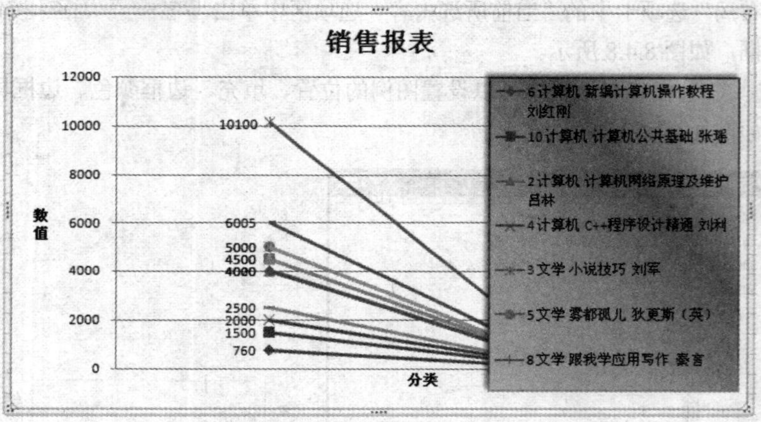


图 8.4.11　添加的数据标签

如果要删除添加的数据标签，可使用以下 3 种方法进行删除：

（1）选中创建的图表，在“图表工具”上下文工具中的“布局”选项卡中的“标签”选项区单击数据标签按钮，从弹出的下拉列表中选择“无”选项，即可删除该数据标签。

（2）单击一次数据标签可以选择数据系列中的所有数据标签，或者单击两次可以只选择要删除的一个数据标签，然后按“Delete”键删除即可。

（3）用鼠标右键单击数据标签，然后从弹出的快捷菜单上选择删除(D)命令即可。

**2．更改显示的数据标签项**

如果要更改显示的数据标签项，可按照以下操作步骤进行：

（1）要显示系列中所有数据点的其他标签项，可单击一次数据标签以选择该数据系列的所有数据标签。

（2）要显示单个数据点的其他标签项，可单击要更改的数据点中的数据标签，然后再次单击数据标记。

（3）在“图表工具”上下文工具中的“格式”选项卡中的“当前选择”选项区中单击 设置所选内容格式 按钮，弹出“设置数据点格式”对话框，如图 8.4.12 所示。

（4）在该对话框中设置数据标签的格式，最终效果如图 8.4.13 所示。

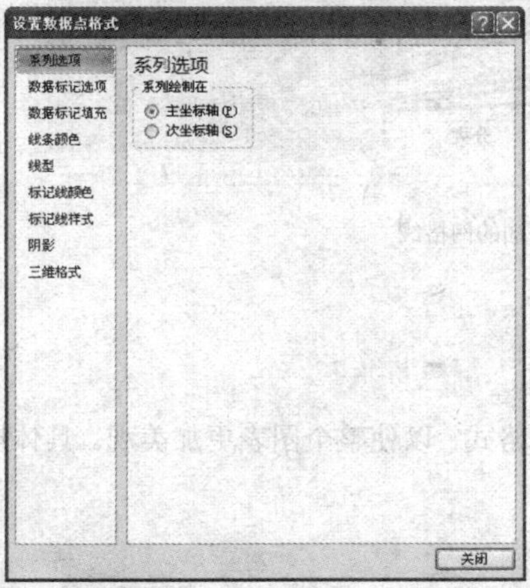


图 8.4.12　“设置数据点格式”对话框

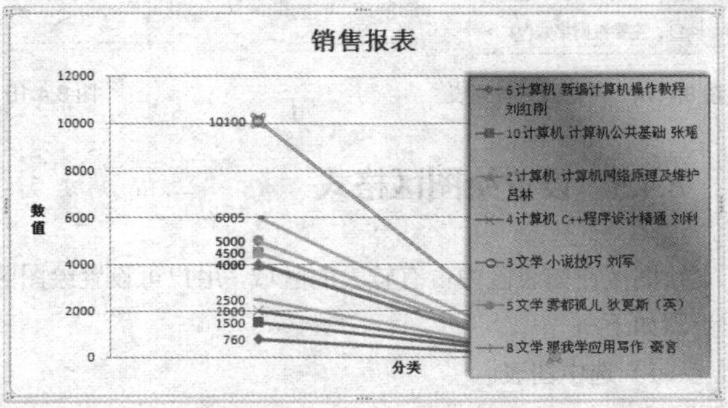


图 8.4.13　更改后的数据标签

## 8.4.4　设置网格线

为了便于阅读图表中的数据，可以在图表的绘图区（绘图区：在二维图表中，是指通过轴来界定的区域，包括所有数据系列。在三维图表中，同样是通过轴来界定的区域，包括所有数据系列、分类名、刻度线标志和坐标轴标题）显示从任何水平轴（坐标轴：界定图表绘图区的线条，用做度量的参照框架。y 轴通常为垂直坐标轴并包含数据，x 轴通常为水平轴并包含分类）和垂直轴延伸出的水平和垂直网格线。在三维图表中还可以显示竖网格线。可以为主要和次要刻度单位显示网格线，并且它们与坐标轴上显示的主要和次要刻度线对齐。

在工作表中设置网格线的具体操作步骤如下：

（1）单击要向其中添加网格线的图表。

（2）在“图表工具”上下文工具中的“布局”选项卡中的“坐标轴”选项区中单击 网格线 按钮，弹出其下拉列表，如图 8.4.14 所示。

（3）如果要向图表中添加横网格线，可选择 主要横网格线(H) 命令，然后在其下拉菜单中选择所需的选项即可。

（4）如果要向图表中添加纵网格线，可选择 主要纵网格线(V) 命令，然后在其下拉菜单中选择所需的选项即可。

（5）设置完成后，最终效果如图 8.4.15 所示。

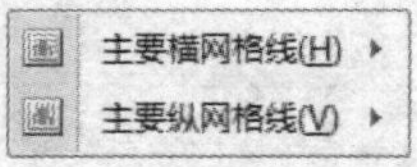


图 8.4.14　网格线下拉列表

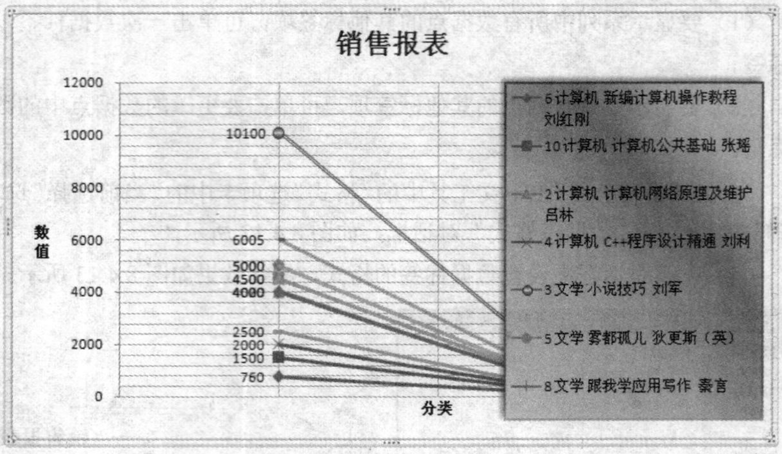


图 8.4.15　添加的网格线

## 8.4.5　设置绘图区格式

绘图区在图表区中占有较大的区域，用户可设置绘图区的格式，以使整个图表更加美观。具体操作步骤如下：

（1）选中图表。

（2）在“图表工具”上下文工具中的“布局”选项卡中的“背景”选项区中单击绘图区按钮，在弹出的下拉菜单中选择其他绘图区选项(M)...命令，弹出“设置绘图区格式”对话框，如图 8.4.16 所示。

（3）在该对话框中设置绘图区的填充、边框颜色、边框样式、阴影以及三维格式等属性，最终效果如图 8.4.17 所示。

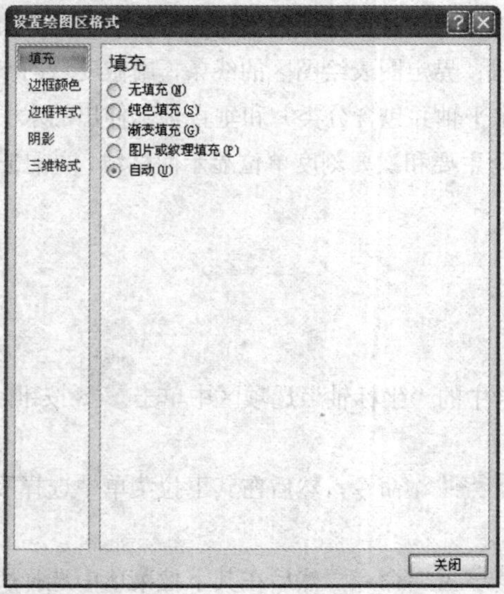


图 8.4.16　“设置绘图区格式”对话框

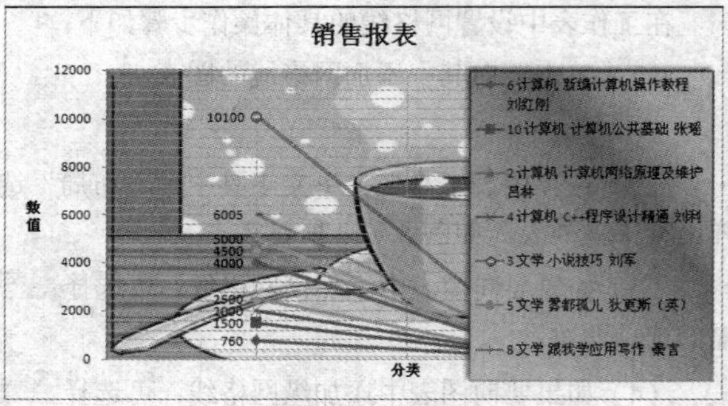


图 8.4.17　设置好的绘图区

# 8.5　应用趋势线

在图表中添加趋势线能够非常直观地对数据的变化趋势进行分析预测。

## 8.5.1　添加趋势线

为图表添加趋势线的具体操作步骤如下：

（1）在图表中选中要添加趋势线的数据系列。

（2）在“图表工具”上下文工具中的“布局”选项卡中的“分析”选项区中单击趋势线按钮，弹出其下拉列表，如图 8.5.1 所示。

（3）在该下拉列表中选择合适的趋势线，即可在图表中添加该趋势线，如图 8.5.2 所示。

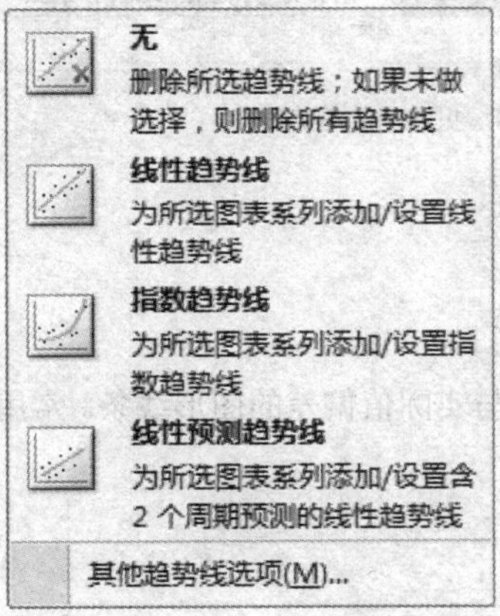


图 8.5.1　趋势线下拉列表

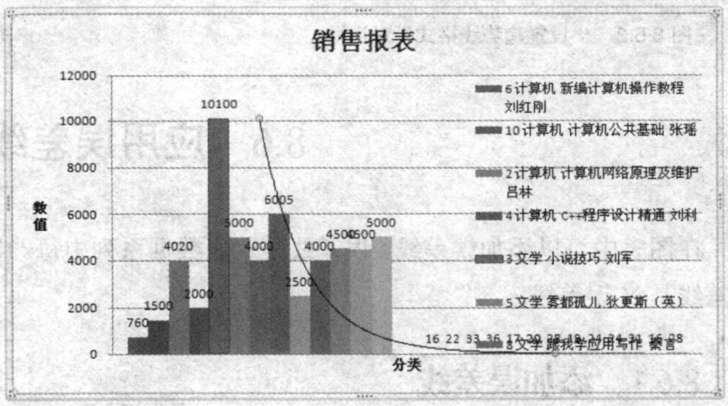


图 8.5.2　添加了趋势线的图表

## 8.5.2　修改趋势线

创建好趋势线后，用户还可以对其进行修改，具体操作步骤如下：

（1）在图表中选中需要修改的趋势线。

（2）在“图表工具”上下文工具中的“布局”选项卡中的“当前所选内容”选项区中单击设置所选内容格式按钮，弹出“设置趋势线格式”对话框，如图 8.5.3 所示。

（3）在该对话框中可以设置趋势线的类型、线条颜色、线型以及阴影等，设置完成后，其效果如图 8.5.4 所示。

## 8.5.3　删除趋势线

如果用户要将图表中的趋势线删除，可采用以下两种方法：

（1）选中图表中的趋势线，按下键盘上的“Delete”键。

（2）选中图表中的趋势线，单击鼠标右键，从弹出的快捷菜单中选择删除(D)命令。

（3）选中图表中的趋势线，在“图表工具”上下文工具中的“布局”选项卡中的“分析”选项区中单击

按钮，从弹出的快捷菜单中选择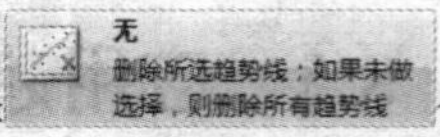

命令即可。

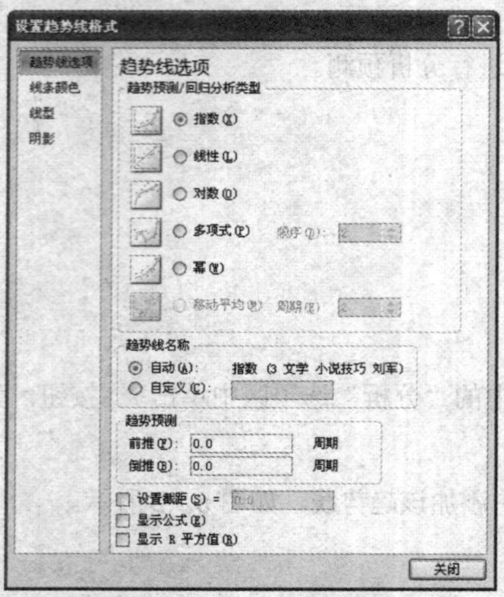


图 8.5.3 “设置趋势线格式”对话框

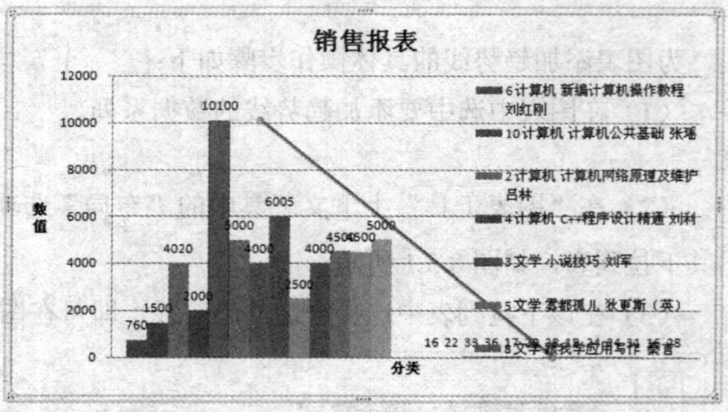


图 8.5.4 更改后的趋势线

## 8.6 应用误差线

在图表中可以添加误差线。误差线是代表数据系列中每一数据与实际值偏差的图形线条。常用的误差线是 Y 误差线。

### 8.6.1 添加误差线

为数据系列添加误差线的具体操作步骤如下：

（1）在数据图表中，选中要添加误差线的数据系列。

（2）在“图表工具”上下文工具中的“布局”选项卡中的“分析”选项区中单击

按钮，弹出其下拉列表，如图 8.6.1 所示。

（3）在该下拉列表中选择合适的选项，即可在该图表中添加误差线，如图 8.6.2 所示。

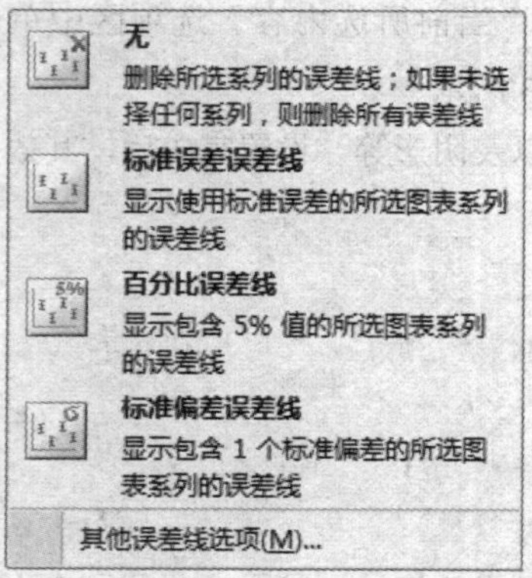


图 8.6.1 误差线下拉列表

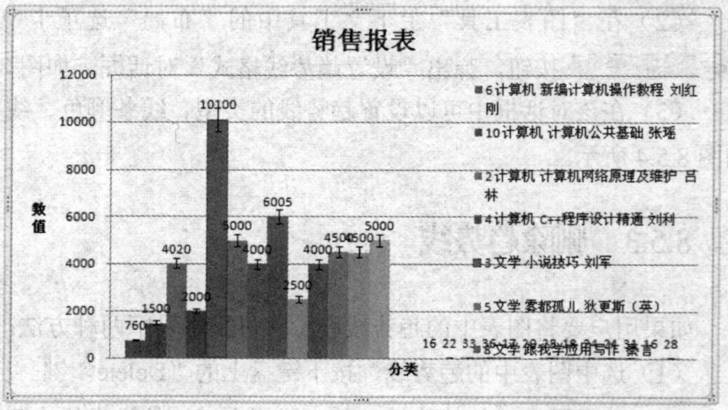


图 8.6.2 创建的误差线

## 8.6.2　修改误差线

误差线的各种设置可以进行修改。对于任何一条误差线所做的修改，将影响到与之相关的数据系列的所有误差线。修改误差线的具体操作步骤如下：

（1）在图表中选中要修改的误差线所在的数据系列。

（2）在“图表工具”上下文工具中的“布局”选项卡中的“当前所选内容”选项区中单击 设置所选内容格式 按钮，弹出“设置误差线格式”对话框，如图 8.6.3 所示。

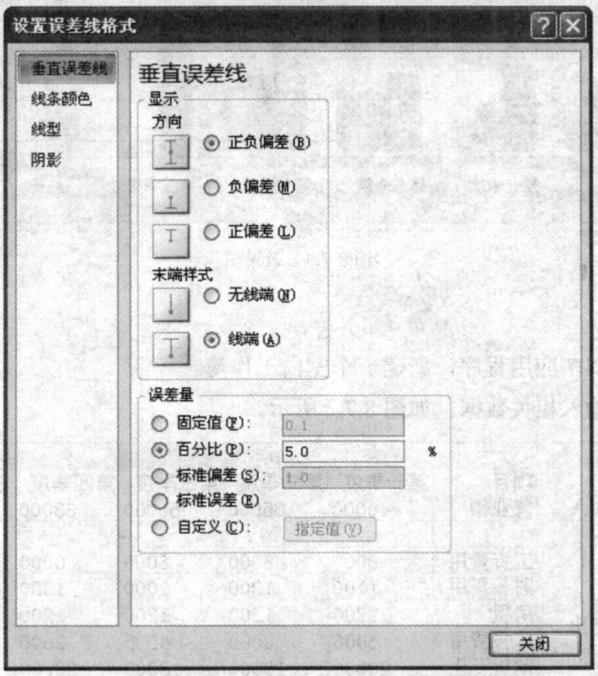


图 8.6.3　“设置误差线格式”对话框

（3）在该对话框中设置误差线的样式、线条颜色、线型以及阴影等参数即可。

## 8.6.3　删除误差线

如果用户要将图表中的误差线删除，可采用以下两种方法：

（1）选中图表中的误差线，按下键盘上的“Delete”键。

（2）选中图表中的误差线，单击鼠标右键，从弹出的快捷菜单中选择 删除(D) 命令。

（3）选中图表中的误差线，在“图表工具”上下文工具中的“布局”选项卡中的“分析”选项区中单击 误差线 按钮，从弹出的快捷菜单中选择 无 删除所选系列的误差线；如果未选择任何系列，则删除所有误差线 命令即可。

# 8.7　典型实例——制作损益表

通过本章的学习，利用 Excel 2007 制作损益表，效果如图 8.7.1 所示。

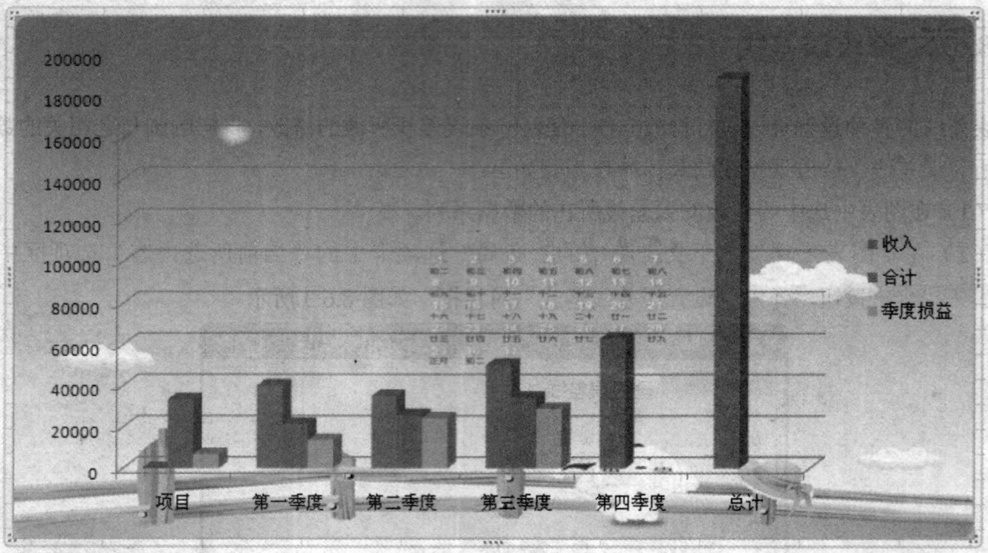


图 8.7.1　效果图

## 创作步骤

（1）启动 Excel 2007 应用程序，新建一个空白工作簿。

（2）在工作表中输入相关数据，如图 8.7.2 所示。

| | A | B | C | D | E | F | G |
|---|---|---|---|---|---|---|---|
| 1 | | 项目 | 第一季度 | 第二季度 | 第三季度 | 第四季度 | 总计 |
| 2 | 收入 | 营业额 | 40000 | 35000 | 50000 | 63000 | |
| 3 | | | | | | | |
| 4 | 支出 | 工资费用 | 6000 | 6000 | 6000 | 6000 | |
| 5 | | 财务费用 | 1100 | 1200 | 1000 | 1350 | |
| 6 | | 房租 | 1200 | 1200 | 1200 | 1200 | |
| 7 | | 广告费用 | 5000 | 3000 | 4500 | 2600 | |
| 8 | | 购货支出 | 20000 | 10000 | 13000 | 23000 | |
| 9 | | 合计 | | | | | |
| 10 | 损益 | 季度损益 | | | | | |
| 11 | | 年度损益 | | | | | |

图 8.7.2　输入数据

（3）选中 C9 单元格，在“开始”选项卡中的“编辑”选项区中单击“自动求和”按钮 Σ，按“Enter”键，效果如图 8.7.3 所示。

| | A | B | C | D | E | F | G |
|---|---|---|---|---|---|---|---|
| 1 | | 项目 | 第一季度 | 第二季度 | 第三季度 | 第四季度 | 总计 |
| 2 | 收入 | 营业额 | 40000 | 35000 | 50000 | 63000 | |
| 3 | | | | | | | |
| 4 | 支出 | 工资费用 | 6000 | 6000 | 6000 | 6000 | |
| 5 | | 财务费用 | 1100 | 1200 | 1000 | 1350 | |
| 6 | | 房租 | 1200 | 1200 | 1200 | 1200 | |
| 7 | | 广告费用 | 5000 | 3000 | 4500 | 2600 | |
| 8 | | 购货支出 | 20000 | 10000 | 13000 | 23000 | |
| 9 | | 合计 | 33300 | | | | |
| 10 | 损益 | 季度损益 | | | | | |
| 11 | | 年度损益 | | | | | |

图 8.7.3　求和效果

（4）选中 C9 单元格，拖动单元格黑色边框右下角的黑色小点至 G9 单元格，将求和公式复制到 D9～G9 单元格，效果如图 8.7.4 所示。

| | A | B | C | D | E | F | G | H |
|---|---|---|---|---|---|---|---|---|
| 1 | | 项目 | 第一季度 | 第二季度 | 第三季度 | 第四季度 | 总计 | |
| 2 | 收入 | 营业额 | 40000 | 35000 | 50000 | 63000 | | |
| 3 | | | | | | | | |
| 4 | | 工资费用 | 6000 | 6000 | 6000 | 6000 | | |
| 5 | | 财务费用 | 1100 | 1200 | 1000 | 1350 | | |
| 6 | 支出 | 房租 | 1200 | 1200 | 1200 | 1200 | | |
| 7 | | 广告费用 | 5000 | 3000 | 4500 | 2600 | | |
| 8 | | 购货支出 | 20000 | 10000 | 13000 | 23000 | | |
| 9 | | 合计 | 33300 | 21400 | 25700 | 34150 | 0 | |
| 10 | 损益 | 季度损益 | | | | | | |
| 11 | | 年度损益 | | | | | | |

图 8.7.4　复制公式结果

（5）选中 C2～F2 单元格，在“开始”选项卡中的“编辑”选项区中单击“自动求和”按钮 Σ，按“Enter”键。

（6）重复步骤（4）的操作，将公式复制到 G4～G9 单元格，效果如图 8.7.5 所示。

| | A | B | C | D | E | F | G | H |
|---|---|---|---|---|---|---|---|---|
| 1 | | 项目 | 第一季度 | 第二季度 | 第三季度 | 第四季度 | 总计 | |
| 2 | 收入 | 营业额 | 40000 | 35000 | 50000 | 63000 | 188000 | |
| 3 | | | | | | | 0 | |
| 4 | | 工资费用 | 6000 | 6000 | 6000 | 6000 | 24000 | |
| 5 | | 财务费用 | 1100 | 1200 | 1000 | 1350 | 4650 | |
| 6 | 支出 | 房租 | 1200 | 1200 | 1200 | 1200 | 4800 | |
| 7 | | 广告费用 | 5000 | 3000 | 4500 | 2600 | 15100 | |
| 8 | | 购货支出 | 20000 | 10000 | 13000 | 23000 | 66000 | |
| 9 | | 合计 | 33300 | 21400 | 25700 | 34150 | 114550 | |
| 10 | 损益 | 季度损益 | | | | | | |
| 11 | | 年度损益 | | | | | | |

图 8.7.5　复制公式结果

（7）计算季度损益。季度损益等于销售收入减去支出合计，双击 C10 单元格，输入“＝”，单击 C2 单元格再输入“－”，单击 C9 单元格，如图 8.7.6 所示，按“Enter”键得出计算结果。

| | A | B | C | D | E | F | G |
|---|---|---|---|---|---|---|---|
| 1 | | 项目 | 第一季度 | 第二季度 | 第三季度 | 第四季度 | 总计 |
| 2 | 收入 | 营业额 | 40000 | 35000 | 50000 | 63000 | 188000 |
| 3 | | | | | | | 0 |
| 4 | | 工资费用 | 6000 | 6000 | 6000 | 6000 | 24000 |
| 5 | | 财务费用 | 1100 | 1200 | 1000 | 1350 | 4650 |
| 6 | 支出 | 房租 | 1200 | 1200 | 1200 | 1200 | 4800 |
| 7 | | 广告费用 | 5000 | 3000 | 4500 | 2600 | 15100 |
| 8 | | 购货支出 | 20000 | 10000 | 13000 | 23000 | 66000 |
| 9 | | 合计 | 33300 | 21400 | 25700 | 34150 | 114550 |
| 10 | 损益 | 季度损益 | =C2-C9 | | | | |
| 11 | | 年度损益 | | | | | |

图 8.7.6　输入公式后得出的结果

（8）选中 C10 单元格，用鼠标拖动黑色边框右下角的黑色小点，将公式复制到 D10～G10 单元格，如图 8.7.7 所示。

| | A | B | C | D | E | F | G | H |
|---|---|---|---|---|---|---|---|---|
| 1 | | 项目 | 第一季度 | 第二季度 | 第三季度 | 第四季度 | 总计 | |
| 2 | 收入 | 营业额 | 40000 | 35000 | 50000 | 63000 | 188000 | |
| 3 | | | | | | | 0 | |
| 4 | 支出 | 工资费用 | 6000 | 6000 | 6000 | 6000 | 24000 | |
| 5 | | 财务费用 | 1100 | 1200 | 1000 | 1350 | 4650 | |
| 6 | | 房租 | 1200 | 1200 | 1200 | 1200 | 4800 | |
| 7 | | 广告费用 | 5000 | 3000 | 4500 | 2600 | 15100 | |
| 8 | | 购货支出 | 20000 | 10000 | 13000 | 23000 | 66000 | |
| 9 | | 合计 | 33300 | 21400 | 25700 | 34150 | 114550 | |
| 10 | 损益 | 季度损益 | 6700 | 13600 | 24300 | 28850 | 73450 | |
| 11 | | 年度损益 | | | | | | |

图 8.7.7 计算季度损益

（9）计算年度损益。年度损益等于上季损益加上本季损益。双击 C11 单元格，输入“=”，单击 C10 单元格，如图 8.7.8 所示，按“Enter”键显示结果。

（10）双击 D11 单元格，输入“=”，单击 D10 单元格，再输入“+”，然后单击 C11 单元格，如图 8.7.9 所示。

| | | |
|---|---|---|
| 损益 | 季度损益 | 6700 |
| | 年度损益 | =C10 |

图 8.7.8 直接引用

| | | | | |
|---|---|---|---|---|
| 10 | 损益 | 季度损益 | 6700 | 13600 |
| 11 | | 年度损益 | 6700 | =D10+C11 |

图 8.7.9 计算年度损益

（11）重复步骤（4）的操作，将 C11 单元格中的年度损益公式复制到 E11～G11 单元格，如图 8.7.10 所示。

| | A | B | C | D | E | F | G | H |
|---|---|---|---|---|---|---|---|---|
| 1 | | 项目 | 第一季度 | 第二季度 | 第三季度 | 第四季度 | 总计 | |
| 2 | 收入 | 营业额 | 40000 | 35000 | 50000 | 63000 | 188000 | |
| 3 | | | | | | | 0 | |
| 4 | 支出 | 工资费用 | 6000 | 6000 | 6000 | 6000 | 24000 | |
| 5 | | 财务费用 | 1100 | 1200 | 1000 | 1350 | 4650 | |
| 6 | | 房租 | 1200 | 1200 | 1200 | 1200 | 4800 | |
| 7 | | 广告费用 | 5000 | 3000 | 4500 | 2600 | 15100 | |
| 8 | | 购货支出 | 20000 | 10000 | 13000 | 23000 | 66000 | |
| 9 | | 合计 | 33300 | 21400 | 25700 | 34150 | 114550 | |
| 10 | 损益 | 季度损益 | 6700 | 13600 | 24300 | 28850 | 73450 | |
| 11 | | 年度损益 | 6700 | 20300 | 44600 | 73450 | 146900 | |
| 12 | | | | | | | | |

图 8.7.10 复制公式结果

（12）选中 A1～G2 单元格，按住“Ctrl”键，选中 B9～F10 单元格，在“插入”选项卡中的“图表”选项区中单击 柱形图 按钮，弹出其下拉列表，如图 8.7.11 所示。

（13）在该列表中的“三维柱形图”选项区中选择第一个图表样式，即可在工作表中插入一个图表，如图 8.7.12 所示。

（14）选中创建的图表，将其移至合适位置。

（15）将鼠标指针置于图表右下角的控制点处，当其变成 ↘ 形状时，单击并拖动鼠标，将图表拖至合适大小。

（16）使图表处于选中状态，在“图表工具”上下文工具中的“布局”选项卡中的“当前所选内容”选项区中单击 设置所选内容格式 按钮，弹出“设置图表区格式”对话框。

（17）在“填充”选项区中选中 ◉ 图片或纹理填充(P) 单选按钮，如图 8.7.13 所示。单击 文件(F)... 按钮，弹出“插入图片”对话框。

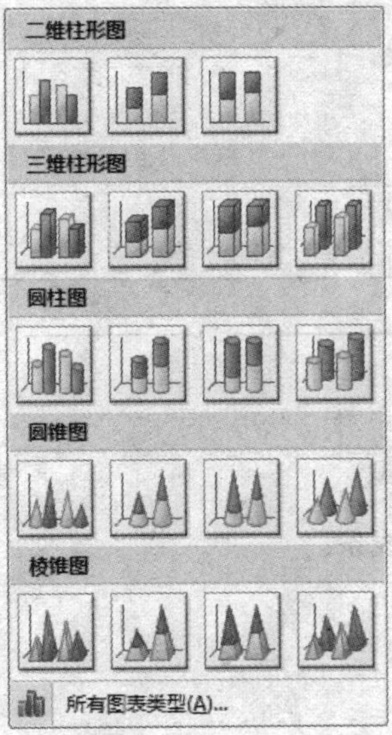


图 8.7.11　柱形图下拉列表

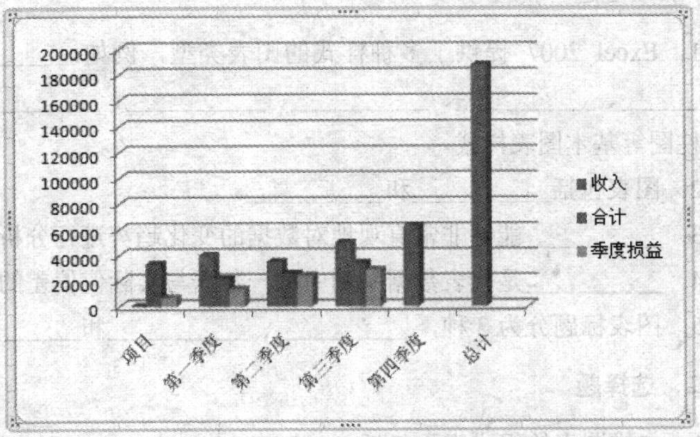


图 8.7.12　创建的图表

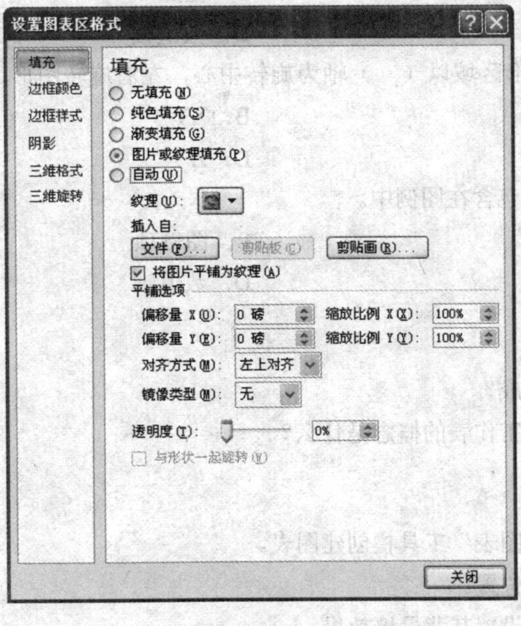


图 8.7.13　“设置图表区格式”对话框

（18）在该对话框中选择合适的图片，单击 插入(S) 按钮，即可将该图片作为图表背景。

（19）至此，该损益表已制作完成，最终效果如图 8.7.1 所示。

## 小　　结

本章主要讲解了图表的相关操作，主要包括图表概述、创建图表、编辑图表、格式化图表、应用趋势线和应用误差线。通过本章的学习，用户应该能根据工作表中的数据创建各种不同类型的图表。

# 过关练习八

## 一、填空题

1. Excel 2007 提供了多种样式的图表类型，例如：__________、__________、__________、__________、__________、__________、__________、__________、__________、__________、圆锥和圆柱图等基本图表样式。

2. 图表包括__________和__________。

3. __________能够非常直观地对数据的变化趋势进行分析预测。

4. __________是代表数据系列中每一数据与实际值偏差的图形线条。

5. 图表标题分为 3 种，__________、__________和__________。

## 二、选择题

1. 二维图表的组成中不包括（　）。

A. 图例　　B. 基底

C. 背景墙　　D. 数值轴

2. “左右转角”是图形区域以（　）轴为旋转中心，左右旋转图形。

A. Y　　B. XY

C. X　　D. Z

3. 下面（　）选项不包含在图例中。

A. 图例标示　　B. 图例项

C. 背景墙　　D. 数值轴

## 三、问答题

1. 图表由哪几部分组成？

2. 嵌入式图表和图表工作表的概念是什么？

## 四、上机操作题

1. 在工作表中使用“图表”工具栏创建图表。

2. 设置图表的大小及位置。

3. 更改图表类型，并设置其背景墙效果。

4. 通过“设置三维视图格式”对话框旋转图表。

# 第 9 章 页面设置与打印输出

在 Excel 中，所有表格都是在当前窗口中显示的，如果表格很大，不能将其所有内容显示在屏幕上时，可以通过调整窗口显示比例及隐藏不必要的窗口元素来扩大窗口显示区域。

在 Excel 中编辑的所有电子表格和其他软件一样都可以打印出来，但在打印之前有必要进行一些打印设置。

**本章重点**

（1）页面设置。

（2）打印预览。

（3）打印工作表。

## 9.1 页 面 设 置

在打印工作表之前，需要对其进行一系列的设置，例如设置页面、页边距及页眉页脚等。下面就对这些操作进行介绍。

### 9.1.1 设置页面

设置页面包括设置工作表的纸张方向、纸张大小等。

**1．设置纸张方向**

纸张方向分为纵向打印和横向打印两种。纵向打印是指打印按每列从左到右进行，打印出的页面是竖向的，它主要用于内容窄而长的工作表；横向打印是指打印按每行从上到下进行，打印出的页面是横向的，它主要用于内容宽而短的工作表。

设置纸张方向的具体操作步骤如下：

（1）在“页面布局”选项卡中的“页面设置”选项区中单击

按钮，弹出其下拉列表，如图 9.1.1 所示。

（2）在该列表中选择合适的纸张方向，即可更改当前工作表的纸张方向。

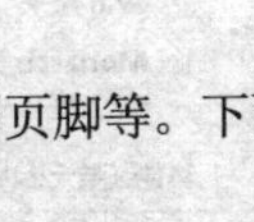

图 9.1.1 纸张方向下拉列表

**2．设置纸张大小**

打印纸张包括 A4 纸、明信片、16 K 纸等，因此，在打印工作表之前要根据所使用的纸张大小选择合适的纸张，以使工作表能完全打印出来。设置纸张大小的具体操作步骤如下：

（1）在“页面布局”选项卡中的“页面设置”选项区中单击

按钮，弹出其下拉列表，如图 9.1.2 所示。

（2）在该下拉列表中选择合适的选项，即可更改当前的纸张大小。

如果用户要对工作表的缩放比例及打印质量等进行设置，可按照以下操作步骤进行：

（1）在“页面布局”选项卡中的“页面设置”选项区中单击“对话框启动器”按钮，即可弹出“页面设置”对话框，如图 9.1.3 所示。

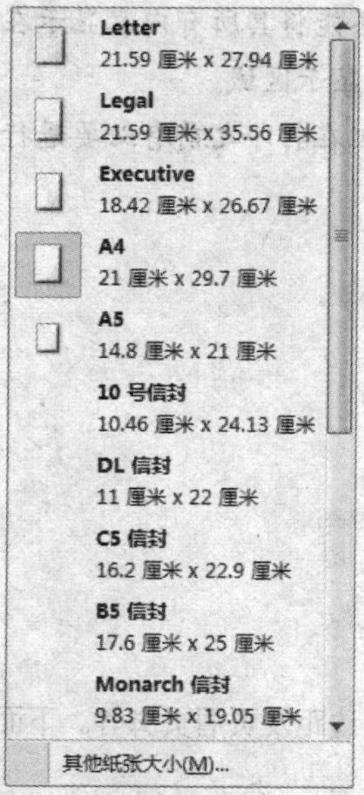


图 9.1.2 纸张大小下拉列表

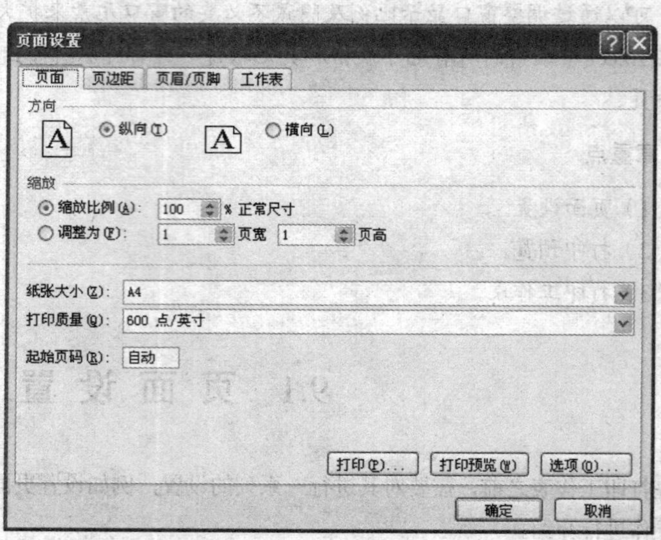


图 9.1.3 “页面设置”对话框

（2）在“缩放”选项区中选中 缩放比例(A): 单选按钮，并在其后的微调框中设置缩放比例，其范围为 10%～400%；选中 调整为(F): 单选按钮，在“页宽”和“页高”微调框中输入页宽和页高的值，可按指定的页宽和页高自动缩放打印比例。

（3）可根据所用打印机的打印机分辨率，在“打印质量”下拉列表中选择合适的打印分辨率。打印机的分辨率与打印机本身有关，不同的打印机提供不同的打印分辨率。

（4）对于要打印多页的工作表，可以在“起始页码”文本框中输入要打印的实际起始页码，如果不输入数值，默认情况下为“自动”，即从多张工作表中的第一页开始按照默认顺序打印。

### 9.1.2 设置页边距

页边距是指页面上打印区域之外的空白空间。为页面设置合适的页边距，可以设置有效的打印区域。设置页边距的具体操作步骤如下：

（1）在“页面布局”选项卡中的“页面设置”选项区中单击“对话框启动器”按钮，即可弹出“页面设置”对话框。

（2）单击 页边距 标签，打开“页边距”选项卡，如图 9.1.4 所示。

（3）在“上”、“下”、“左”、“右”4 个微调框中输入数值，可以调整打印内容到页边缘上、下、左、右的距离。数值越大，表示打印内容到页边缘的距离越大。

（4）“居中方式”选项组中包括 水平(Z) 和 垂直(V) 两个复选框。水平居中是指打印内容与页面左、右边缘的距离相等，垂直居中是指打印内容与页面上、下边缘的距离相等。

（5）设置完成后，单击 确定 按钮即可。

### 9.1.3 设置页眉和页脚

页眉是每一打印页顶部所显示的一行信息，可以用于表明名称和标题等内容；页脚是每一打印页底部所显示的一行信息，可以用于表明页号、打印日期和时间等。设置页眉和页脚的具体操作步骤如下：

（1）在“页面布局”选项卡中的“页面设置”选项区中单击“对话框启动器”按钮，即可弹出“页面设置”对话框。

（2）单击 页眉/页脚 标签，打开“页眉/页脚”选项卡，如图9.1.5所示。

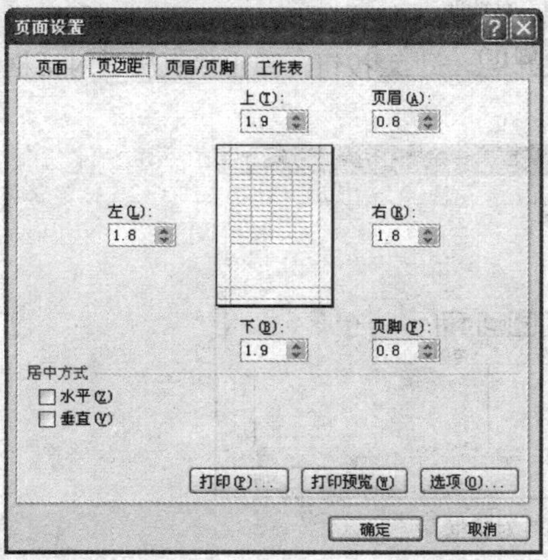

图9.1.4 “页边距”选项卡

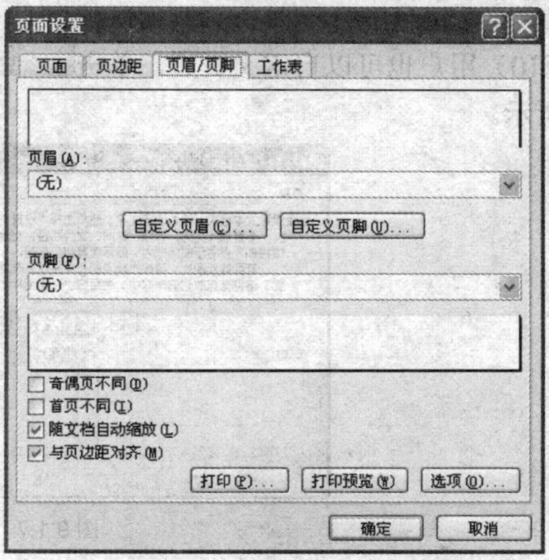

图9.1.5 “页眉/页脚”选项卡

（3）在“页眉”下拉列表中选择预定义的页眉和用户自定义的页眉，选择其中之一可以在页面中插入打印页眉。如果不需要在打印工作中显示页眉，则在列表框中选择“无”选项。

（4）在“页脚”下拉列表中选择一种页脚显示方式，在该下拉列表下方的预览框中可以显示打印时的页脚外观。如果不需要在工作表中显示页脚，则在列表框中选择“无”选项。

（5）若要在某个奇数页上插入不同的奇数页页眉或页脚，或在某个偶数页上插入不同的偶数页页眉或页脚，可选中 ☑奇偶页不同(D) 复选框。

（6）要从打印首页中删除页眉和页脚，可选中 ☑首页不同(I) 复选框。

（7）要使用与工作表相同的字号和缩放比例，可选中 ☑随文档自动缩放(L) 复选框。要使页眉或页脚的字号和缩放比例与工作表缩放比例无关，从而在多个页面上获得一致的显示效果，可取消选中该复选框。

（8）若要确保页眉边距或页脚边距与工作表的左右边距对齐，可选中 ☑与页边距对齐(M) 复选框。若要为页眉和页脚的左右边距设置一个与工作表的左右边距无关的特定值，可取消选中该复选框。

（9）用户也可以自定义页眉，单击 自定义页眉(C)... 按钮，弹出“页眉”对话框，如图9.1.6所示。

在“页眉”对话框中从左到右列出了3个编辑框，分别为“左”、“中”、“右”。用鼠标单击任意一个编辑框，即可在其中输入文本。在“左”编辑框中输入的内容将自动左对齐，在“中”编辑框中输入的内容将自动居中对齐，在“右”编辑框中输入的内容将自动右对齐。用户可以通过3个编辑框上方的按钮来编辑输入的文本。

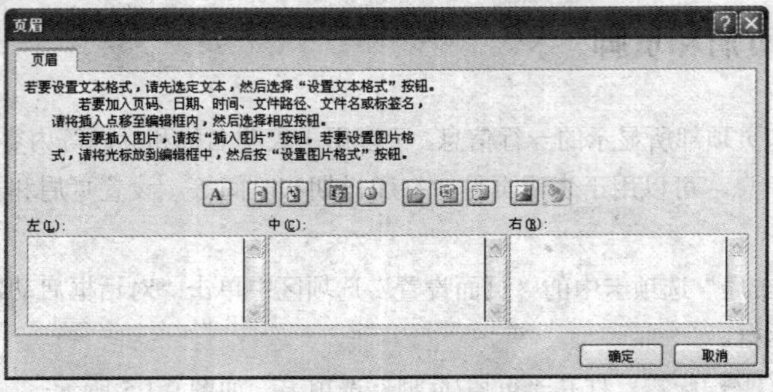


图 9.1.6　“页眉”对话框

(10) 用户也可以自定义页眉，单击 自定义页脚(U)... 按钮，弹出“页脚”对话框，如图 9.1.7 所示。

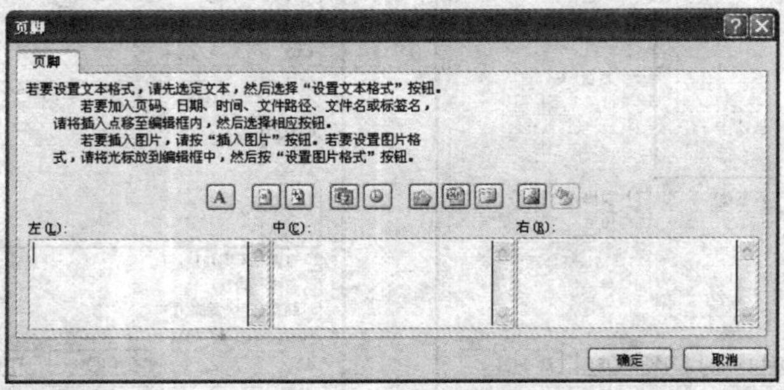


图 9.1.7　“页脚”对话框

“页脚”对话框中的设置与“页眉”对话框设置基本相同，用户可以按照设置页眉的方法设置页脚，在此不再赘述。

## 9.1.4　设置工作表

如果用户要设置打印区域、打印标题、打印顺序和设置其他打印选项，都可以在“工作表”选项卡中进行设置，具体操作步骤如下：

(1) 在“页面布局”选项卡中的“页面设置”选项区中单击“对话框启动器”按钮，即可弹出“页面设置”对话框。

(2) 单击 工作表 标签，打开“工作表”选项卡，如图 9.1.8 所示。

(3) 打开打印工作表内容的一部分，在“打印区域”的文本框中单击“折叠”按钮，然后在工作表中选定要打印的单元格区域，即可在打印页面中指定打印的部分内容。

(4) 在“打印标题”设置区域可以设置打印的标题。在“顶端标题行”文本框中输入顶端标题所在的单元格引用或直接输入标题名称。在“左端标题列”文本框中输入左端标题所在的单元格引用或直接输入标题名称。

(5) 在“打印”设置区域中包含一组选项，其作用如下：

1) ☑ 网格线(G) 复选框：选中该复选框，在打印时增加水平和垂直网格线。

2) ☑ 单色打印(B) 复选框：选中该复选框，在打印时将彩色数据或图表以黑白格式打印。

3) ☑ 草稿品质(Q) 复选框：选中该复选框，在打印时不打印大部分图形和网格线，大大减少打印时间。

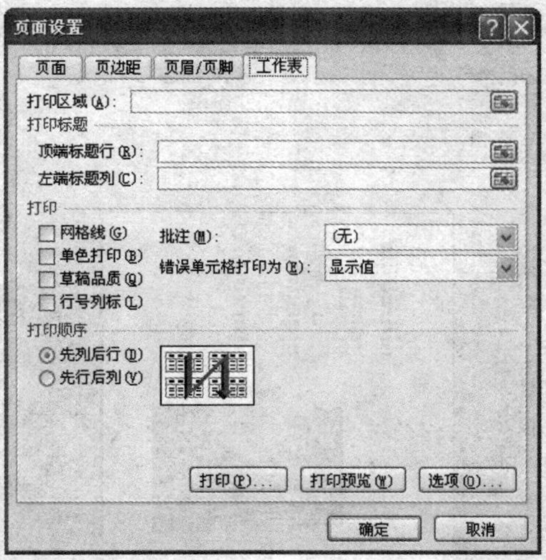


图 9.1.8　“工作表”选项卡

4）☑行号列标(L) 复选框：选中该复选框，以 A1 或 R1:B1 的单元格引用方式打印行号或列号。

5）批注(M): 下拉列表：在该下拉列表中设置打印批注的方式，如果不打印批注则选择“无”。

（6）当工作表的打印区域超过一页时，Excel 会自动分页打印。在“打印顺序”选项组中可以设置打印的先后顺序。选中 ◉先列后行(D) 单选按钮，表示先从列打印，打印完成后再从行进行打印；选中 ◉先行后列(V) 单选按钮，表示先从行打印，打印完成后再从列进行打印。

## 9.2　打印预览

打印预览就是在实际打印之前，把工作表的打印效果显示在屏幕上，使用户可以预先浏览一下，以便决定是否修改打印参数，从而避免造成打印浪费。打印预览工作表的具体操作步骤如下：

（1）单击“Microsoft Office 按钮”，弹出其下拉列表，如图 9.2.1 所示。

（2）在该列表中单击 打印(P) 按钮，弹出其下拉菜单，如图 9.2.2 所示。

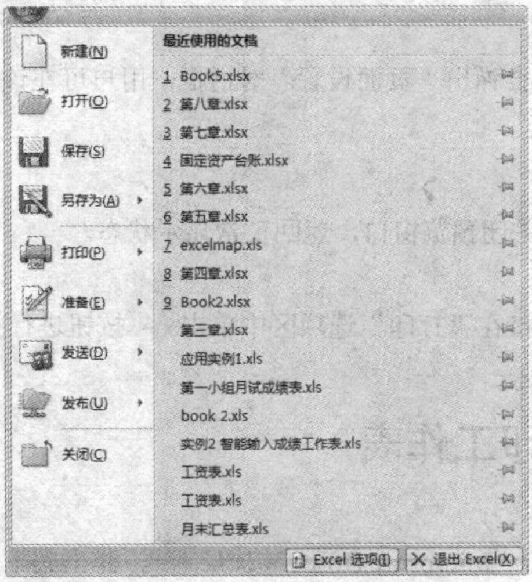


图 9.2.1　Office 下拉列表

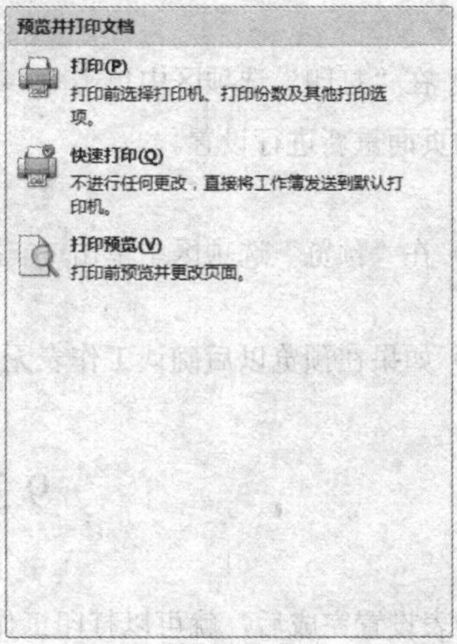


图 9.2.2　打印下拉菜单

（3）在该菜单中选择 打印预览(V) 打印前预览并更改页面。 命令，即可打开“打印预览”选项卡，如图 9.2.3 所示。

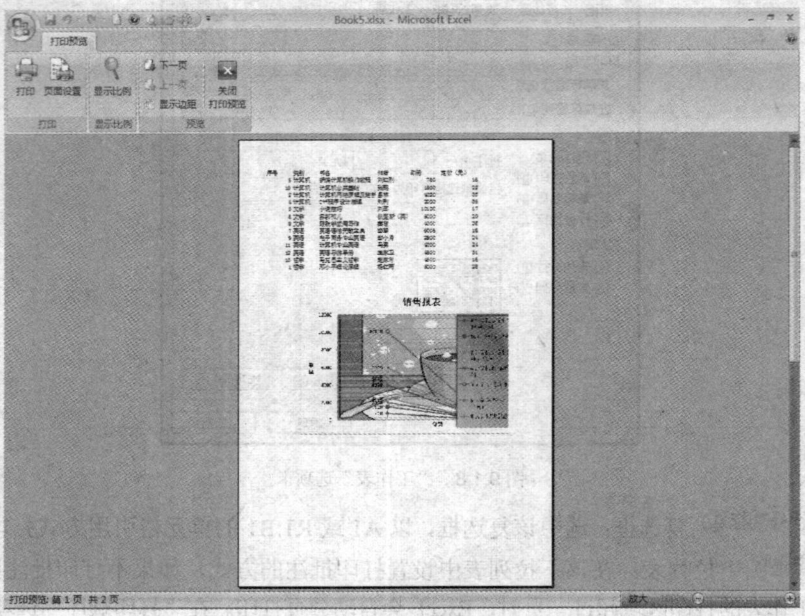


图 9.2.3 “打印预览”选项卡

（4）如果要预览下一页，可在“预览”选项区中单击 下一页 按钮；如果要预览上一页，可在“预览”选项区中单击 上一页 按钮。

（5）如果要查看页边距，可在“预览”选项区中选中 ☑ 显示边距 复选框。将会在“打印预览”视图中显示页边距。如果要更改页边距，可将页边距拖至所需的高度和宽度，也可以通过拖动打印预览页顶部的控点来更改列宽。

（6）在“显示比例”选项区中单击 显示比例 按钮，可在放大显示和全页显示之间进行切换。缩放不影响打印的大小，在当前预览页上的任一位置单击鼠标相当于单击 显示比例 按钮。

（7）在“打印”选项区中单击 页面设置 按钮，将会弹出“页面设置”对话框，用户可在该对话框中对打印的页面重新进行设置。

（8）在“预览”选项区中单击 关闭打印预览 按钮，可关闭预览窗口，返回正常显示状态。

（9）如果在预览以后确认工作表无误，可直接在“打印”选项区中单击 打印 按钮进行打印。

## 9.3 打印工作表

工作表设置完成后，就可以打印工作表。单击“Microsoft Office 按钮”，弹出其下拉列表，在该列表中单击 打印(P) 按钮，从弹出的下拉菜单中选择 打印(P) 打印前选择打印机、打印份数及其他打印选项。 命令，弹出

“打印内容”对话框，如图 9.3.1 所示。

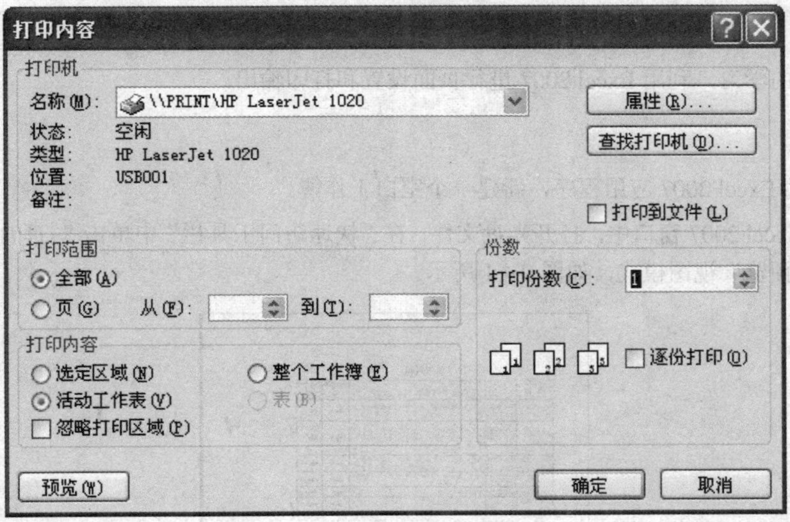


图 9.3.1 “打印内容”对话框

下面介绍如何在“打印内容”对话框中设置打印内容。

### 1.“打印机”选项组

在“打印机”设置区域的“名称”下拉列表中选择可以使用的打印机。单击 属性(R)... 按钮，将弹出“页面设置”对话框，对打印页面进行设置。

状态：描述所选打印机的工作状态，显示等待打印的文档份数。

类型：显示所选打印机的类型。

位置：如果连接的是网络打印机，显示网络打印机的位置；如果连接的是本地打印机，则标识本地打印机的连接端口。

### 2.“打印范围”选项组

在“打印范围”选项组中可以指定文档中要打印的页数。选中 全部(A) 单选按钮，表示打印工作表中的所有页；选中 页(G) 单选按钮，可以在其后的“从”和“到”文本框中输入打印的页码范围。

### 3.“打印内容”选项组

在“打印内容”选项组中，可以指定文档中要打印的内容。

选定区域(N) 单选按钮：打印工作表中选定的单元格区域内容。

活动工作表(V) 单选按钮：打印选定的工作表。

整个工作簿(E) 单选按钮：打印当前工作簿中的所有工作表。

### 4.“份数”选项组

在“份数”选项组中，可以设置打印的份数。

将打印内容设置完成后，单击 确定 按钮完成设置。

# 9.4 典型实例——打印输出

通过本章的学习，利用 Excel 2007 进行页面设置和打印输出。

**创作步骤**

（1）启动 Excel 2007 应用程序，新建一个空白工作簿。

（2）在 Excel 2007 窗口中，打开光盘文件，在“快速访问工具栏”中单击“打印预览”按钮，进入到“打印预览”视图模式，如图 9.4.1 所示。

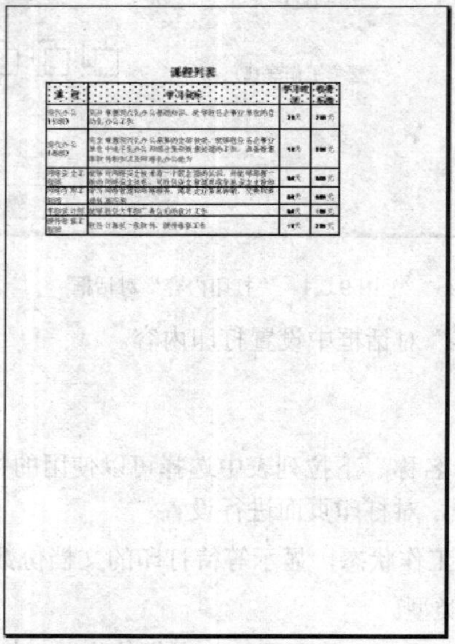


图 9.4.1 “打印预览”视图

（3）在“打印”选项区中单击页面设置按钮，弹出“页面设置”对话框，在页面选项卡中选中“方向”选区中的横向(L)单选按钮。

（4）在“纸张大小”下拉列表中选择纸张的大小，如这里选择“A5”；在“打印质量”下拉列表中选择“600 点/英寸”选项。

（5）单击页边距标签，打开页边距选项卡，在“居中方式”选区中选中水平(Z)和垂直(V)复选框。

（6）单击页眉/页脚标签，打开页眉/页脚选项卡，然后单击自定义页脚(U)...按钮，弹出“页脚”对话框。

（7）在“页脚”对话框中，单击“右”列表框，输入“第 页，共 页”，然后将光标移至“第”和“页”字的中间，单击“插入页码”按钮，再将光标移至“共”和“页”字的中间，单击“插入总页码”按钮，设置完成后，单击确定按钮返回至“页面设置”对话框。

（8）在“页脚”预览框中即可看到设置的页脚效果，单击“页面设置”对话框中的确定按钮，效果如图 9.4.2 所示。

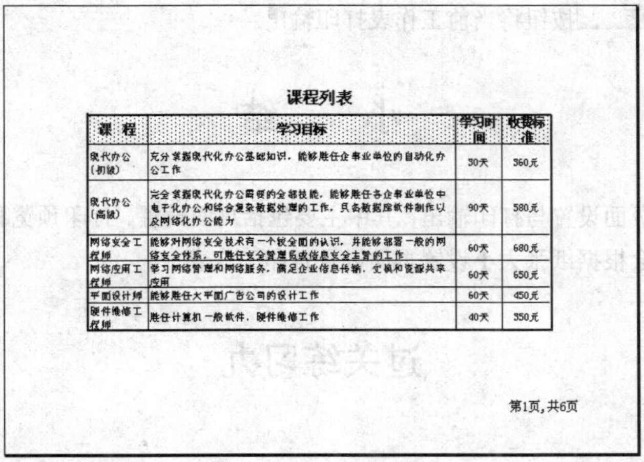

课程列表

| 课　程 | 学习目标 | 学习时间 | 收费标准 |
|---|---|---|---|
| 现代办公（初级） | 充分掌握现代化办公基础知识，能够胜任企事业单位的自动化办公工作 | 30天 | 360元 |
| 现代办公（高级） | 完全掌握现代化办公需要的全部技能，能够胜任各企事业单位中电子化办公和综合复杂数据处理的工作，具备数据库软件制作以及网络化办公能力 | 90天 | 580元 |
| 网络安全工程师 | 能够对网络安全技术有一个较全面的认识，并能够部署一般的网络安全体系，可胜任安全管理员或信息安全主管的工作 | 60天 | 680元 |
| 网络应用工程师 | 学习网络管理和网络服务，满足企业信息传输、交换和资源共享应用 | 60天 | 650元 |
| 平面设计师 | 能够胜任大平面广告公司的设计工作 | 60天 | 450元 |
| 硬件维修工程师 | 胜任计算机一般软件、硬件维修工作 | 40天 | 350元 |

第1页，共6页

图 9.4.2　设置后预览效果

（9）在“预览”选项区中选中  复选框，显示出页边距控制框，如图 9.4.3 所示。



（10）将鼠标指针放在页边距控制框中，待指针变成  或  形状，按住鼠标左键拖动鼠标即可调整工作表的页边距或列宽，调整后的效果如图 9.4.4 所示。

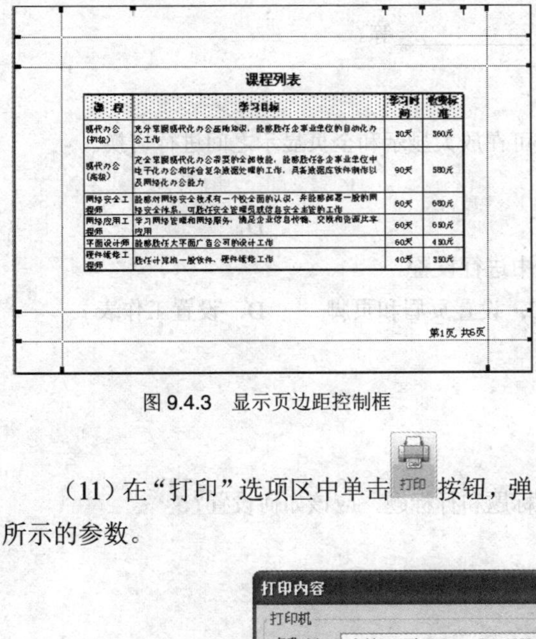



图 9.4.3　显示页边距控制框

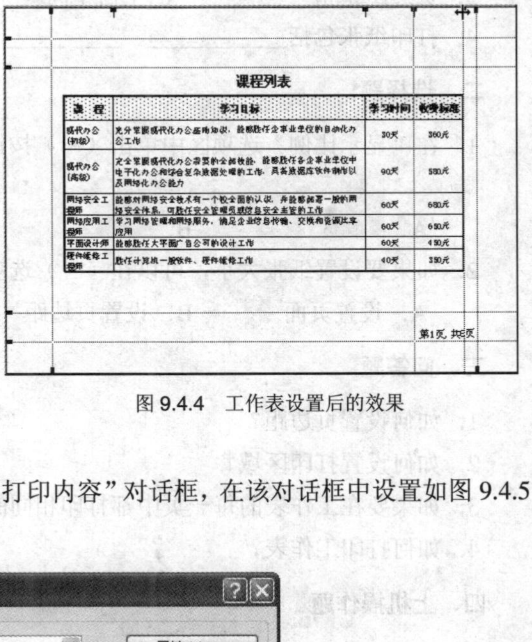



图 9.4.4　工作表设置后的效果

（11）在“打印”选项区中单击  按钮，弹出“打印内容”对话框，在该对话框中设置如图 9.4.5 所示的参数。



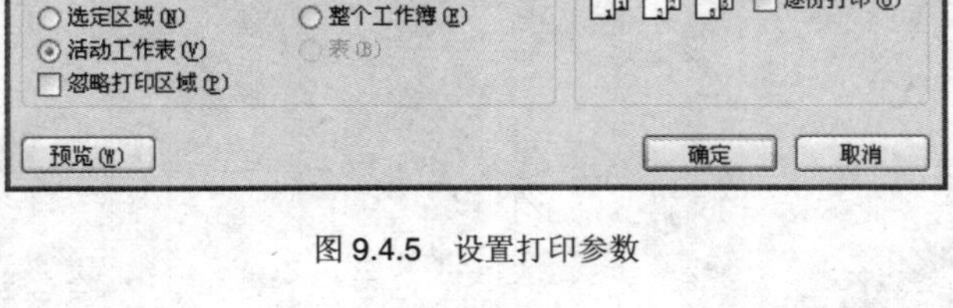



图 9.4.5　设置打印参数

（12）单击 确定 按钮将当前工作表打印输出。

## 小　结

本章主要讲解了页面设置与打印输出，其中主要包括页面设置、打印预览和打印工作表。通过本章的学习，用户应学会根据纸张大小设置页面以及打印工作表。

## 过关练习九

### 一、填空题

1．在 Excel 2007 中，如果要对页面进行设置，主要是对__________、__________和页边距进行设置。

2．纸张方向分为__________和__________两种。

3．页边距是指__________的空白空间。

4．打印纸张包括__________、__________、__________等。

### 二、选择题

1．在“显示比例”选项区中单击（　）按钮，可在放大显示和全页显示之间进行切换。

A．显示比例　　B．页面设置　　C．打印　　D．纸张大小

2．如果要设置纸张大小，可以在（　）选项卡中进行设置。

A．设置页面　　B．设置页边距　　C．设置页眉和页脚　　D．设置工作表

### 三、问答题

1．如何设置页边距？

2．如何设置打印区域？

3．如果要在工作表的每一页中都打印相同的列标题和行标题，应该如何设置？

4．如何打印工作表？

### 四、上机操作题

1．设置页面的打印方向。

2．自定义页眉和页脚。

3．设置打印区域。

# 第 10 章　实 例 精 解

为了更好地了解并掌握 Excel 2007，本章准备了一些具有代表性的实例。所举实例由浅入深地贯穿本书的知识点，相信通过本章实例的学习，读者能够掌握该软件的强大功能。

**本章重点**

（1）2007 年上半年日历。

（2）作息表和课程表。

（3）工资表。

（4）插入图表。

（5）应用图示。

## 实例 1　2007 年上半年日历

**创作目的**

本例制作 2007 年上半年日历，效果如图 10.1.1 所示。

图 10.1.1　效果图

**创作步骤**

（1）启动 Excel 2007 应用程序，新建一个空白工作表。

（2）将鼠标定位在行标 A 处，当光标变成下箭头⬇时，按住鼠标选中 A～G 的所有单元格区域，如图 10.1.2 所示。

（3）单击鼠标右键，从弹出的快捷菜单中选择 列宽(C)... 命令，弹出“列宽”对话框，在“列宽”文本框中输入“4”，如图 10.1.3 所示。

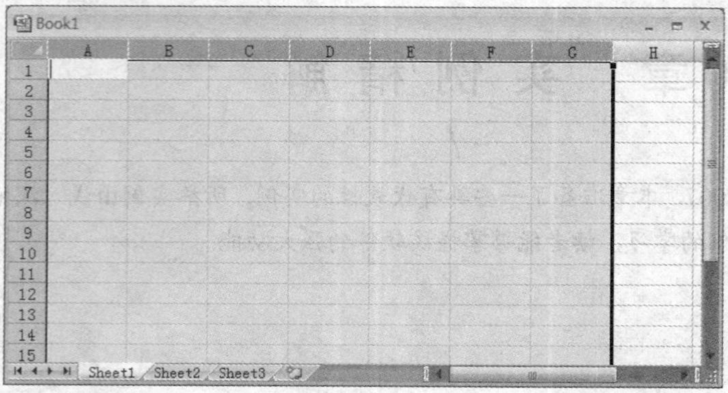


图 10.1.2　选定单元格区域

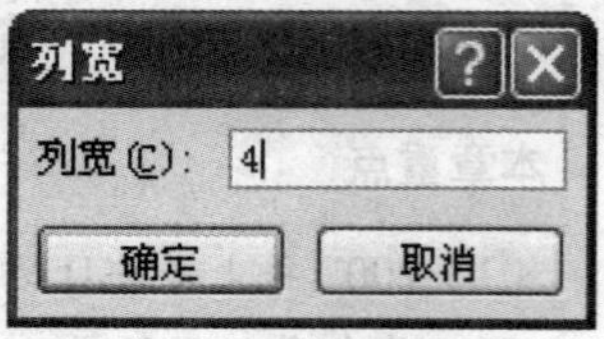


图 10.1.3　“列宽”对话框

（4）将鼠标定位于列标 H 处，选中 H 列，并将其列宽设置为“8”。

（5）使用同样的方法选中 I～O 的单元格区域，将其列宽设置为“4”，设置后的单元格区域如图 10.1.4 所示。

图 10.1.4　设置单元格列宽后的效果

（6）在 A1～G1 的单元格区域中输入一周的周期，如图 10.1.5 所示。

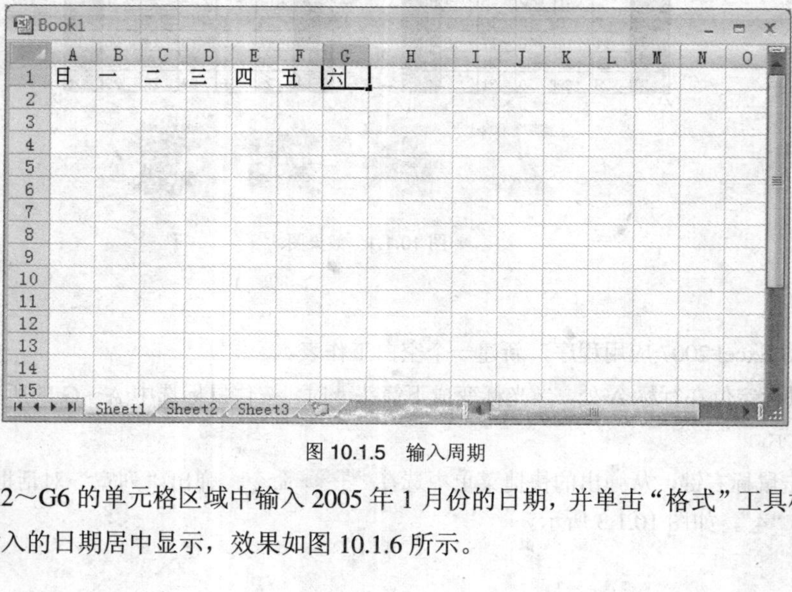


图 10.1.5　输入周期

（7）在 A2～G6 的单元格区域中输入 2005 年 1 月份的日期，并单击“格式”工具栏中的“居中”按钮，将输入的日期居中显示，效果如图 10.1.6 所示。

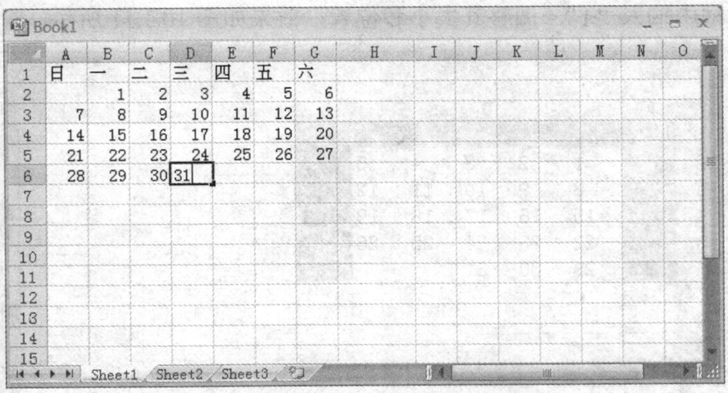


图 10.1.6　输入日期

（8）分别选中 A1～G1，A1～A6，G1～G6 单元格区域，单击鼠标右键，从弹出的快捷菜单中选择 设置单元格格式(F)... 命令，弹出“设置单元格格式”对话框，打开“填充”选项卡，如图 10.1.7 所示。

（9）在“颜色”列表框中选择颜色为“橙色”，单击 确定 按钮，设置单元格背景后的效果如图 10.1.8 所示。

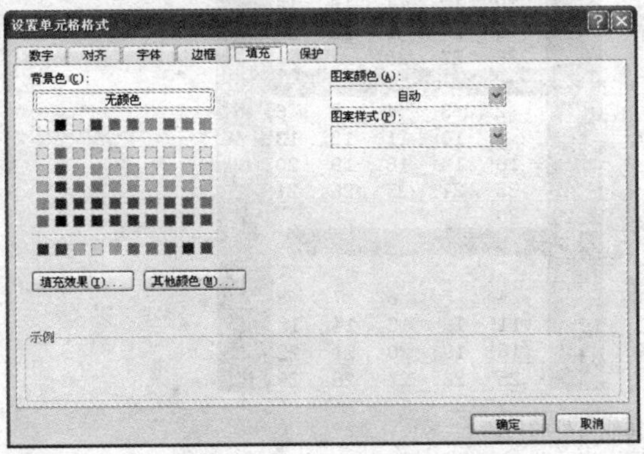


图 10.1.7　“填充”选项卡

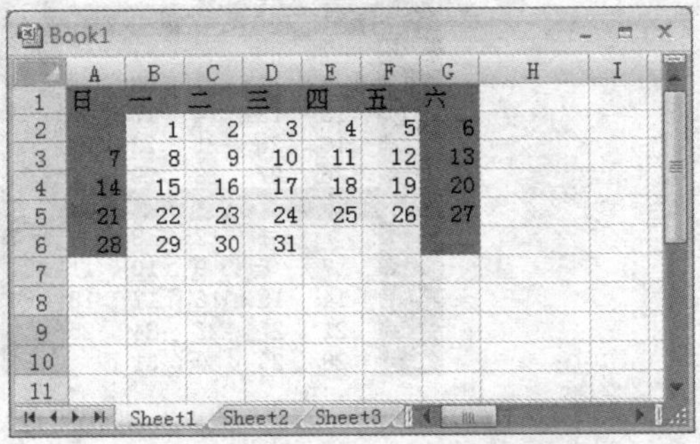


图 10.1.8　设置单元格背景

（10）在“插入”选项卡中的“文本”选项区中单击 艺术字 按钮，弹出其下拉列表，如图 10.1.9 所示。

（11）在该列表中选择一种合适的样式，即可在工作表中插入一个文本框，供用户在其中输入艺术字，如图 10.1.10 所示。

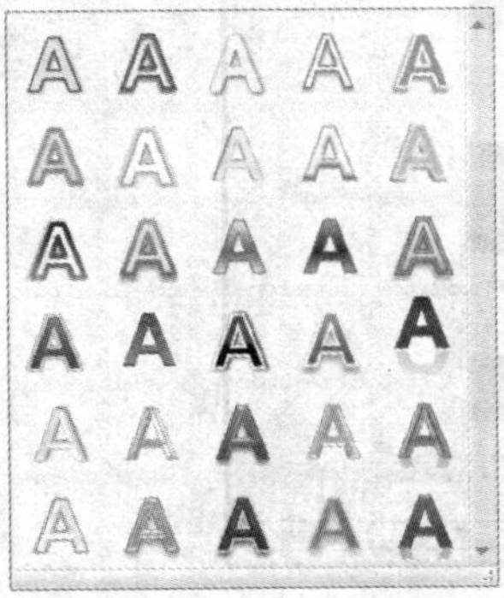

图 10.1.9　“艺术字库”对话框

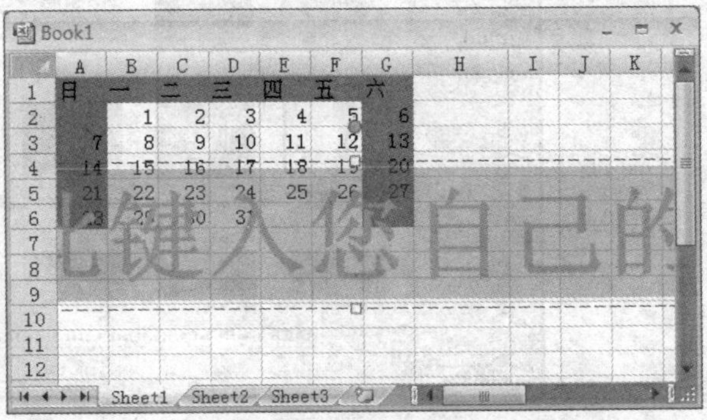


图 10.1.10　插入艺术字文本框

（12）在文本框中输入“1”，调整其大小和位置，效果如图 10.1.11 所示。

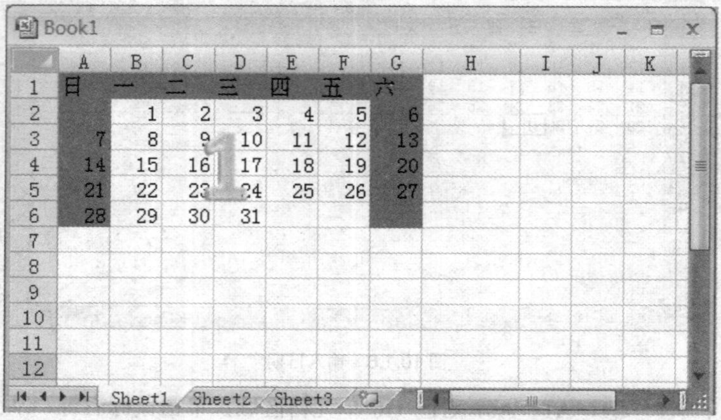


图 10.1.11　插入艺术字

（13）按照步骤（7）～（12）的方法，制作出其他月份的日历，如图 10.1.12 所示。

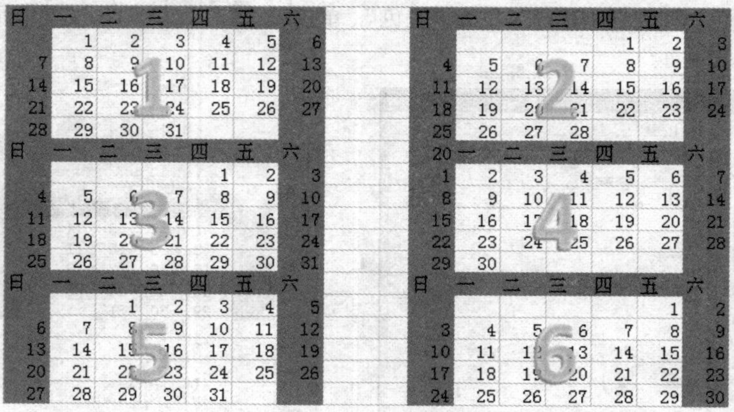

图 10.1.12　制作其他月份的日历

（14）在“插入”选项卡中的“插图”选项区中单击  按钮，弹出“插入图片”对话框，在该对话框中选择合适的图片，如图 10.1.13 所示。

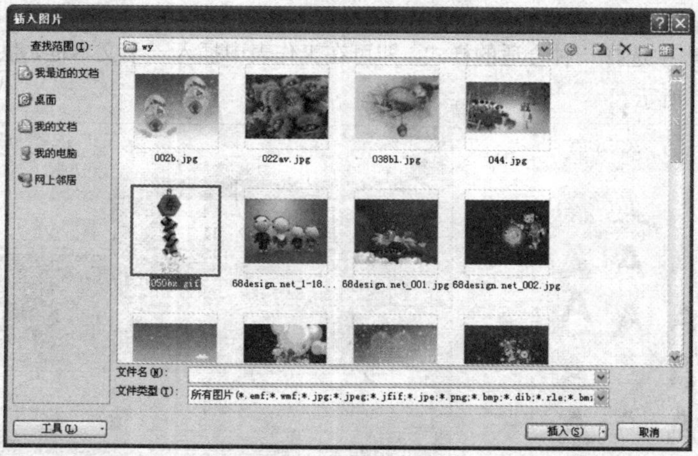


图 10.1.13　选择图片

（15）单击 插入(S) 按钮，即可将该图片插入到工作表中。调整其大小和位置，效果如图 10.1.14 所示。

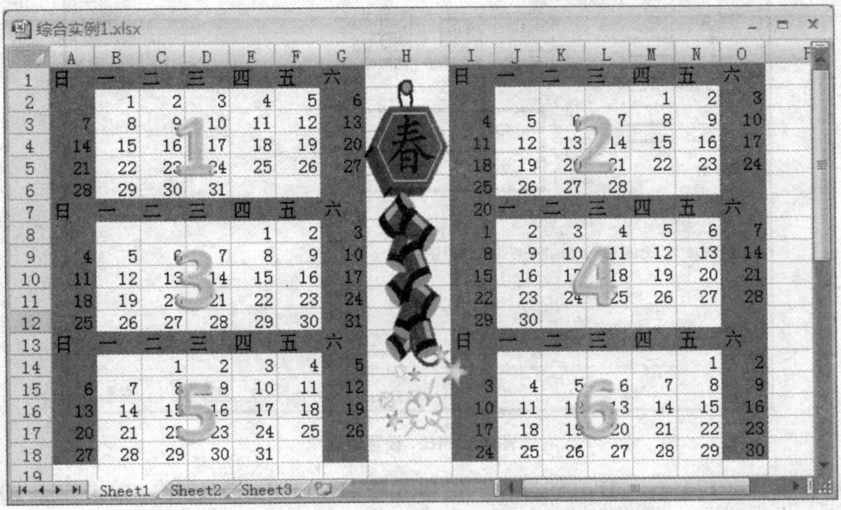


图 10.1.14　插入图片

（16）依照前面介绍的插入艺术字的方法，在工作表中再插入艺术字“万事如意”，效果如图 10.1.15 所示。

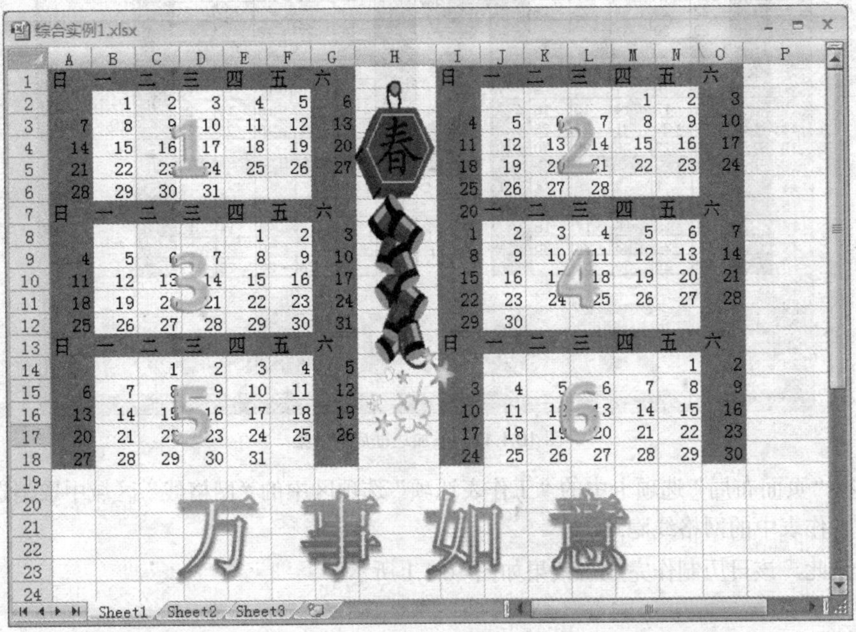


图 10.1.15　插入艺术字

（17）选中单元格 A1～G18，单击鼠标右键，从弹出的快捷菜单中选择 设置单元格格式(F)... 命令，弹出“设置单元格格式”对话框。

（18）打开“边框”选项卡，在其中设置如图 10.1.16 所示的参数。单击 确定 按钮，即可给选中的单元格区域添加边框。

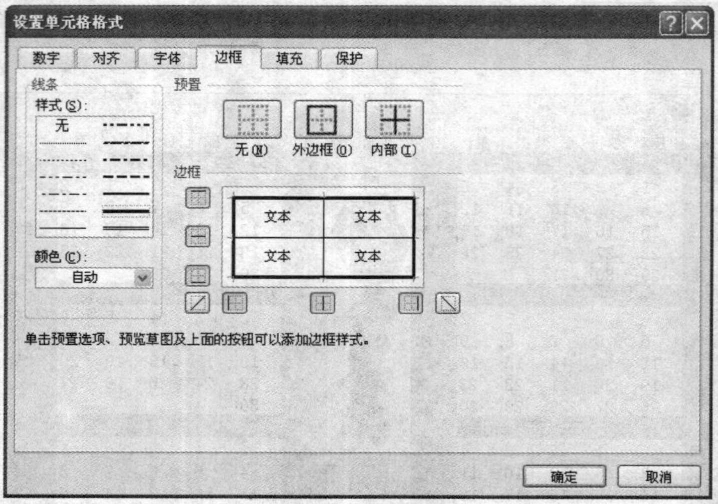

图 10.1.16 设置边框

（19）重复步骤（17）～（18）的操作，给单元格 I1～O18 添加边框，效果如图 10.1.17 所示。

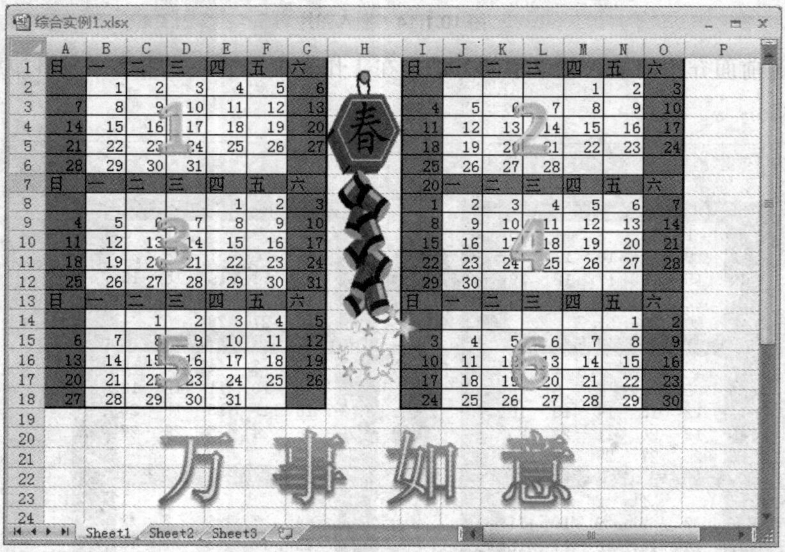

图 10.1.17 添加边框后的效果

（20）在“页面布局”选项卡中的“工作表选项”选项区中的“网格线”区域中取消选中 查看 复选框，将工作表中的网格线隐藏。

（21）至此，该日历制作完成，效果如图 10.1.1 所示。

## 实例 2 作息表和课程表

**创作目的**

制作一张作息表和课程表，效果如图 10.2.1 所示。本例主要用到合并单元格、在单元格中输入文本、插入艺术字、设置工作表背景和插入图片功能。

图 10.2.1　效果图

**创作步骤**

（1）启动 Excel 2007 应用程序，新建一个空白工作表。

（2）选定 A1:C1 和 D1:K1 单元格区域，在“开始”选项卡中的“对齐方式”选项区中单击“合并及居中”按钮，并在单元格内输入“作息表”和“课程表”字样，设置字体为“华文新魏”，字号为“16”。单击“格式”工具栏中的“加粗”按钮，加粗字体，效果如图 10.2.2 所示。

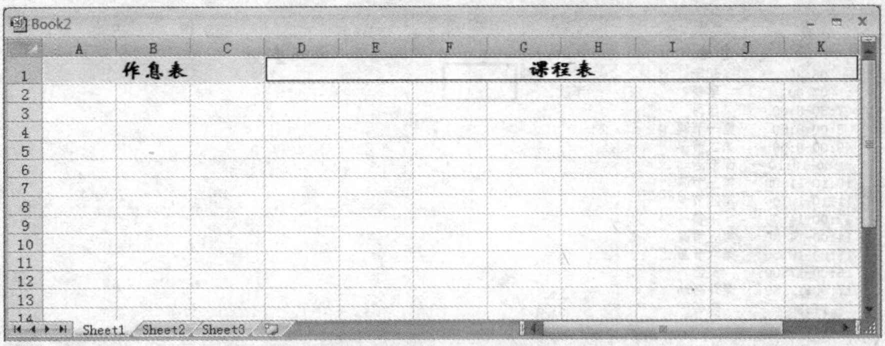


图 10.2.2　输入文本效果

（3）在 A2:B15 单元格区域中输入作息表，效果如图 10.2.3 所示。

图 10.2.3　输入作息表效果

（4）选中 C2:C15 单元格区域，单击“格式”工具栏中的“合并及居中”按钮，合并单元格。

（5）在“插入”选项卡中的“插图”选项区中单击 形状 按钮，从弹出的下拉列表中选择工具。

（6）在 D2:D3 单元格中绘制斜线，并在 D2 单元格中输入“星期”字样，使其右对齐，在 D3 单元格中输入“节次”字样，使其左对齐，效果如图 10.2.4 所示。

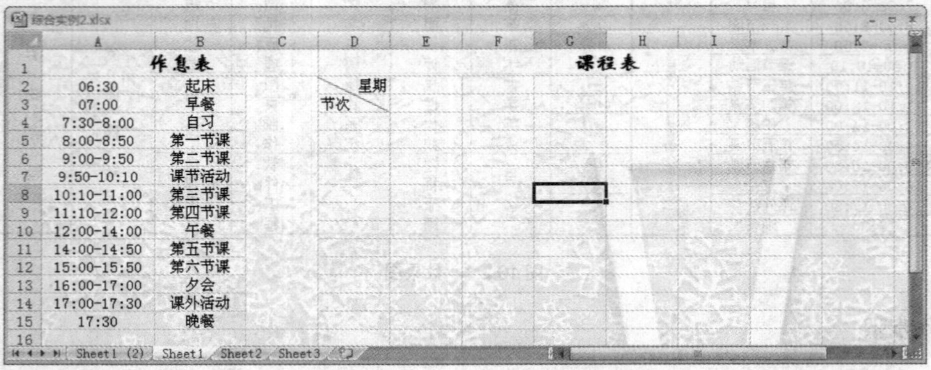


图 10.2.4　输入文本内容效果

（7）分别合并 D4:D5，D6:D7，D8:D9，D10:D11，D12:D13，D14:D15 单元格区域以及 E2:E3，F2:F3，G2:G3，H2:H3，I2:I3，J2:J3，K2:K3 单元格区域，效果如图 10.2.5 所示。

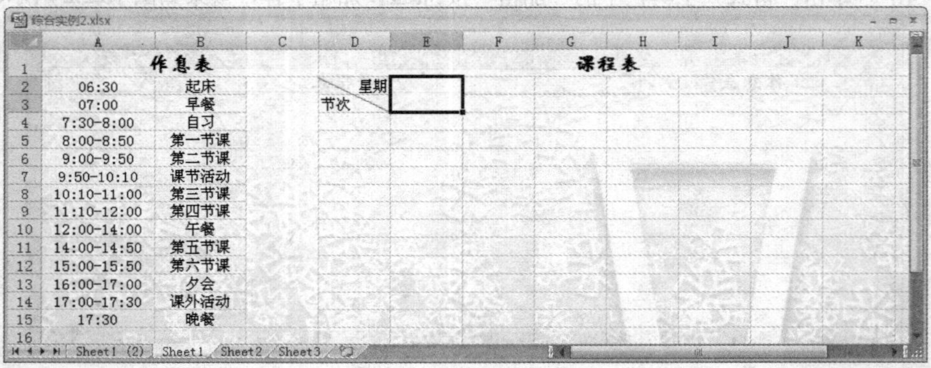


图 10.2.5　合并单元格区域

（8）在“插入”选项卡中的“文本”选项区中单击按钮，分别在 D4:D15 和 E3:K3 单元格区域中插入艺术字，调整艺术字的大小及位置，其效果如图 10.2.6 所示。

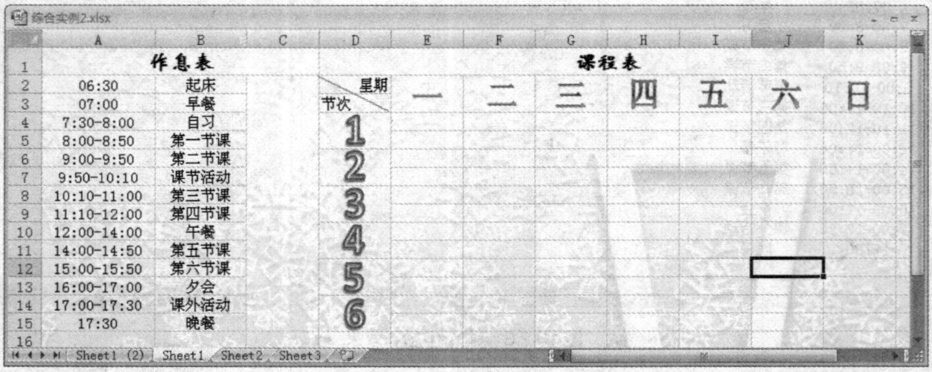


图 10.2.6　插入艺术字效果

（9）合并“星期一”至“星期日”下方的 4～7 行单元格区域，效果如图 10.2.7 所示。

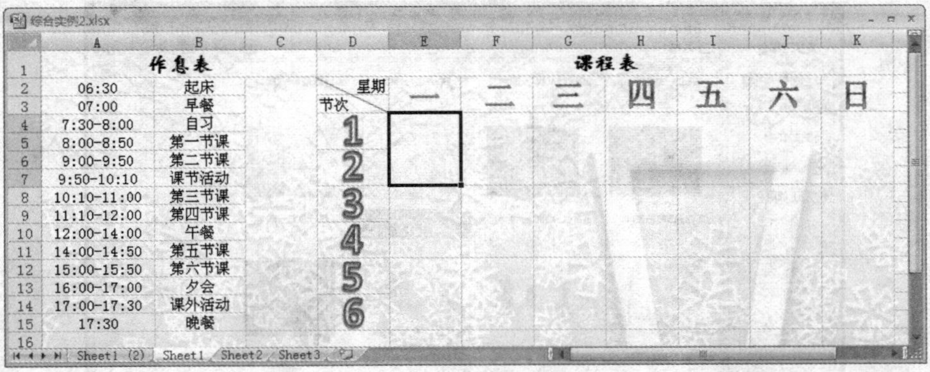


图 10.2.7　合并单元格区域

（10）选中 E4:E7 合并后的单元格区域，在其中输入“高”字样，然后按快捷键“Alt+Enter”，在单元格中输入回车符，然后竖排输入“高等数学”，效果如图 10.2.8 所示。

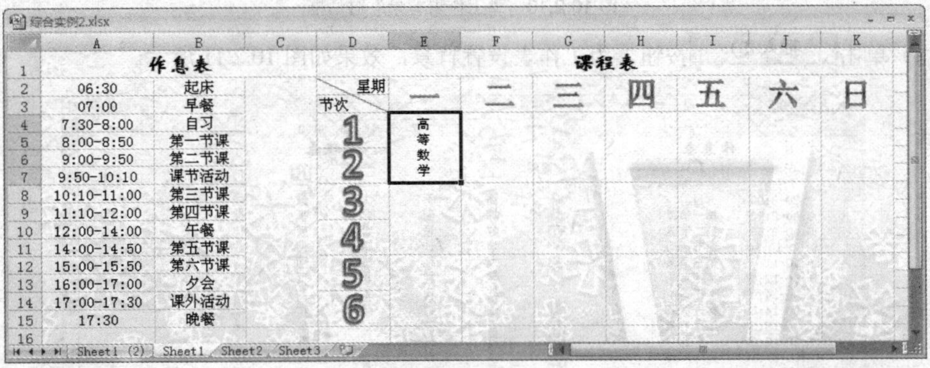


图 10.2.8　输入竖排文字

（11）按照步骤（10）在其他合并后的单元格区域中输入文本内容，效果如图 10.2.9 所示。

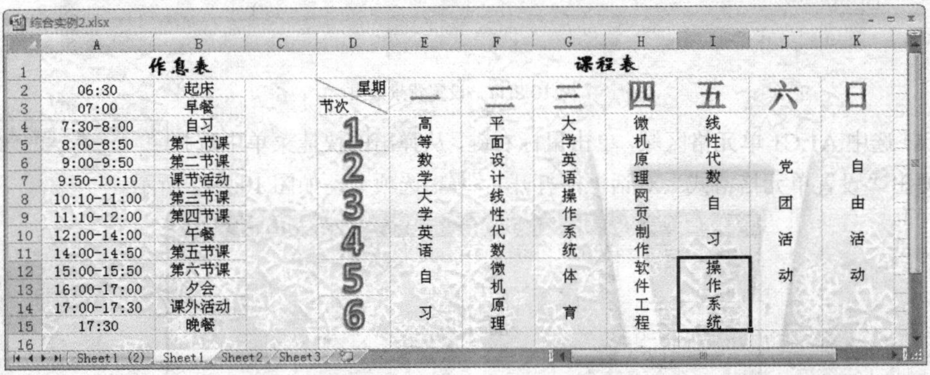


图 10.2.9　输入其他文本内容效果

（12）在“页面布局”选项卡中的“背景”选项区中单击  按钮，弹出“工作表背景”对话框，在该对话框中选择要设置为背景的图片，如图 10.2.10 所示。

图 10.2.10　“工作表背景”对话框

（13）单击 插入(S) 按钮，为工作表设置背景，效果如图 10.2.11 所示。

图 10.2.11　设置背景效果

（14）选中 A1:C1 单元格区域，单击鼠标右键，从弹出的快捷菜单中选择 设置单元格格式(F)... 命令，弹出“设置单元格格式”对话框，打开 边框 选项卡，如图 10.2.12 所示。

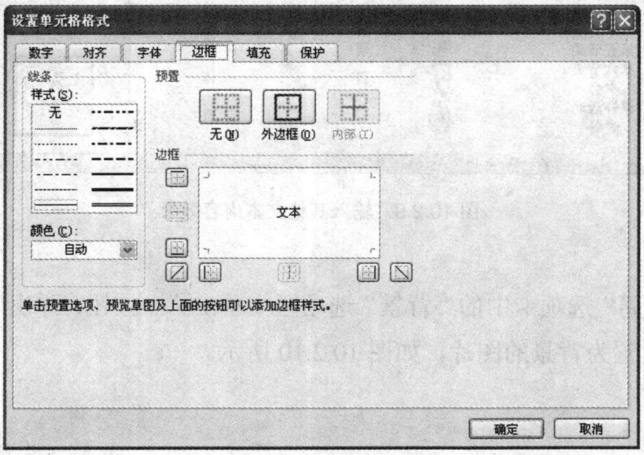


图 10.2.12　“边框”选项卡

（15）在“预置”选项组中选择“外边框”选项，在“样式”设置区域中选择线条样式，并设置其颜色，然后单击“边框”设置区域中的按钮，为表格添加边框。

（16）设置完成后，单击 确定 按钮，效果如图 10.2.13 所示。

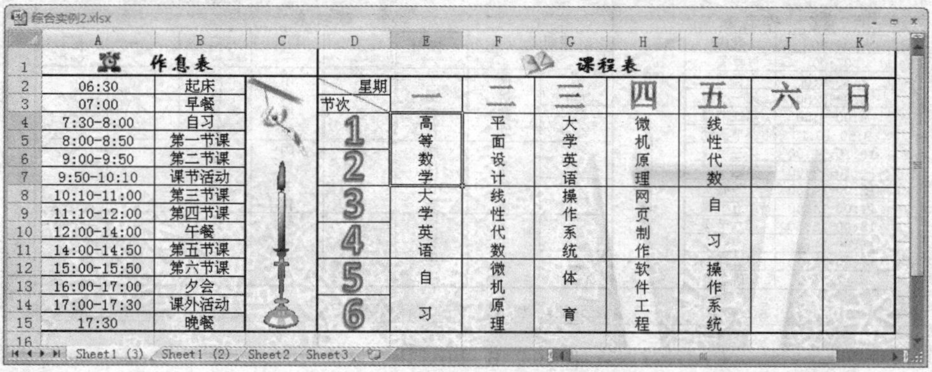


图 10.2.13　设置边框效果

（17）按照步骤（14）～（15）的方法，为其他单元格区域设置边框，效果如图 10.2.14 所示。

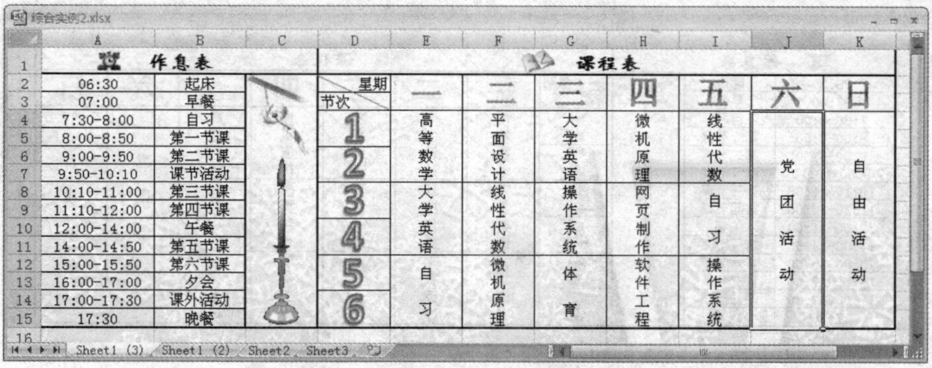


图 10.2.14　设置表格边框效果

（18）在“插入”选项卡中的“插图”选项区中单击 图片 按钮，弹出“插入图片”对话框，在该对话框中选择要使用的图片，如图 10.2.15 所示。

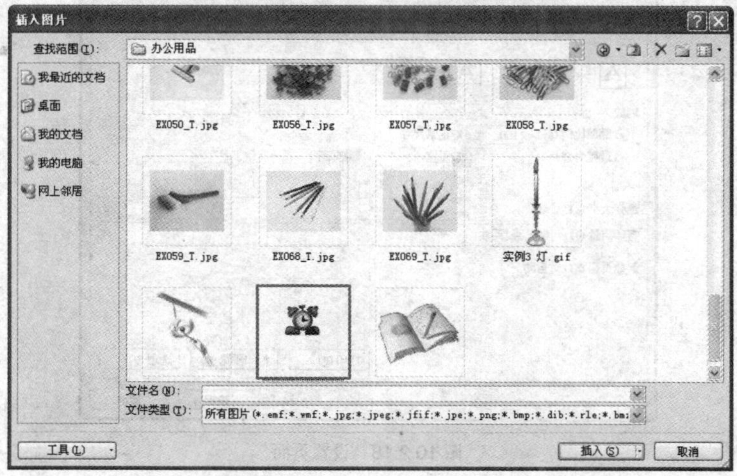


图 10.2.15　“插入图片”对话框

（19）单击 插入(S) 按钮，将选中的图片插入到工作表中。

（20）重复步骤（18）～（19）的操作，在工作表中插入其他几幅图片，效果如图 10.2.16 所示。

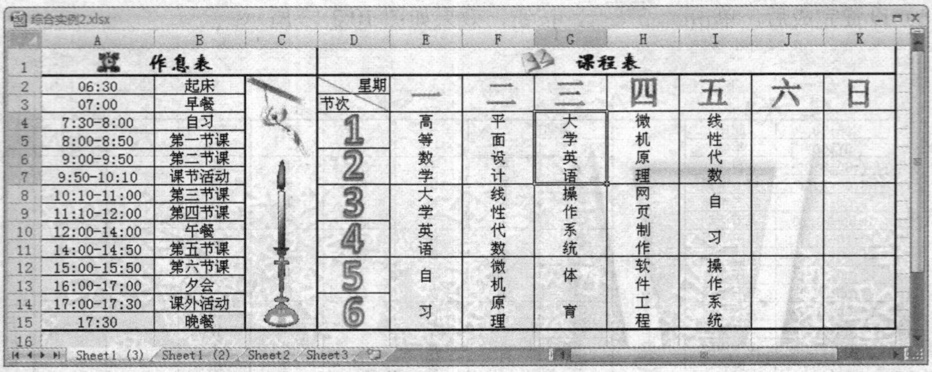


图 10.2.16　插入图片效果

（21）将星期六和星期日下方的单元格分别选中并合并居中，并在其中输入文字“党团活动”和“自由活动”，如图 10.2.17 所示。

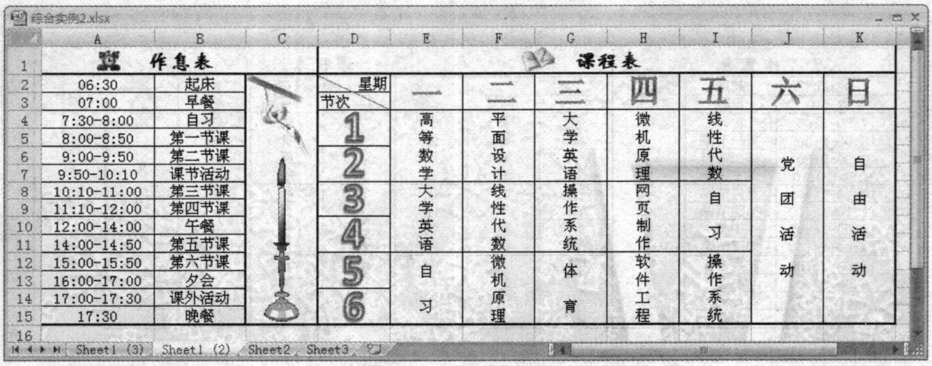


图 10.2.17　输入文字

（22）在“页面布局”选项卡中的“页面设置”选项区中单击“对话框启动器按钮”，弹出“页面设置”对话框，在该对话框中设置如图 10.2.18 所示的参数。

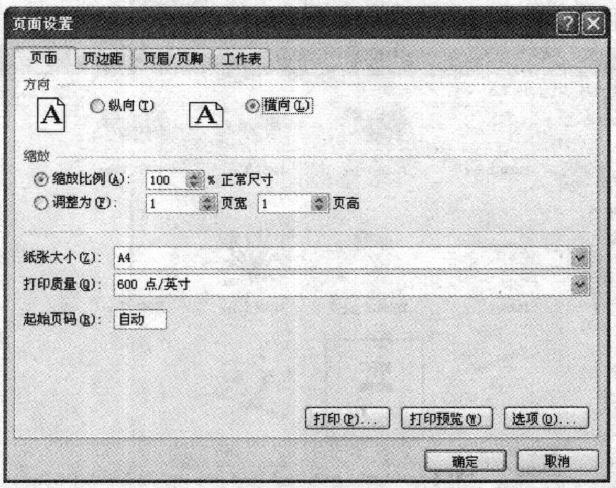


图 10.2.18　设置页面

（23）单击 确定 按钮，确认页面设置。至此，该实例已制作完成，最终效果如图 10.2.1 所示。

# 实例 3　工 资 表

**创作目的**

制作工资表，效果如图 10.3.1 所示。本例主要用到合并单元格、在单元格中输入文本、插入艺术字、设置工作表背景和插入图片功能。

| 西安新科教育有限责任公司工资表 | | | | | | | | | |
|---|---|---|---|---|---|---|---|---|---|
| 2007年4月30日 | | | | | | | | | |
| 应付工资 | | | | | | | | | |
| 管理费 | 职务津贴 | 通讯补贴 | 市内交通补贴 | 外勤补贴 | 全勤奖 | 午餐费 | 其他 | 上月未发 | 应发工资 |
| ￥ 10.00 | ￥ 80.00 | ￥100.00 | ￥ 50.00 | ￥ 30.00 | ￥100.00 | ￥200.00 | ￥100.00 | | ￥ 1,680.00 |
| ￥ 10.00 | ￥ 70.00 | ￥100.00 | ￥ 50.00 | ￥ 30.00 | | ￥200.00 | ￥100.00 | | ￥ 1,450.00 |
| ￥ 10.00 | ￥ 60.00 | ￥100.00 | ￥ 50.00 | ￥ 30.00 | | ￥200.00 | ￥100.00 | | ￥ 1,350.00 |
| ￥ 10.00 | ￥ 50.00 | ￥100.00 | ￥ 50.00 | ￥ 30.00 | ￥100.00 | ￥200.00 | ￥100.00 | | ￥ 1,310.00 |
| ￥ 10.00 | ￥ 40.00 | ￥100.00 | ￥ 50.00 | ￥ 30.00 | | ￥200.00 | ￥100.00 | | ￥ 1,110.00 |
| ￥ 10.00 | ￥ 50.00 | ￥100.00 | ￥ 50.00 | ￥ 30.00 | ￥100.00 | ￥200.00 | ￥100.00 | | ￥ 1,320.00 |
| ￥ 10.00 | ￥ 40.00 | ￥100.00 | ￥ 50.00 | ￥ 30.00 | ￥100.00 | ￥200.00 | ￥100.00 | | ￥ 1,270.00 |
| ￥ 10.00 | ￥ 60.00 | ￥100.00 | ￥ 50.00 | ￥ 30.00 | | ￥200.00 | ￥100.00 | | ￥ 1,140.00 |
| ￥ 10.00 | ￥ 70.00 | ￥100.00 | ￥ 50.00 | ￥ 30.00 | ￥100.00 | ￥200.00 | ￥100.00 | | ￥ 1,350.00 |
| ￥ 10.00 | ￥ 80.00 | ￥100.00 | ￥ 50.00 | ￥ 30.00 | | ￥200.00 | ￥100.00 | | ￥ 1,240.00 |
| 合计 | | | | | | | | | |
| 负责人： | | | | 会计： | | | 出纳： | | |

图 10.3.1　效果图

**创作步骤**

（1）启动 Excel 2007 应用程序，新建一个空白工作表。

（2）在工作表标签“Sheet 1”上双击鼠标左键，在名称编辑框中输入工作表名称“工资表”。

（3）在“工资表”标签上单击鼠标右键，从弹出的快捷菜单中选择 工作表标签颜色(T) 命令，弹出其下拉列表，如图 10.3.2 所示。

（4）在颜色列表中选择红色，单击 确定 按钮，即可将“工资表”标签设置为红色，如图 10.3.3 所示。

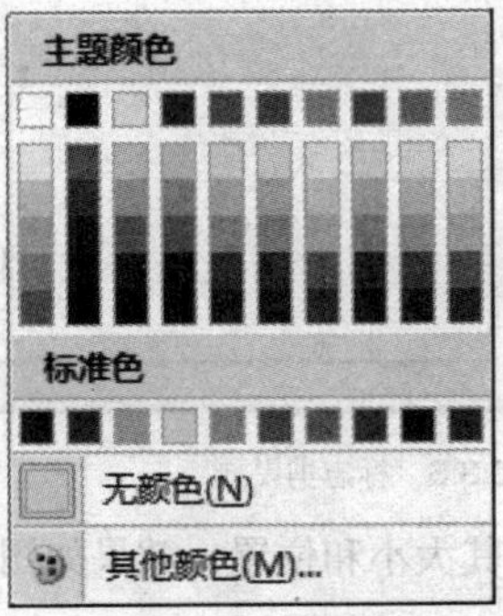


图 10.3.2　“设置工作表标签颜色”对话框

图 10.3.3　将标签颜色设置为红色

（5）选中单元格 A2～V2，在“开始”选项卡中的“对齐方式”选项区中单击“合并居中”按钮，将其合并为一个单元格。

（6）重复步骤（5）的操作，分别将单元格 A3～V3，A5～A6，B5～O5，P5～U5，V5～V6，A18～V18，B17～U17 合并为一个单元格。

（7）在单元格 A2～V2 中输入公司名称“西安新科教育有限责任公司工资表”，并将其字体设置为“华文行楷”，字号设置为 20，如图 10.3.4 所示。

图 10.3.4　输入标题

（8）在“插入”选项卡中的“插图”选项区中单击 剪贴画 按钮，打开“剪贴画”任务窗格，如图 10.3.5 所示。

（9）单击 管理剪辑... 超链接，在弹出的窗口中选择“收藏集列表中的 Office 收藏集”文件夹，再选择“标志”文件夹，即可打开标志文件夹包含的剪贴画，如图 10.3.6 所示。

图 10.3.5　“剪贴画”任务窗格

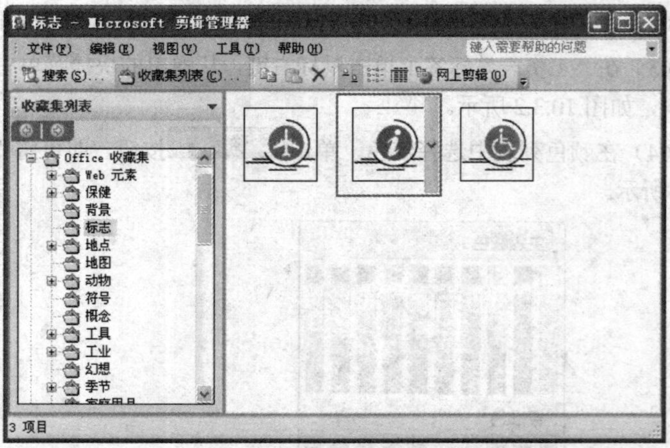


图 10.3.6　标志剪贴画

（10）单击需要的剪贴画并将其拖至工作表中，并调整其大小和位置，效果如图 10.3.7 所示。

图 10.3.7　插入的剪贴画

（11）在工资表的其他单元格中输入相关内容，并将它们的字体设置为“黑体”，效果如图 10.3.8 所示。

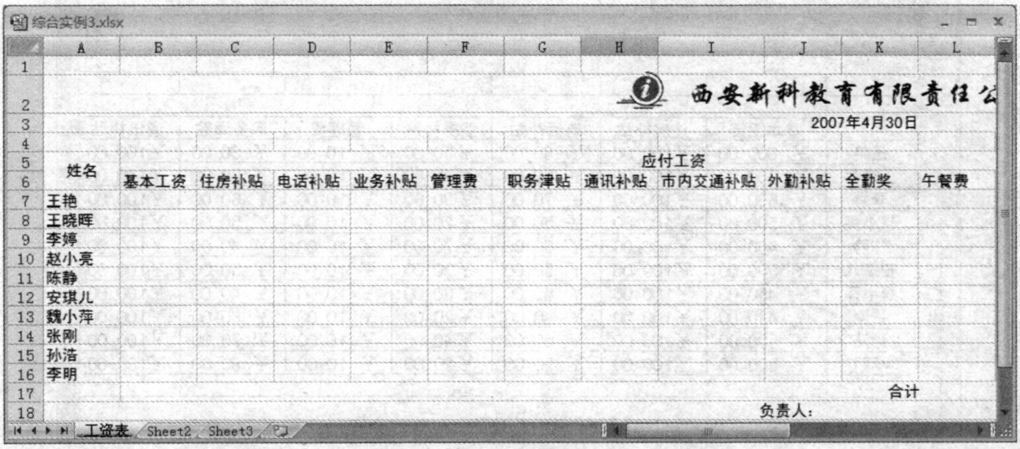


图 10.3.8　输入表中内容

（12）选中单元格 B7～V16，在“开始”选项卡中的“单元格”选项区中单击“格式”按钮，从弹出的下拉菜单中选择“设置单元格格式(E)...”命令，弹出“设置单元格格式”对话框。

（13）在分类列表框中选择“会计专用”选项，如图 10.3.9 所示。单击“确定”按钮，即可将所选单元格中的数字格式设置为会计专用格式。

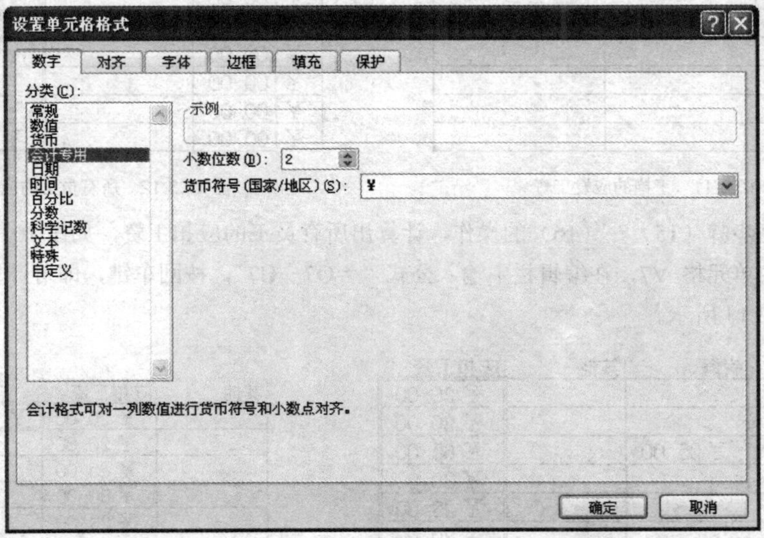


图 10.3.9　选择“会计专用”选项

（14）在工资表中输入员工的工资情况，如图 10.3.10 所示。

（15）选中单元格 O7，在“开始”选项卡中的“编辑”选项区中单击“自动求和”按钮 Σ，拖动鼠标经过单元格 B7～N7，释放鼠标左键后即可计算出王艳的应发工资，如图 10.3.11 所示。

（16）选中单元格 O7，单击并拖动其右下角的填充柄经过单元格 O8～O16，即可计算出所有员工的应发工资，如图 10.3.12 所示。

综合实例3.xlsx

| | A | B | C | D | E | F | G | H |
|---|---|---|---|---|---|---|---|---|
| 1 | | | | | | | | |
| 2 | | | | | | | | |
| 3 | | | | | | | | |
| 4 | | | | | | | | |
| 5 | 姓名 | | | | | | | |
| 6 | | 基本工资 | 住房补贴 | 电话补贴 | 业务补贴 | 管理费 | 职务津贴 | 通讯补贴 |
| 7 | 王艳 | ￥ 800.00 | ￥100.00 | ￥ 60.00 | ￥50.00 | ￥ 10.00 | ￥ 80.00 | ￥100.00 |
| 8 | 王晓晖 | ￥ 700.00 | ￥100.00 | ￥ 50.00 | ￥40.00 | ￥ 10.00 | ￥ 70.00 | ￥100.00 |
| 9 | 李婷 | ￥ 600.00 | ￥100.00 | ￥ 70.00 | ￥30.00 | ￥ 10.00 | ￥ 60.00 | ￥100.00 |
| 10 | 赵小亮 | ￥ 500.00 | ￥100.00 | ￥ 50.00 | ￥20.00 | ￥ 10.00 | ￥ 50.00 | ￥100.00 |
| 11 | 陈静 | ￥ 400.00 | ￥100.00 | ￥ 60.00 | ￥20.00 | ￥ 10.00 | ￥ 40.00 | ￥100.00 |
| 12 | 安琪儿 | ￥ 500.00 | ￥100.00 | ￥ 50.00 | ￥30.00 | ￥ 10.00 | ￥ 50.00 | ￥100.00 |
| 13 | 魏小萍 | ￥ 450.00 | ￥100.00 | ￥ 60.00 | ￥30.00 | ￥ 10.00 | ￥ 40.00 | ￥100.00 |
| 14 | 张刚 | ￥ 430.00 | ￥100.00 | ￥ 40.00 | ￥20.00 | ￥ 10.00 | ￥ 60.00 | ￥100.00 |
| 15 | 孙浩 | ￥ 500.00 | ￥100.00 | ￥ 50.00 | ￥40.00 | ￥ 10.00 | ￥ 70.00 | ￥100.00 |
| 16 | 李明 | ￥ 500.00 | ￥100.00 | ￥ 50.00 | ￥20.00 | ￥ 10.00 | ￥ 80.00 | ￥100.00 |
| 17 | | | | | | | | |
| 18 | | | | | | | | |

工资表 Sheet2 Sheet3

图 10.3.10　输入工资情况

| 其他 | 上月未发 | 应发工资 |
|---|---|---|
| ￥100.00 | | ￥ 1,680.00 |
| ￥100.00 | | |
| ￥100.00 | | |
| ￥100.00 | | |
| ￥100.00 | | |
| ￥100.00 | | |
| ￥100.00 | | |
| ￥100.00 | | |
| ￥100.00 | | |
| ￥100.00 | | |

图 10.3.11　王艳的应发工资

| 其他 | 上月未发 | 应发工资 |
|---|---|---|
| ￥100.00 | | ￥ 1,680.00 |
| ￥100.00 | | ￥ 1,450.00 |
| ￥100.00 | | ￥ 1,350.00 |
| ￥100.00 | | ￥ 1,310.00 |
| ￥100.00 | | ￥ 1,110.00 |
| ￥100.00 | | ￥ 1,320.00 |
| ￥100.00 | | ￥ 1,270.00 |
| ￥100.00 | | ￥ 1,140.00 |
| ￥100.00 | | ￥ 1,350.00 |
| ￥100.00 | | ￥ 1,240.00 |

图 10.3.12　所有员工的应发工资

（17）重复步骤（15）～（16）的操作，计算出所有员工的应扣工资，如图 10.3.13 所示。

（18）选中单元格 V7，在编辑栏中输入公式“＝O7－U7”，按回车键，即可计算出王艳的实发工资，如图 10.3.14 所示。

| 旷工 | 病假 | 其他 | 应扣工资 |
|---|---|---|---|
| ￥20.00 | | | ￥20.00 |
| | | | ￥20.00 |
| | ￥35.00 | | ￥65.00 |
| ￥30.00 | | | ￥30.00 |
| | | | ￥23.00 |
| ￥30.00 | | | ￥30.00 |
| | | | ￥60.00 |
| | | ￥35.00 | ￥35.00 |
| | | | ￥18.00 |
| ￥30.00 | | | ￥30.00 |

图 10.3.13　计算应扣工资

| 其他 | 应扣工资 | 实发工资 |
|---|---|---|
| | ￥20.00 | ￥ 1,660.00 |
| | ￥20.00 | |
| | ￥65.00 | |
| | ￥30.00 | |
| | ￥23.00 | |
| | ￥30.00 | |
| | ￥60.00 | |
| ￥35.00 | ￥35.00 | |
| | ￥18.00 | |
| | ￥30.00 | |

图 10.3.14　王艳的实发工资

（19）选中单元格 V7，单击并拖动其右下角的填充柄经过单元格 V8～V16，即可计算出其他员工的实发工资，如图 10.3.15 所示。

| 应发工资 | 应扣工资 | | | | | | 实发工资 |
|---|---|---|---|---|---|---|---|
| | 迟到 | 请假 | 旷工 | 病假 | 其他 | 应扣工资 | |
| ￥ 1,680.00 | | | ￥20.00 | | | ￥20.00 | ￥ 1,660.00 |
| ￥ 1,450.00 | | ￥ 20.00 | | | | ￥20.00 | ￥ 1,430.00 |
| ￥ 1,350.00 | | ￥ 30.00 | | ￥35.00 | | ￥65.00 | ￥ 1,285.00 |
| ￥ 1,310.00 | | | ￥30.00 | | | ￥30.00 | ￥ 1,280.00 |
| ￥ 1,110.00 | | ￥ 23.00 | | | | ￥23.00 | ￥ 1,087.00 |
| ￥ 1,320.00 | | | ￥30.00 | | | ￥30.00 | ￥ 1,290.00 |
| ￥ 1,270.00 | ￥ 40.00 | ￥ 20.00 | | | | ￥60.00 | ￥ 1,210.00 |
| ￥ 1,140.00 | | | | | ￥35.00 | ￥35.00 | ￥ 1,105.00 |
| ￥ 1,350.00 | | ￥ 18.00 | | | | ￥18.00 | ￥ 1,332.00 |
| ￥ 1,240.00 | | | ￥30.00 | | | ￥30.00 | ￥ 1,210.00 |

图 10.3.15　其他员工的实发工资

（20）选中单元格 V17，在“开始”选项卡中的“编辑”选项区中单击“自动求和”按钮Σ，拖动鼠标经过单元格 V7～V16，释放鼠标左键后即可计算出合计，如图 10.3.16 所示。

（21）选中单元格 A3～V18，在“开始”选项卡中的“单元格”选项区中单击“格式”按钮，从弹出的下拉菜单中选择“设置单元格格式(E)...”命令，弹出“设置单元格格式”对话框。单击“对齐”标签，打开“对齐”选项卡，在其中设置如图 10.3.17 所示的参数。

| 应扣工资 | 实发工资 |
|---|---|
| ￥20.00 | ￥ 1,660.00 |
| ￥20.00 | ￥ 1,430.00 |
| ￥65.00 | ￥ 1,285.00 |
| ￥30.00 | ￥ 1,280.00 |
| ￥23.00 | ￥ 1,087.00 |
| ￥30.00 | ￥ 1,290.00 |
| ￥60.00 | ￥ 1,210.00 |
| ￥35.00 | ￥ 1,105.00 |
| ￥18.00 | ￥ 1,332.00 |
| ￥30.00 | ￥ 1,210.00 |
| | ￥12,889.00 |

图 10.3.16　计算合计

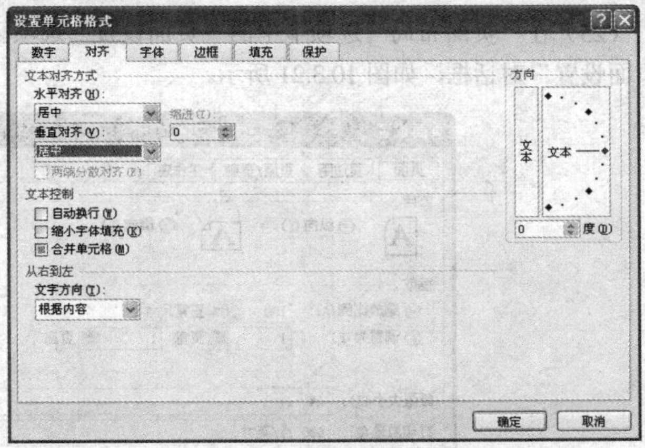


图 10.3.17　“单元格格式”对话框

（22）选中单元格 A1～V18，在“开始”选项卡中的“单元格”选项区中单击“格式”按钮，从弹出的下拉菜单中选择“设置单元格格式(E)...”命令，弹出“设置单元格格式”对话框。

（23）单击“边框”标签，打开“边框”选项卡，在该选项卡中设置如图 10.3.18 所示的参数。

（24）单击“填充”标签，打开“填充”选项卡，如图 10.3.19 所示，在颜色列表框中选择浅黄色作为背景，效果如图 10.3.20 所示。

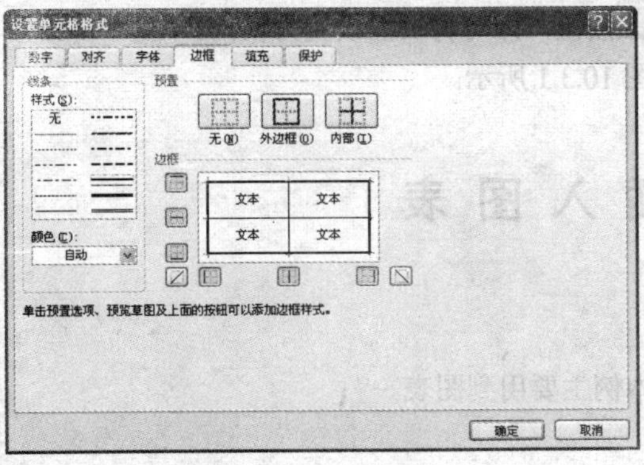


图 10.3.18　“边框”选项卡

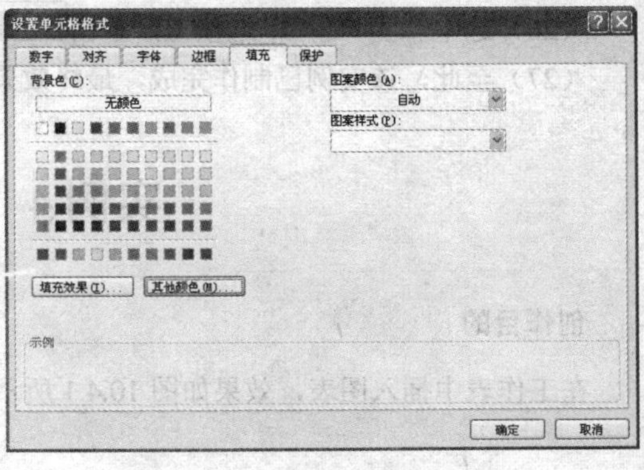


图 10.3.19　“填充”选项卡

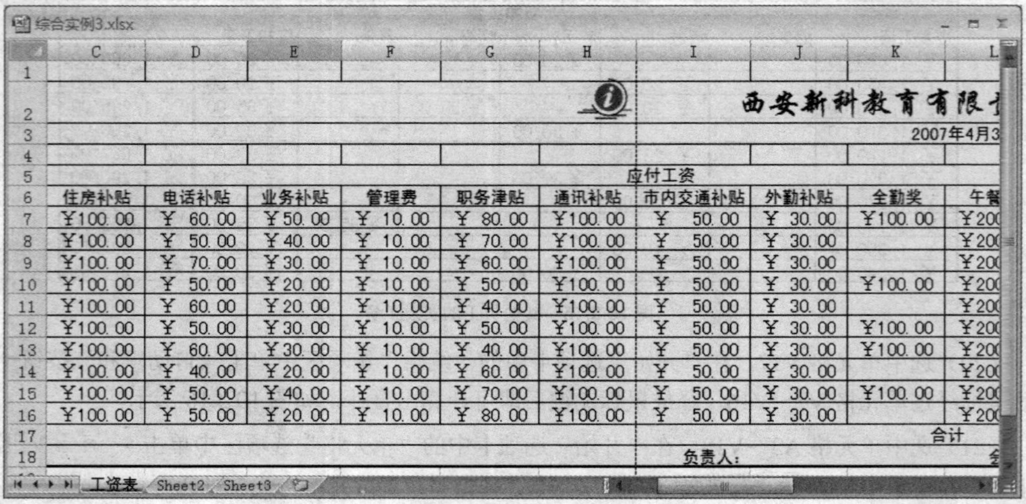


图 10.3.20　添加边框和底纹

（25）在“页面布局”选项卡中的“页面设置”选项区中单击“对话框启动器”按钮，弹出“页面设置”对话框，如图 10.3.21 所示。

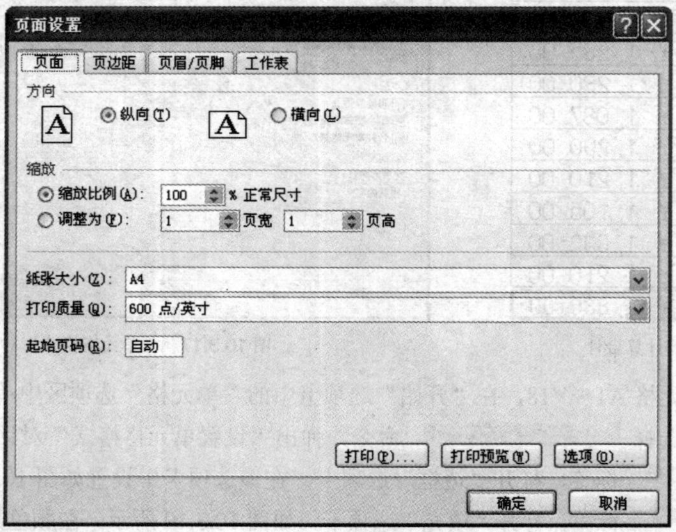


图 10.3.21　“页面设置”对话框

（26）选中 ⊙横向(L) 单选按钮，单击 确定 按钮，即可将页面设置为横向。

（27）至此，该实例已制作完成，最终效果如图 10.3.1 所示。

# 实例 4　插 入 图 表

## 创作目的

在工作表中插入图表，效果如图 10.4.1 所示。本例主要用到图表。

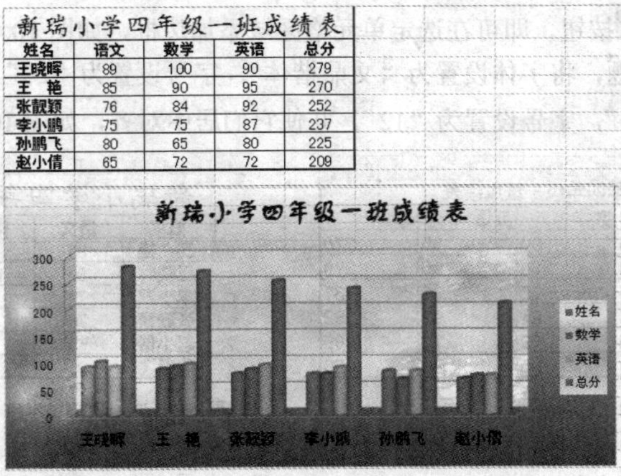

| 新瑞小学四年级一班成绩表 | | | | |
|---|---|---|---|---|
| 姓名 | 语文 | 数学 | 英语 | 总分 |
| 王晓晖 | 89 | 100 | 90 | 279 |
| 王　艳 | 85 | 90 | 95 | 270 |
| 张靓颖 | 76 | 84 | 92 | 252 |
| 李小鹏 | 75 | 75 | 87 | 237 |
| 孙鹏飞 | 80 | 65 | 80 | 225 |
| 赵小倩 | 65 | 72 | 72 | 209 |



图 10.4.1　效果图

**创作步骤**

（1）启动 Excel 2007 应用程序，新建一个空白工作表。

（2）选中单元格 A1～E1，在“开始”选项卡中的“对齐方式”选项区中单击按钮，将这几个单元格合并为一个单元格。

（3）在空白工作表中输入某班学生成绩表，如图 10.4.2 所示。

（4）选中单元格 E3，在“开始”选项卡中的“编辑”选项区中单击“自动求和”按钮，用鼠标选中单元格 B3～D3，按“Enter”键计算出总分，如图 10.4.3 所示。

| | A | B | C | D | E |
|---|---|---|---|---|---|
| 1 | 新瑞小学四年级一班成绩表 | | | | |
| 2 | 姓名 | 语文 | 数学 | 英语 | 总分 |
| 3 | 王艳 | 85 | 90 | 95 | |
| 4 | 王晓晖 | 89 | 100 | 90 | |
| 5 | 李小鹏 | 75 | 75 | 87 | |
| 6 | 张靓颖 | 76 | 84 | 92 | |
| 7 | 赵小倩 | 65 | 72 | 72 | |
| 8 | 孙鹏飞 | 80 | 65 | 80 | |

图 10.4.2　输入成绩表

| | A | B | C | D | E |
|---|---|---|---|---|---|
| 1 | 新瑞小学四年级一班成绩表 | | | | |
| 2 | 姓名 | 语文 | 数学 | 英语 | 总分 |
| 3 | 王艳 | 85 | 90 | 95 | 270 |
| 4 | 王晓晖 | 89 | 100 | 90 | |
| 5 | 李小鹏 | 75 | 75 | 87 | |
| 6 | 张靓颖 | 76 | 84 | 92 | |
| 7 | 赵小倩 | 65 | 72 | 72 | |
| 8 | 孙鹏飞 | 80 | 65 | 80 | |

图 10.4.3　计算总分

（5）单击并拖动 E3 单元格右下角的填充柄，将其拖过单元格 E4～E8，即可将该公式复制到这些单元格中并计算出总分，如图 10.4.4 所示。

（6）选中单元格 A1～E8，在“开始”选项卡中的“单元格”选项区中单击 格式 按钮，在弹出的下拉菜单中选择 设置单元格格式(E)... 命令，弹出“设置单元格格式”对话框。

（7）单击 边框 标签，打开“边框”选项卡，设置如图 10.4.5 所示的参数。

| | A | B | C | D | E |
|---|---|---|---|---|---|
| 1 | 新瑞小学四年级一班成绩表 | | | | |
| 2 | 姓名 | 语文 | 数学 | 英语 | 总分 |
| 3 | 王艳 | 85 | 90 | 95 | 270 |
| 4 | 王晓晖 | 89 | 100 | 90 | 279 |
| 5 | 李小鹏 | 75 | 75 | 87 | 237 |
| 6 | 张靓颖 | 76 | 84 | 92 | 252 |
| 7 | 赵小倩 | 65 | 72 | 72 | 209 |
| 8 | 孙鹏飞 | 80 | 65 | 80 | 225 |

图 10.4.4　计算总分

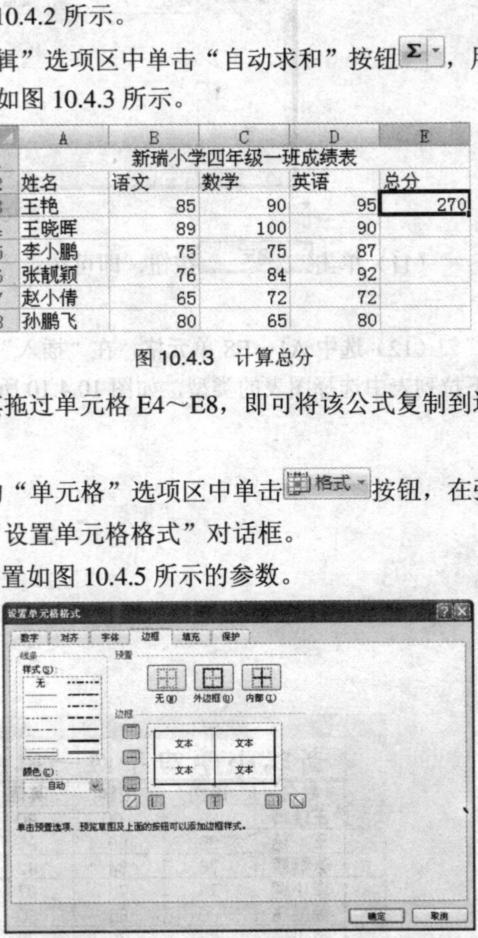



图 10.4.5　设置边框参数

（8）单击 确定 按钮，即可在选定单元格区域添加边框，如图 10.4.6 所示。

（9）选中表格的标题，将字体设置为“文鼎楷体”，字号设置为“20”。将其他单元格中文字及数字的字体设置为“黑体”，字号设置为“12”，并使它们居中对齐，如图 10.4.7 所示。

| | A | B | C | D | E |
|---|---|---|---|---|---|
| 1 | 新瑞小学四年级一班成绩表 | | | | |
| 2 | 姓名 | 语文 | 数学 | 英语 | 总分 |
| 3 | 王艳 | 85 | 90 | 95 | 270 |
| 4 | 王晓晖 | 89 | 100 | 90 | 279 |
| 5 | 李小鹏 | 75 | 75 | 87 | 237 |
| 6 | 张靓颖 | 76 | 84 | 92 | 252 |
| 7 | 赵小倩 | 65 | 72 | 72 | 209 |
| 8 | 孙鹏飞 | 80 | 65 | 80 | 225 |

图 10.4.6　添加边框

| | A | B | C | D | E |
|---|---|---|---|---|---|
| 1 | 新瑞小学四年级一班成绩表 | | | | |
| 2 | 姓名 | 语文 | 数学 | 英语 | 总分 |
| 3 | 王　艳 | 85 | 90 | 95 | 270 |
| 4 | 王晓晖 | 89 | 100 | 90 | 279 |
| 5 | 李小鹏 | 75 | 75 | 87 | 237 |
| 6 | 张靓颖 | 76 | 84 | 92 | 252 |
| 7 | 赵小倩 | 65 | 72 | 72 | 209 |
| 8 | 孙鹏飞 | 80 | 65 | 80 | 225 |

图 10.4.7　设置文本字体、字号及对齐方式

（10）选中单元格 A2～E8，在“数据”选项卡中的“排序和筛选”选项区中单击 排序... 按钮，弹出“排序”对话框，在其中设置排序参数，如图 10.4.8 所示。

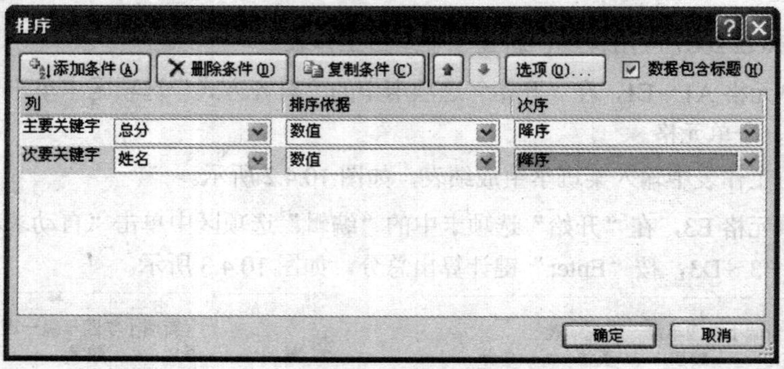


图 10.4.8　设置排序参数

（11）单击 确定 按钮，即可按设置的排序参数排序工作表中的数据，如图 10.4.9 所示。

（12）选中 A1～E8 单元格，在“插入”选项卡中的“图表”选项区中单击 柱形图 按钮，在弹出的下拉列表中选择图表的类型，如图 10.4.10 所示。

| | A | B | C | D | E |
|---|---|---|---|---|---|
| 1 | 新瑞小学四年级一班成绩表 | | | | |
| 2 | 姓名 | 语文 | 数学 | 英语 | 总分 |
| 3 | 王晓晖 | 89 | 100 | 90 | 279 |
| 4 | 王　艳 | 85 | 90 | 95 | 270 |
| 5 | 张靓颖 | 76 | 84 | 92 | 252 |
| 6 | 李小鹏 | 75 | 75 | 87 | 237 |
| 7 | 孙鹏飞 | 80 | 65 | 80 | 225 |
| 8 | 赵小倩 | 65 | 72 | 72 | 209 |

图 10.4.9　排序数据

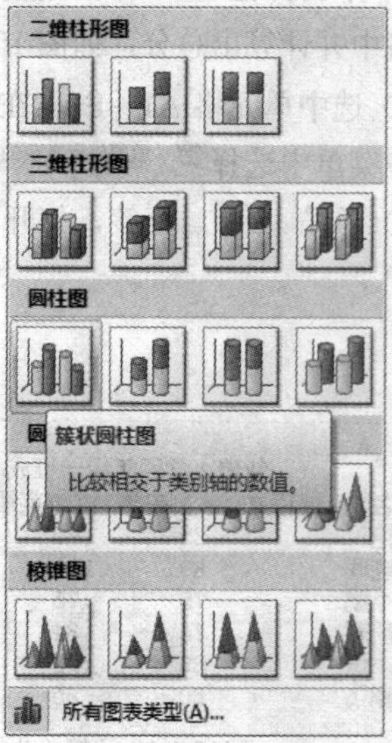


图 10.4.10　选择图表类型

（13）单击选中的图表，即可根据选中的数据区域创建一个图表，如图 10.4.11 所示。

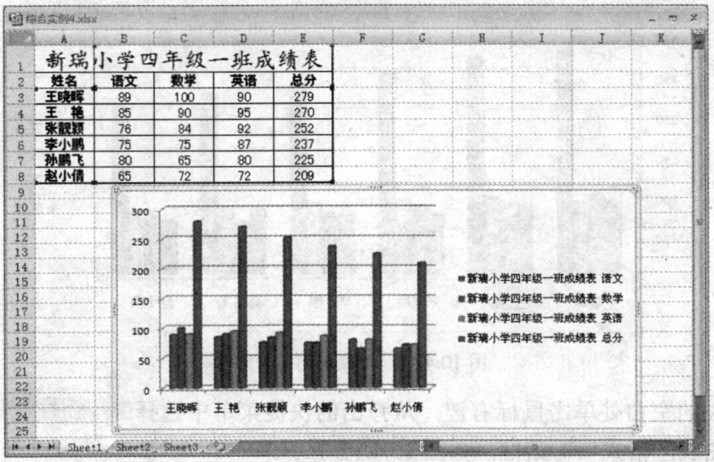


图 10.4.11　创建的图表

（14）选中图例的首行，在“图表工具”上下文工具中的“设计”选项卡中的“数据”选项区中单击按钮，弹出“选择数据源”对话框，如图 10.4.12 所示。

（15）选中图例项（系列）列表框中的第一行，单击按钮，弹出“编辑数据系列”对话框，如图 10.4.13 所示。

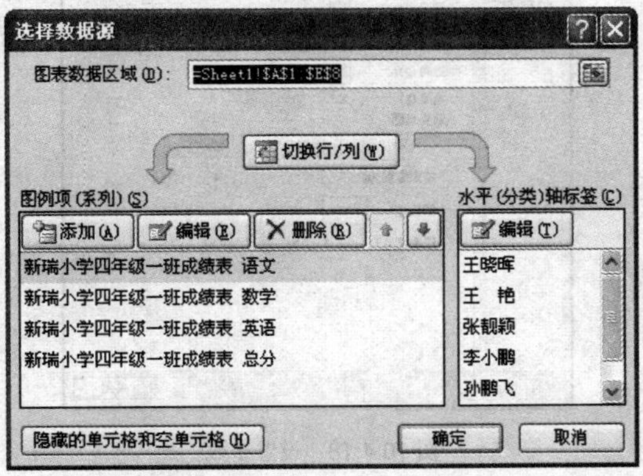


图 10.4.12　“选择数据源”对话框

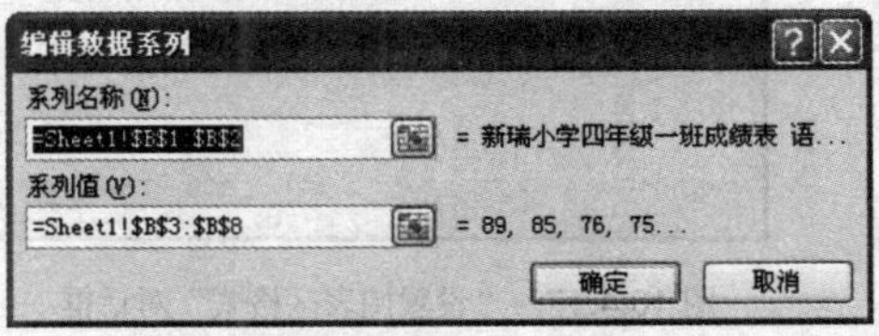


图 10.4.13　“编辑数据系列”对话框

（16）单击“系列名称”右侧的按钮，在工作表中重新选择系列，如图 10.4.14 所示。

（17）选择完成后，单击按钮，即可更改图表中图例的系列名，效果如图 10.4.15 所示。

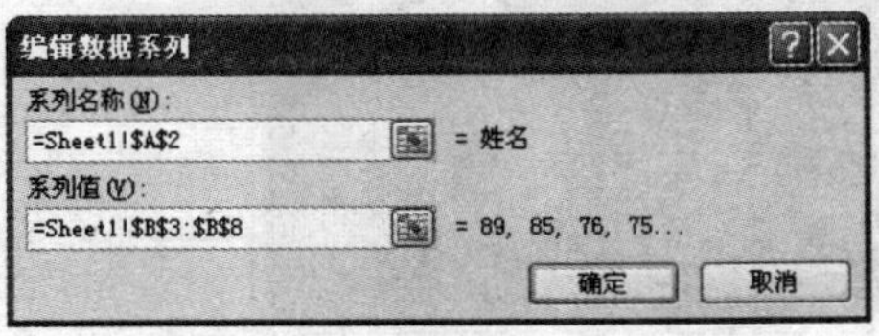


图 10.4.14　选择数据系列

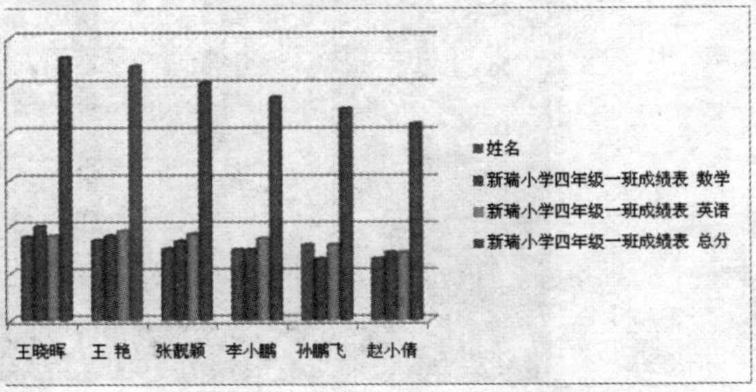


图 10.4.15　更改后的系列名

（18）重复步骤（14）～（17）的操作，更换图例中的其他行，效果如图 10.4.16 所示。

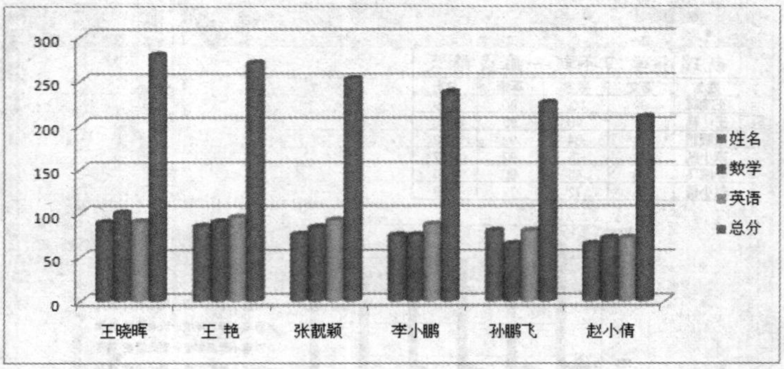


图 10.4.16 更换图例中的数据

（19）在图表的空白处单击鼠标右键，从弹出的快捷菜单中选择 设置图表区域格式(F)... 命令，弹出“设置图表区格式”对话框，如图 10.4.17 所示。

（20）在“填充”选项区中选中 渐变填充(G) 单选按钮，在“预设颜色”选项区中选择“茵茵绿原”选项，并在其他选项区中设置参数，如图 10.4.18 所示。

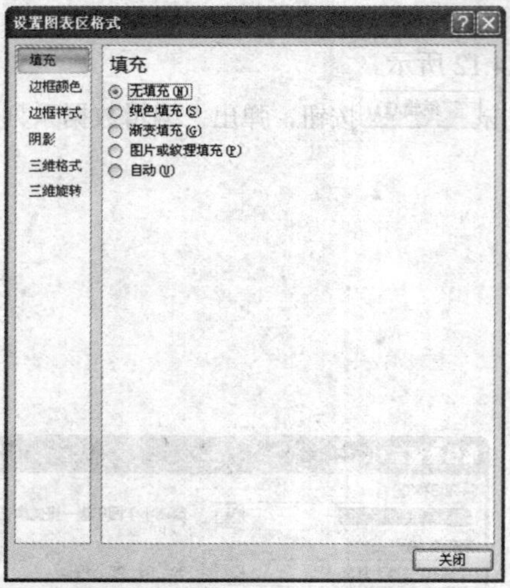


图 10.4.17 “设置图表区格式”对话框

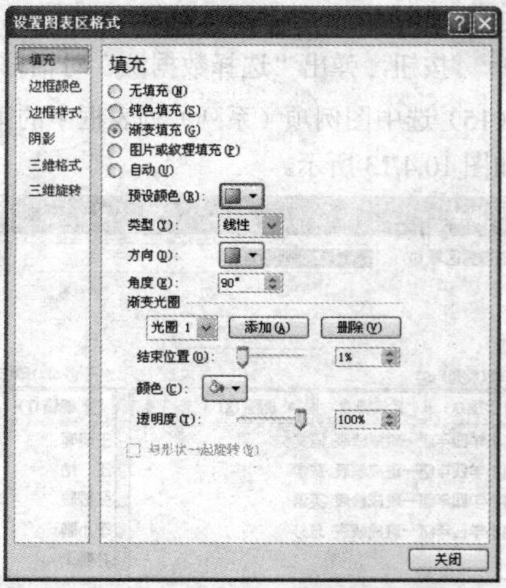


图 10.4.18 设置参数

（21）单击 关闭 按钮，即可将所设的参数应用到当前图表中去，如图 10.4.19 所示。

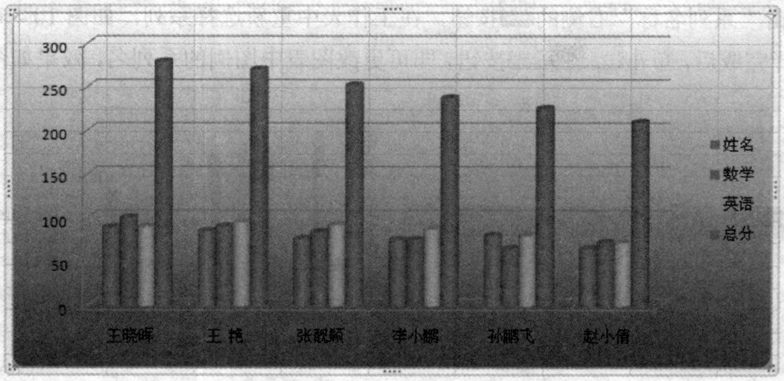


图 10.4.19 设置图表区背景

（22）重复步骤（19）～（21）的操作，为图例背景添加渐变效果，如图 10.4.20 所示。

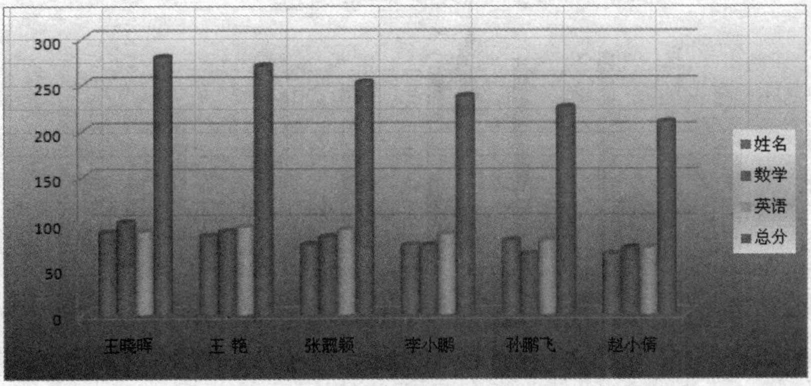


图 10.4.20 设置图例背景效果

（23）在背景墙上单击鼠标右键，从弹出的快捷菜单中选择 设置背面墙格式(F)... 命令，弹出“设置背景墙格式”对话框。在“填充”选项区中选中 图片或纹理填充(F) 单选按钮，如图 10.4.21 所示。

（24）单击 文件(F)... 按钮，弹出“插入图片”对话框，在该对话框中选择要使用的图片，如图 10.4.22 所示。

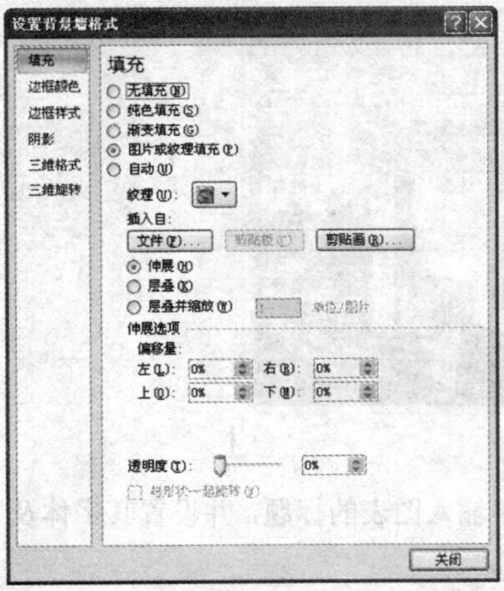


图 10.4.21 “设置背景墙格式”对话框

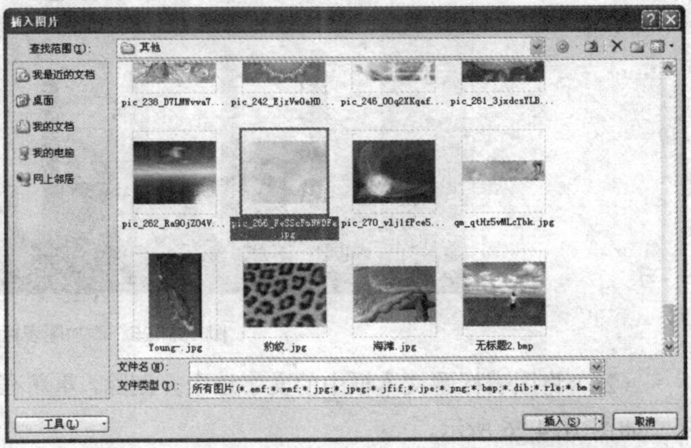


图 10.4.22 选择图片

（25）单击 插入(S) 按钮，即可将选中的图片插入到图表中，效果如图 10.4.23 所示。

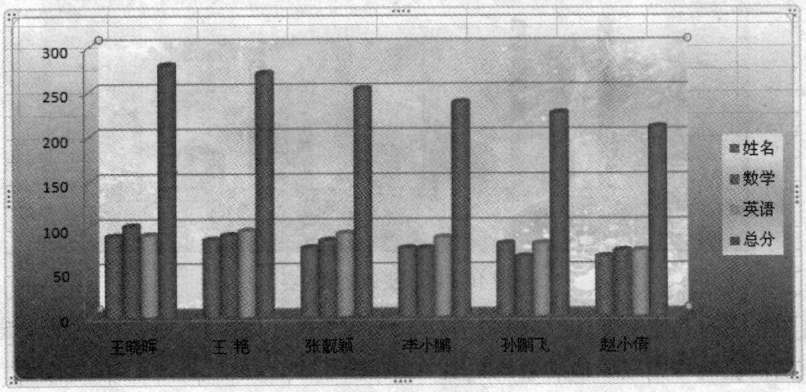


图 10.4.23 插入图片效果

（26）重复步骤（23）～（25）的操作，为地板设置背景图片，效果如图 10.4.24 所示。

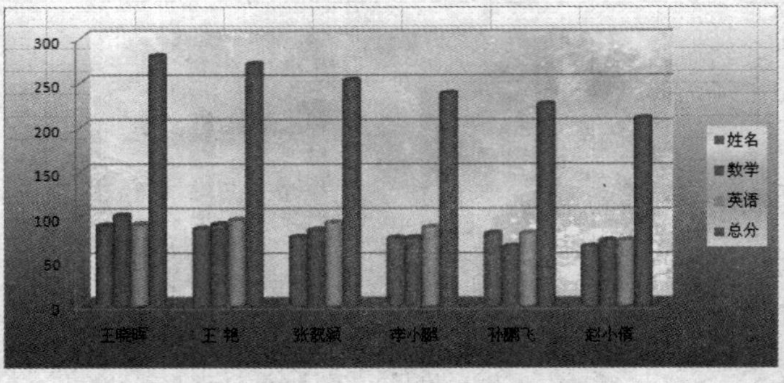


图 10.4.24　设置地板填充效果

（27）选中图表，在“图表工具”上下文工具中的“布局”选项卡中的“标签”选项区中单击 

按钮，在弹出的下拉菜单中选择 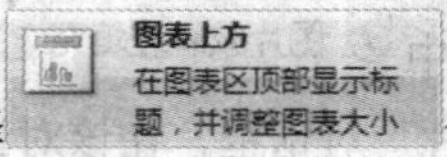

命令，即可在图表上方添加一个标题，如图 10.4.25 所示。

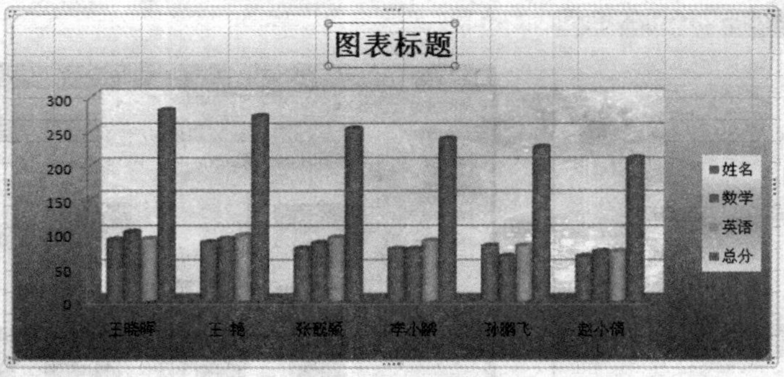


图 10.4.25　添加图表标题

（28）将图表标题文本框中的文字选中并删除，重新在其中输入图表的标题，并设置其字体及字号，如图 10.4.26 所示。

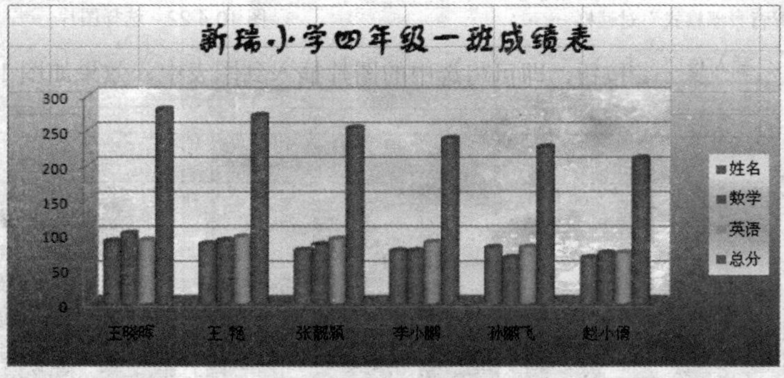


图 10.4.26　更改标题内容

（29）将图表中的其他文字选中，在“开始”选项卡中的“字体”选项区中重新设置其字体及字号。至此，该实例已制作完成，最终效果如图 10.4.1 所示。

# 实例 5　应 用 图 示

**创作目的**

在工作表中插入并设置图示，效果如图 10.5.1 所示。本例主要用到插入图示、设置图示类型、绘制矩形、插入艺术字等功能。

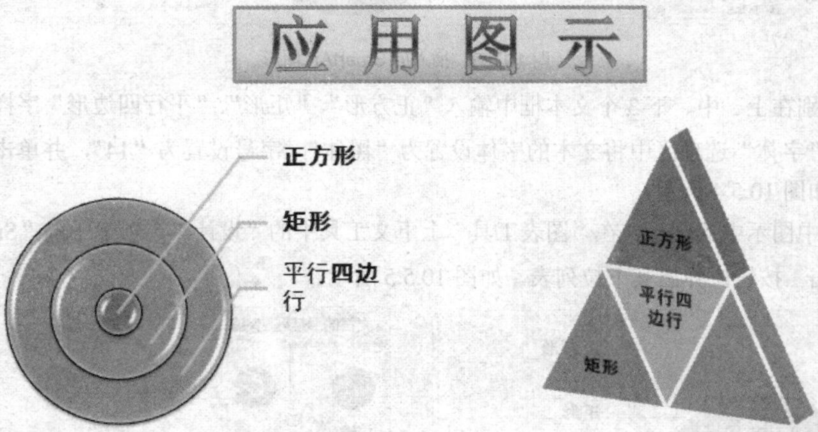


图 10.5.1　效果图

**创作步骤**

（1）启动 Excel 2007 应用程序，新建一个空白工作表。

（2）在“插入”选项卡中的“插图”选项区中单击

按钮，弹出“选择 SmartArt 图形”对话框。在该对话框中选择要使用的选项，如图 10.5.2 所示。

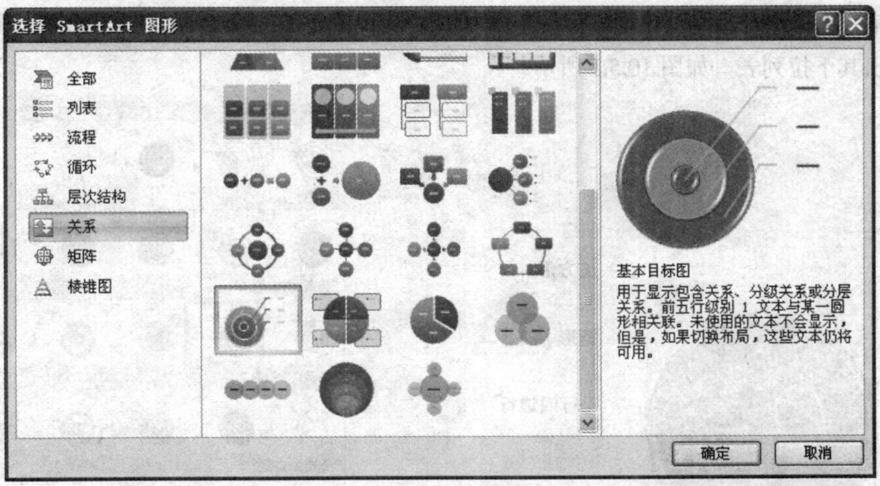


图 10.5.2　选择 SmartArt 图形的样式

（3）单击

按钮，在工作表中插入 SmartArt 图形，如图 10.5.3 所示。

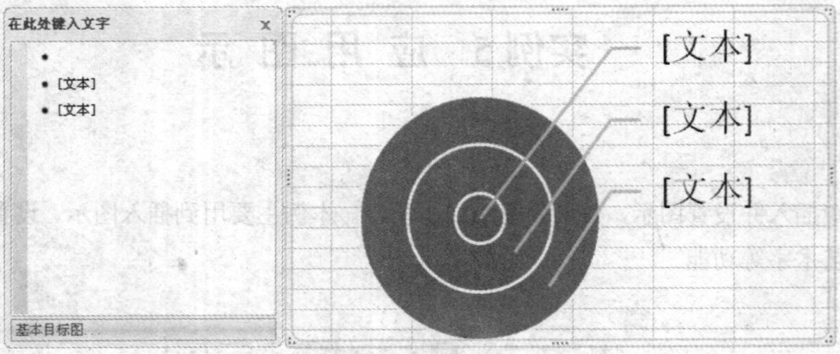


图 10.5.3　插入的 SmartArt 图形

（4）分别在上、中、下 3 个文本框中输入“正方形”、“矩形”、“平行四边形”字样。在“开始”选项卡中的“字体”选项区中将文本的字体设置为“黑体”，字号设置为“14”，并单击按钮将其加粗，效果如图 10.5.4 所示。

（5）选中图示中的圆形，在“图表工具”上下文工具中的“设计”选项卡中的“SmartArt 样式”选项区中单击按钮，弹出其下拉列表，如图 10.5.5 所示。

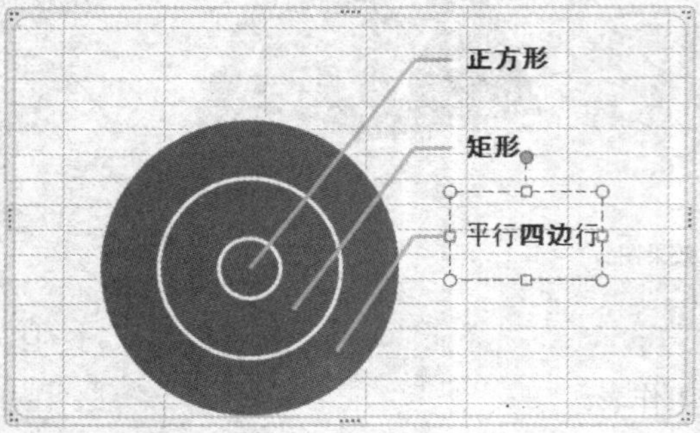


图 10.5.4　设置文本格式

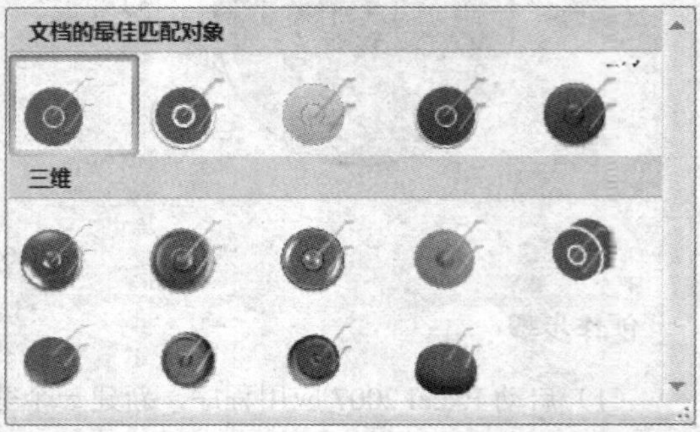


图 10.5.5　SmartArt 样式下拉列表

（6）在该列表中选择“卡通”选项，即可更改 SmartArt 图形的样式，如图 10.5.6 所示。

（7）在“SmartArt 工具”上下文工具中的“设计”选项卡中的“SmartArt 样式”选项区中单击按钮，弹出其下拉列表，如图 10.5.7 所示。

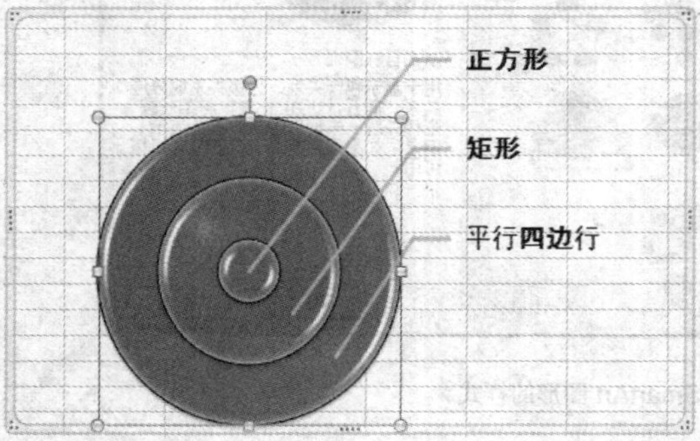


图 10.5.6　更改 SmartArt 图形的样式

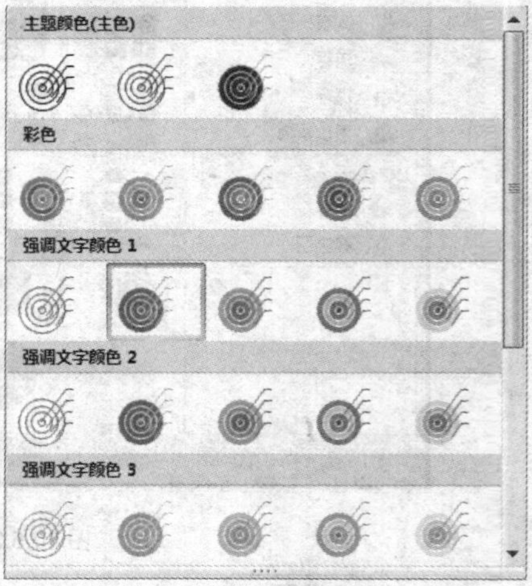


图 10.5.7　更改颜色下拉列表

(8)在该列表中选择“彩色”选项区中的第 5 个选项，即可更改 SmartArt 图形的颜色，如图 10.5.8 所示。

(9) 在“视图”选项卡中的“显示/隐藏”选项区中取消选中 网格线 复选框，将工作表中的网格线隐藏。

(10) 将鼠标置于图表四角的任意一角上，当鼠标指针变成或形状时，按住“Shift”键并拖动鼠标，将图示等比例缩小。

(11) 按住“Ctrl”键的同时单击并拖动鼠标，复制出一个图示，如图 10.5.9 所示。

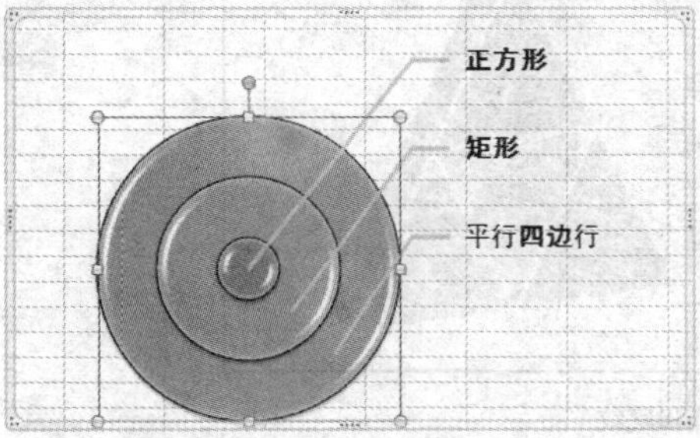


图 10.5.8　更改 SmartArt 图形的颜色

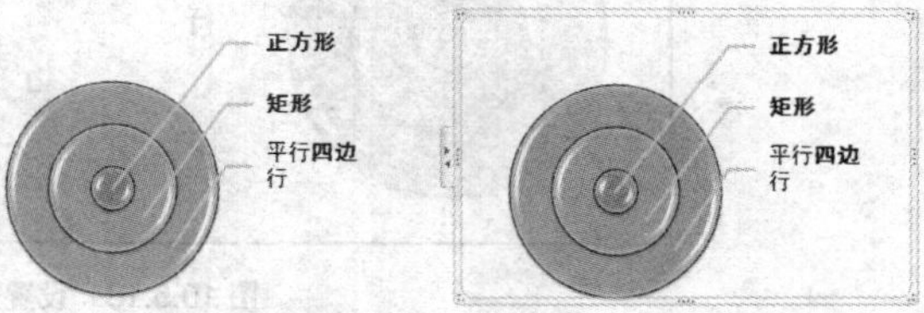


图 10.5.9　复制图示

(12) 选中复制后的图示，在“SmartArt 工具”上下文工具中的“设计”选项卡中的“布局”选项区中选择“分段棱锥图”选面，更改图示类型，如图 10.5.10 所示。

(13) 在“SmartArt 样式”选项卡中选择合适的样式，效果如图 10.5.11 所示。

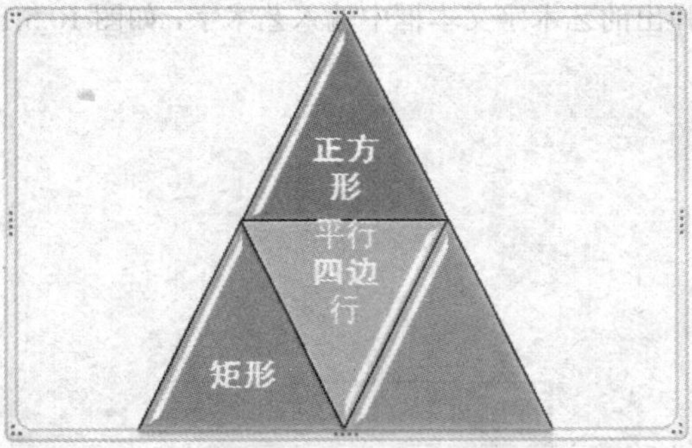


图 10.5.10　更改图示类型

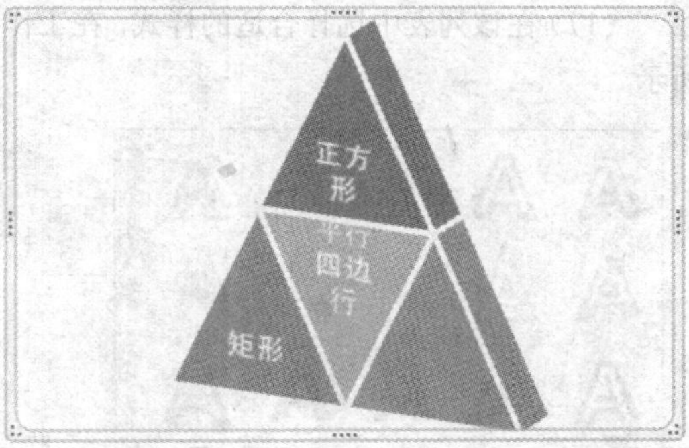


图 10.5.11　更改图示样式

(14) 选中图示中的文字，将其字号设置为“12”，颜色设置为“黑色”，效果如图 10.5.12 所示。

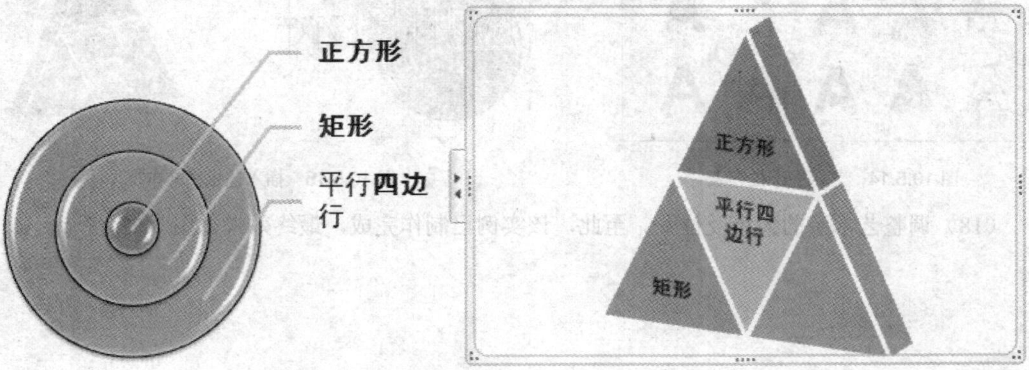


图 10.5.12　设置图示中的文字格式

（15）在“插入”选项卡中的“插图”选项区中单击 形状 按钮，从弹出的下拉菜单中选择□工具，在工作表中绘制一个矩形，并设置其边框和底纹，效果如图 10.5.13 所示。

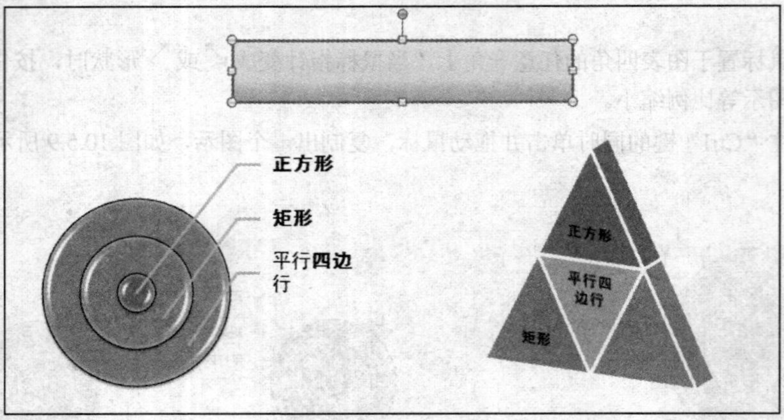


图 10.5.13　设置矩形边框和底纹

（16）在“插入”选项卡中的“文本”选项区中单击 艺术字 按钮，弹出其下拉列表，如图 10.5.14 所示。

（17）在该列表中选择合适的样式，在工作表中弹出的艺术字文本框中输入艺术字，如图 10.5.15 所示。

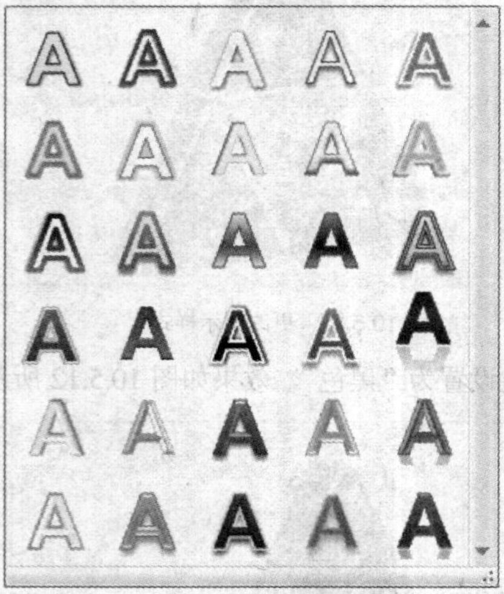

图 10.5.14　艺术字下拉列表

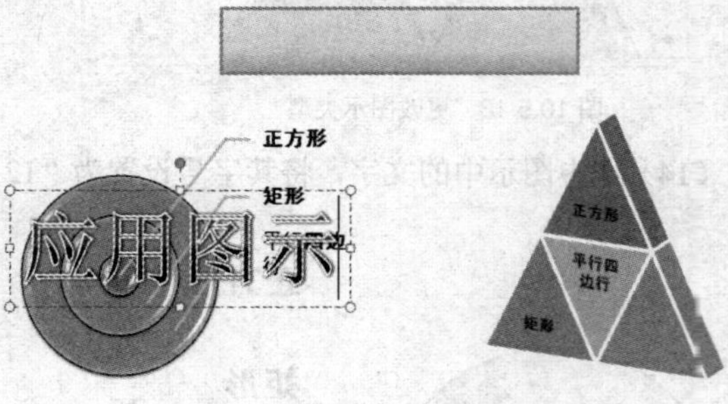


图 10.5.15　插入艺术字文本框

（18）调整艺术字的大小及位置。至此，该实例已制作完成，最终效果如图 10.5.1 所示。